工程师经验手记

CAN 总线嵌入式开发
——从入门到实战
（第 2 版）

牛跃听　周立功　方　丹　等编著

北京航空航天大学出版社

内 容 简 介

CAN 总线通信技术广泛应用于工业自动化、汽车电子、楼宇建筑、医疗器械、电梯网络、工程机械等行业,市场每年对该类控制产品需求量巨大。本书从目前几种流行的 CAN 通信控制电路的器件入手,结合 CAN 总线通信学习板,详细介绍了 CAN 总线嵌入式应用开发技术。

本书内容主要包括 CAN 控制器和单片机的接口技术、CAN 总线在 A/D 采集控制板传输中的应用、支持片上 CANopen 协议的 LPC11Cxx 系列微控制器的 CAN 应用设计及 CAN 总线在酒店客房智能化系统中的工程应用。每一种实例都从方案论证、硬件电路设计、软件程序设计方面进行庖丁解牛式的论述,并且书中所有硬件电路均制作出电路板,所有程序均在电路板上调试运行通过。本书是再版书,相比第 1 版,本书更正了一些错误,并增加了部分内容。

本书旨在为广大嵌入式 CAN 总线通信技术的研发者提供实战化的软、硬件技术参考,书中的电路图和源程序可以直接拿来参考运用,大大提高了工程师的工作效率。

图书在版编目(CIP)数据

CAN 总线嵌入式开发 : 从入门到实战 / 牛跃听等编
著. -- 2 版. -- 北京 : 北京航空航天大学出版社,
2016.4
  ISBN 978 - 7 - 5124 - 2100 - 4

  Ⅰ. ①C… Ⅱ. ①牛… Ⅲ. ①总线—技术 Ⅳ.
①TP336

  中国版本图书馆 CIP 数据核字(2016)第 068890 号

CAN 总线嵌入式开发——从入门到实战(第 2 版)
牛跃听　周立功　方　丹　等编著
责任编辑　董立娟
*
北京航空航天大学出版社出版发行

北京市海淀区学院路 37 号(邮编 100191)　http://www.buaapress.com.cn
发行部电话:(010)82317024　传真:(010)82328026
读者信箱:emsbook@buaacm.com.cn　邮购电话:(010)82316936
北京市同江印刷有限公司印装　各地书店经销
*
开本:710×1 000　1/16　印张:23　字数:490 千字
2016 年 4 月第 2 版　2016 年 4 月第 1 次印刷　印数:3 000 册
ISBN 978 - 7 - 5124 - 2100 - 4　定价:49.00 元

第 2 版前言

自本书第 1 版和读者见面以来,我们可喜地看到 CAN 总线技术在我国各行业的应用越来越广泛。本书"电路共享、源码开放"的写作理念得到读者的广泛认可,这一点可以从读者反馈及当当网的销售评论中得以见证。

感谢行业内的读者对该书第一版中的错误提出的宝贵修改建议,本书第 2 版中已经对其进行了更正。应广大读者的要求,结合近几年的 CAN 项目工程实践,本版次中增加了改善电磁兼容性的措施、CAN 网络的实时性能及通信波特率设置、CAN 总线节点设备的电源等与工程应用结合非常紧密的内容。

本书在编写的过程中,注重代码程序的完整性,愿意和那些注重代码完整性的读者交流,研讨技术问题。有兴趣的读者可以发送电子邮件到:nyt369@sina.com,期待和您进一步交流。

作　者
2016 年 3 月

第 1 版前言

几年前,师从安钢教授研究课题时,我第一次接触到了 CAN 总线。虽然当时有一定的单片机基础,但是对于 CAN 总线项目的研究较为肤浅,当时真是束手无策。于是,痛下决心,搜集整理了大量有关 CAN 总线的技术资料,制作电路板,编写调试程序,花费了大量的精力和时间。当时我就想:如果有公司或者书籍介绍有关 CAN 总线完整的电路图、提供完整的源代码该多好呀! 这必将缩短研发周期,更重要的是不必做许多重复性的工作。在项目开发过程中,完全可以奉行"拿来主义",前人做过的许多功能程序,如 SPI、I^2C 等通信程序是可以直接移植到研发项目中的,当然 CAN 总线通信程序也不例外!

我通过承接有关 CAN 总线的项目,几年间积累的有关技术,逐步从项目中提炼制作了几款 CAN 总线学习板,配套完整的电路图和程序源代码,可以供 CAN 总线开发硬件工程师参考,提高工作效率。

本书以应用实例为主线,共分为 6 章。第 1 章为 CAN 总线基础知识。第 2、3 章介绍了两种常用的 CAN 控制器芯片 SJA1000、MCP2515 和单片机的接口设计,给出了完整电路图和程序源代码。第 4 章为 CAN 总线在 A/D 采集控制板传输中的应用,介绍了 A/D 采集模拟信号和开关量信号,然后通过 CAN 总线将采集的数据传输到远端接收。第 5 章为基于 LPC11Cxx 系列微控制器的 CAN 应用设计。第 6 章为 CAN 总线在酒店客房智能化系统中的应用,介绍了该系统 CAN 总线网络的组建和实际的应用。

本书在编写的过程中,注重代码程序的完整性,愿意和那些注重代码完整性的读者交流、研讨技术问题。

本书由牛跃听博士主编,由方丹博士(第 1 章)、牛跃听博士(第 2、4 章)、刘耀周工程师(第 3 章)、周立功、李田甜工程师(第 5 章)、孙宜权工程师(第 6 章)执笔;全书由牛跃听博士和李会分析员统稿。

周立功单片机公司在本书的编写过程中给予了大力支持和帮助,在此表示感谢!

本书虽经多次审稿修订,但限于作者的水平和条件,不足仍在所难免,衷心希望读者提出批评和指正,使之不断提高和完善。

有兴趣的读者,可以发送电子邮件到 nyt369@sina.com,与作者进一步交流;也可以发送电子邮件到 xdhydcd5@sina.com,与本书策划编辑进行交流。

编 者

2011 年 11 月

目 录

第**1**章

CAN 总线基础知识

1.1　CAN 总线简介

控制器局域网(Controller Area Network,CAN)是由德国 Bosch 公司为汽车应用而开发的多主机局部网络,主要应用于汽车的监测和控制。德国 Bosch 公司开发 CAN 总线的最初目的是解决汽车上数量众多的电子设备之间的通信问题,减少电子设备之间繁杂的信号线,于是设计了一个单一的网络总线,使所有的外围器件可以挂接在该总线上。

1991 年 9 月,NXP 半导体公司(原 Philips 半导体)制定并发布 CAN 技术规范:CAN 2.0 A/B。1993 年 11 月,ISO 组织正式颁布 CAN 国际标准 ISO11898(高速应用,数据传输速率小于 1 Mbit/s)和 ISO11519(低速应用,数据传输速率小于 125 kbit/s)。

作为一种技术先进、可靠性高、功能完善、成本较低的网络通信控制方式,CAN 总线广泛应用于汽车工业、航空工业、工业控制、安防监控、工程机械、医疗器械、楼宇自动化等领域。例如,在楼宇自动化领域中,加热和通风、照明、安全和监控系统对建筑安装提出了更高的要求,现代的建筑安装系统越来越多地建立在串行数据传输系统(CAN 总线系统)之上,通过它实现开关、按钮、传感器、照明设备、其他执行器和多控制系统之间的数据交换。实现建筑中各操作单元之间的协作,并对各单元不断变化的状态进行实时控制。

CAN 总线是唯一成为国际标准的现场总线,也是国际上应用最广泛的现场总线之一。

CAN 总线具有以下主要特性:
- 成本低廉。
- 数据传输距离远(最远长达 10 km)。
- 数据传输速率高(最高达 1 Mbit/s)。

- 无破坏性的基于优先级的逐位仲裁。
- 借助验收滤波器的多地址帧传递。
- 远程数据请求。
- 可靠的错误检测和出错处理功能。
- 发送的信息遭到破坏后,可自动重发。
- 暂时错误、永久性故障节点的判别以及故障节点的自动脱离。
- 脱离总线的节点不影响总线的正常工作。

基于 CAN 总线的优越特性,许多著名的芯片生产商,诸如 Intel、NXP、Siemens 等都推出了独立的 CAN 控制器芯片,或者带有 CAN 控制器的 MCU 芯片。

1.2 CAN 总线基本工作原理

CAN 通信协议主要描述设备之间的信息传递方式。CAN 协议规范中关于层的定义与开放系统互联(OSI)模型一致,设备中的每一层与另一设备上相同的那一层通信,实际的通信发生在每一设备上相邻的两层,而设备只通过模型物理层的物理介质互联。CAN 的规范定义了模型的最下面两层:数据链路层和物理层。表 1-1 所列为 OSI 的各层。应用层协议可以由 CAN 用户定义成适合特别工业领域的任何方案,已在工业控制和制造业领域得到广泛应用的标准是 DeviceNet,这是为 PLC 和智能传感器设计的。在汽车工业,许多制造商都使用自己的标准。

表 1-1 OSI 开放系统互连模型

层 数	层名称	描 述
7	应用层	最高层,用户、软件、网络终端等之间用来进行信息交换,如 DeviceNet
6	表示层	将两个应用不同数据格式的系统信息转化为能共同理解的格式
5	会话层	依靠低层的通信功能进行数据的有效传递
4	传输层	两通信节点之间数据传输控制操作,如数据重发、数据错误修复
3	网络层	规定了网络连接的建立、维持和拆除的协议,如路由和寻址
2	数据链路层	规定了在介质上传输的数据位的排列和组织,如数据校验和帧结构
1	物理层	规定通信介质的物理特性,如电气特性和信号交换的解释

一些组织制定了 CAN 的高层协议。CAN 的高层协议是一种在现有底层协议(物理层和数据链路层)之上实现的协议,是应用层协议。一些可使用的 CAN 高层协议如表 1-2 所列。

CAN 能够使用多种物理介质,例如双绞线、光纤等。最常用的就是双绞线,信号使用差分电压传送。如图 1-1 所示,两条信号线被称为 CAN_H 和 CAN_L,静态时均为 2.5 V 左右,此时状态表示为逻辑 1,也可以称作隐性;用 CAN_H 比 CAN_L 高表示逻辑 0，称为显形，此时通常电压值为 CAN_H=3.5 V 和 CAN_L=1.5 V。

表 1-2　CAN 高层协议

制定组织	主要高层协议
CiA	CAL
CiA	CANOpen
ODVA	DeviceNet
Honeywell	SDS
Kvaser	CANKingdom

图 1-1　双绞线 CAN 总线电平标称值

1.3　CAN 的标准格式和扩展格式

标准 CAN 的标志符长度是 11 位，而扩展格式 CAN 的标志符长度可达 29 位。CAN 2.0A 协议版本规定 CAN 控制器必须有一个 11 位的标志符，同时在 CAN 2.0B 协议版本中规定 CAN 控制器的标志符长度可以是 11 位或 29 位。遵循 CAN 2.0B 协议的 CAN 控制器可以发送和接收 11 位标识符的标准格式报文或 29 位标识符的扩展格式报文。如果禁止 CAN 2.0B，则 CAN 控制器只能发送和接收 11 位标识符的标准格式报文，而忽略扩展格式的报文，但不会出现错误。

1.4　CAN 的节点硬件构成

CAN 总线节点的硬件构成如图 1-2 所示。

图 1-2　CAN 总线节点的硬件构成

CAN 总线节点的硬件构成方案有两种：

① MCU 控制器＋独立 CAN 控制器＋CAN 收发器。独立 CAN 控制器如 SJA10000、MCP2515，其中 MCP2515 通过 SPI 总线和 MCU 连接，SJA1000 通过数据总线和 MCU 连接。

② 带有 CAN 控制器的 MCU＋CAN 收发器。目前，市场上带有 CAN 控制器的 MCU 有许多种，如 P87C591、LPC2294、C8051F340 等。

两种方案的节点构成都需要通过 CAN 收发器同 CAN 总线相连，常用的 CAN 收发器有 PCA82C250、PCA82C251、TJA1050、TJA1040 等。

两种方案的节点构成各有利弊：

① 方案编写的 CAN 程序是针对独立 CAN 控制器的，程序可移植性好，编写好的程序可以方便地移植到任意的 MCU。但是，由于采用了独立的 CAN 控制器，占用了 MCU 的 I/O 资源，电路也变得复杂。

② 方案编写的 CAN 程序是针对特定选用的 MCU，例如 LPC2294。程序编写好后不可以移植，但是，MCU 控制器中集成了 CAN 控制器单元，硬件电路变得简单些。

1.5　CAN 控制器

CAN 控制器用于将欲收发的信息(报文)转换为符合 CAN 规范的 CAN 帧，通过 CAN 收发器在 CAN 总线上交换信息。

(1) CAN 控制器分类

CAN 控制器芯片分为两类：一类是独立的控制器芯片，如 SJA1000；另一类是和微控制器做在一起，如 NXP 半导体公司的 Cortex - M0 内核 LPC11Cxx 系列微控制器、LPC2000 系列 32 位 ARM 微控制器。CAN 控制器的大致分类及相应的产品如表 1－3 所列。

表 1－3　CAN 控制器分类及相应产品型号

类　别	产品举例
独立 CAN 控制器	NXP 半导体的 SJF1000CCT、SJA1000、SJA1000T
集成 CAN 控制器的单片机	NXP 半导体的 P87C591 等
CAN 控制器的 ARM 芯片	NXP 半导体的 LPC11Cxx 系列微控制器；TI 半导体 Stellaris(群星)系列 ARM 的 S2000、S5000、S8000、S9000 系列

(2) CAN 控制器的工作原理

为了便于读者理解 CAN 控制器的工作原理，下面给出了一个 SJA1000 CAN 控制器的经过简化的结构框图，如图 1－3 所示。

图 1-3　CAN 控制器结构示意

1）接口管理逻辑

接口管理逻辑用于连接外部主控制器，解释来自主控制器的命令；控制 CAN 控制器寄存器的寻址，并向主控制器提供中断信息和状态信息。

2）CAN 核心模块

收到一个报文时，CAN 核心模块根据 CAN 规范将串行位流转换成用于接收的并行数据，发送一个报文时则相反。

3）发送缓冲器

发送缓冲器用于存储一个完整的报文，当 CAN 控制器发送初始化时，接口管理逻辑会使 CAN 核心模块从发送缓冲器读 CAN 报文。

4）验收滤波器

验收滤波器可以根据用户的编程设置，过滤掉无须接收的报文。

5）接收 FIFO

接收 FIFO 是验收滤波器和主控制器之间的接口，用于存储从 CAN 总线上接收的所有报文。

6）工作模式

CAN 控制器可以有两种工作模式（BasicCAN 和 PeliCAN）。BasicCAN 仅支持标准模式，PeliCAN 支持 CAN2.0B 的标准模式和扩展模式。

1.6　CAN 收发器

如图 1-3 所示，CAN 收发器是 CAN 控制器和物理总线之间的接口，将 CAN 控制器的逻辑电平转换为 CAN 总线的差分电平，在两条有差分电压的总线电缆上传输数据。目前市面上常见 CAN 收发器的分类及相应产品如表 1-4 所列。

表 1 - 4 CAN 收发器分类及相应产品

CAN 收发器分类	描　述	相应产品
隔离 CAN 收发器	隔离 CAN 收发器的主要功能是将 CAN 控制器的逻辑电平转换为 CAN 总线的差分电平,并且具有隔离、ESD 保护及 TVS 管防总线过压功能	CTM1050 系列、CTM8250 系列、CTM8251 系列
通用 CAN 收发器	—	NXP 半导体的 PCA82C250、PCA82C251
高速 CAN 收发器	支持较高的 CAN 通信速率	NXP 半导体的 TJA1050、TJA1040 、TJA1041/1041A
容错 CAN 收发器	在总线出现破损或短路情况下,容错性 CAN 收发器依然可以维持运行。这类收发器对于容易出现故障的领域,具有至关重要的意义	NXP 半导体的 TJA1054、TJA1054A、TJA1055、TJA1055/3

1.7　CAN 总线接口电路保护器件

在汽车电子中,CAN 总线系统往往用于对安全至关重要的功能,比如引擎控制、ABS 系统以及气囊等,如果受到干扰导致工作失常将出现严重事故。此外,在不受到干扰的同时,CAN 总线系统也不能干扰其他电子元件。所以,CAN 总线系统必须满足电磁干扰(EMI)和静电放电(ESD)标准的严格要求。此外,在许多场合 CAN 总线接口有可能遭到雷电、大电流浪涌的冲击(例如许多户外安装的设备),所以,还需要使用保护器件以防浪涌。

1.7.1　共模扼流圈

共模扼流圈(Common Mode Choke)也称共模电感,可使系统的 EMC 性能得到较大提高,确保设备的电磁兼容性,抑制耦合干扰,并且:

- 滤除 CAN 总线信号线上的共模电磁干扰。
- 衰减差分信号的高频部分。
- 抑制自身向外发出的电磁干扰,避免影响同一电磁环境下其他电子设备的正常工作。

此外,共模扼流圈还具有体积小、使用方便的优点,因而被广泛使用在抑制电子设备 EMI 噪声方面。图 1 - 4 是共模扼流线圈应用电路示意图。

设计中,须选用 CAN 总线专用的信号共模扼流圈,从而抑制传输线上的共模干扰,而令传输线上的数据信号可畅通无阻地通过。EPCOS B82793 外观如图 1 - 5 所示,该芯片具有如下的主要功能特性:

图 1-4　通过共模扼流线圈抑制电感性的感应共模干扰

图 1-5　EPCOS B82793 外观

- 高额定电流。
- 元件高度经过降低处理,便于工艺方面处理。
- 符合汽车行业 AEC-Q200 标准。
- 便于进行回流焊。

1.7.2　ESD 防护

CAN 总线通常工作在噪声大的环境中,经常会受到静电电压、电压突变脉冲等干扰的影响:

- 静电放电产生的电流热效应:ESD 电流通过芯片虽然时间短,但是电流大,产生的热量可能导致芯片热失效。
- 高压击穿:由于 ESD 电流感应出高电压,若芯片耐压不够,可能导致芯片被击穿。
- 电磁辐射:ESD 脉冲所导致的辐射波长从几厘米到数百米,这些辐射能量产生的电磁噪声将损坏电子设备或者干扰其他电子设备的运行。

为对抗 ESD 及其他破坏性电压突变脉冲,设计 CAN 总线电路时,须选择 CAN 专用 ESD 保护元件,从而避免该 ESD 保护元件的等效电容影响到高通信速率的 CAN 总线通信;常见的 CAN 总线专用 ESD 保护元件型号有 NXP PESD1CAN 或 Onsemi NUP2105L 等 ESD 元件。

1.7.3　CAN 总线网络保护

除了 CAN 总线节点本身的保护,也需要对 CAN 总线网络进行保护,尤其是户外的 CAN 总线网络,以减少侵入到信号线路的雷电电压、电磁脉冲造成的瞬态过电压等损坏 CAN 总线网络中设备的概率。比如,用户可以外置 CAN 总线通信保护器,如广州致远电子有限公司的 ZF 系列总线信号保护器 ZF-12Y2,如图 1-6 所示(通常在同一网络中只需要在两端安装 2 个 ZF-12Y2 总线通信保护器即可)。

ZF - 12Y2 符合 IEC61643 - 21 标准要求(IEC61643 - 21 是国际电工委员会针对低压浪涌保护装置的标准),主要保护 CAN 总线、RS - 485、RS - 422 以及网络设备(如网络交换机、路由器、网络终端)等各种信号通信设备,为浪涌提供最短泄放途径。ZF 系列总线信号保护器具有以下功能特性:

- 多级保护电路。
- 损耗小,响应时间快。
- 限制电压低。
- 限制电压精确。
- 通流容量大。
- 残压水平低。
- 反应灵敏。

图 1 - 6 ZF - 12Y2 总线信号保护器

1.8 CAN 总线通信过程

CAN 总线节点传输过程如图 1 - 7 所示。

图 1 - 7 CAN 总线节点传输过程示意图

CAN 总线数据的发送过程可以用信件邮递来打一个比喻,发送节点可以比喻为邮寄一封信件:

邮寄:北京市海淀区 XX 路 XX 号(目的 CAN 节点地址)。

(信中内容为具体的数据信息)

自:无(相当于匿名信件)。

接收节点可以比喻为家门口的收件邮箱:

> 　　这是"北京市海淀区 XX 路 XX 号"邮箱（自己的 CAN 节点地址），其他非邮寄到此信箱的信件，一概不接收（CAN 地址设置屏蔽掉其他地址）。
>
> 　　如果是邮寄到此信箱的信件，则接收信件。
> 　　（信中内容为具体的数据信息）

　　CAN 总线数据的通信过程中，数据信息通过不同的报文格式来传送，例如数据帧、远程帧等。这就类似于邮件中可以有不同的内容：文件、衣物、书籍等。

　　CAN 总线数据通信花费的时间与总线传输距离、通信波特率有关，通信距离越远，波特率就越低，传输数据花费的时间就越长。类似于从北京邮寄信件到石家庄，距离近，邮递时间就短；如果从北京邮寄信件到广州，邮递时间相对就长。另外，CAN 总线数据的通信花费的时间还跟通信介质的选取（光纤、双绞线）、振荡器容差、通信线缆的固有特性（导线截面积、电阻等）等有关系，这就类似于邮递信件时是选择EMS 快递、挂号信，还是普通的平信。

　　当然，CAN 总线传输也有其传输错误处理机制，以保证总线正常运行。类似于邮寄信件，也有出错处理机制。例如，发送快递时，如果地址写错了，快递员就会联系发件者，是否更改地址重新投递。如果投递邮件的数量过多，就会产生邮件的堆积，CAN 总线如果传输的信息量过多，也会产生数据堆积，发生过载现象。

1.9　CAN 总线控制器芯片滤波器的作用

　　CAN 总线控制器芯片滤波器用来设置自己的 CAN 地址。

　　在 CAN 总线上，CAN 帧信息由一个节点发送，其他节点同时接收。每当总线上有帧信息时，节点都会把滤波器的设置和接收到的帧信息的标识码相比较，节点只接收符合一定条件的信息，对不符合条件的 CAN 帧不予接收，只给出应答信号。

　　这类似于家门口收信件的邮箱，用来标明自己家的详细地址。邮递员分发邮件的时候，带着一堆信件在小区内投寄，邮箱地址则表明自己家的收信件地址，如果地址正确，邮递员就会把信件投递进邮箱（成功接收邮件）；如果地址不符，邮递员则不会投送邮件（拒收该邮件）。

　　CAN 总线控制器滤波的作用如下：

　　① 降低硬件中断频率，只有成功接收时才响应接收中断。

　　② 简化软件实现的复杂程度，提高软件运行的效率。

　　不同的 CAN 控制器芯片的滤波器设置有所不同，下面将针对具体的 CAN 控制器芯片进行详细介绍。

1.10 CAN 总线的报文格式

CAN 总线上传输的信息称为报文,当总线空闲时任何连接的单元都可以开始发送新的报文。

报文相当于前面比喻的邮递信件的内容。总线上的报文信息表示为几种固定的帧类型:

- 数据帧:从发送节点向其他节点发送的数据信息。
- 远程帧:向其他节点请求发送具有同一识别符的数据帧。
- 错误帧:检测到总线错误,发送错误帧。
- 过载帧:过载帧用以在数据帧或远程帧之间提供附加的延时。

CAN 总线通信有两种不同的帧格式:标准帧和扩展帧。

- 标准帧格式:具有 11 位标识符。
- 扩展帧格式:具有 29 位标识符。

两种帧格式的确定通过"控制场"(Control Field)中的"识别符扩展"位(IDE bit)来实现。两种帧格式可出现在同一总线上。

1.10.1 数据帧

如图 1-8 所示,数据帧组成如下:

- 帧起始(Start of Frame)。
- 仲裁场(Arbitration Field)。
- 控制场(Control Field)。
- 数据场(Data Field)。
- CRC(循环冗余码)场(CRC Field)。

图 1-8 CAN 数据帧格式

- 应答场(ACK Field)。
- 帧结尾(End of Frame)。

数据场的长度可以为 0。

帧起始标志数据帧和远程帧的起始,由一个单独的"显性"位组成。只有在总线空闲时,才允许节点开始发送。所有的节点必须同步于首先开始发送信息节点的帧起始前沿。

仲裁场用于写明需要发送到目的 CAN 节点的地址、确定发送的帧类型(当前发送的是数据帧还是远程帧),并确定发送的帧格式是标准帧还是扩展帧。仲裁场在标准格式帧和扩展格式帧中有所不同,标准格式帧的仲裁场由 11 位标识符和远程发送请求位 RTR 组成,扩展格式帧的仲裁场由 29 位标识符和远程发送请求位 RTR 组成。

控制场由 6 个位组成,包括数据长度代码和两个将来作为扩展用的保留位。数据长度代码指示了数据场中的字节数量。数据长度代码为 4 个位,在控制场里被发送,数据帧长度允许的字节数为 0、1、2、3、4、5、6、7、8,其他数值为非法的。

数据场由数据帧中的发送数据组成。它可以为 0~8 字节,每字节包含了 8 位,首先发送最高有效位 MSB,依次发送至最低有效位 LSB。

CRC 场包括 CRC 序列(CRC SEQUENCE)和 CRC 界定符(CRC DELIMITER),用于信息帧校验。

应答场长度为 2 位,包含应答间隙(ACK SLOT)和应答界定符(ACK DELIMITER)。在应答场里,发送节点发送两个"隐性"位。当接收器正确地接收到有效的报文时,接收器就会在应答间隙(ACK SLOT)期间(发送 ACK 信号)向发送器发送一个"显性"的位以示应答。

帧结尾是由每一个数据帧和远程帧的标志序列界定的。这个标志序列由 7 个"隐性"位组成。

1. 标准数据帧

标准数据帧基于早期的 CAN 规格 (1.0 和 2.0A 版),使用了 11 位的识别域。

CAN 标准帧帧信息是 11 字节,如表 1-5 所列,包括帧描述符和帧数据两部分。前 3 字节为帧描述部分。

如图 1-9 所示,字节 1 为帧信息,第 7 位(FF)表示帧格式,在标准帧中 FF=0;第 6 位(RTR)表示帧的类型,RTR=0 表示为数据帧,RTR=1 表示为远程帧。DLC 表示在数据帧时实际的数据长度。

字节 2~3 为报文识别码,其高 11 位有效。字节 4~11 为数据帧的实际数据,远程帧时无效。

2. 扩展数据帧

CAN 扩展帧帧信息是 13 字节,如表 1-6 所列,包括帧描述符和帧数据两部分。前 5 字节为帧描述部分。

表 1-5 标准数据帧

字 节		位							
		7	6	5	4	3	2	1	0
字节 1	帧信息	FF	RTR	x	x	DLC(数据长度)			
字节 2	帧 ID1	ID. 10~ID. 3							
字节 3	帧 ID2	ID. 2~ID. 0		x	x	x	x	x	x
字节 4	数据 1	数据 1							
字节 5	数据 2	数据 2							
字节 6	数据 3	数据 3							
字节 7	数据 4	数据 4							
字节 8	数据 5	数据 5							
字节 9	数据 6	数据 6							
字节 10	数据 7	数据 7							
字节 11	数据 8	数据 8							

图 1-9 标准数据帧示意图

表 1-6 扩展数据帧

字 节		位							
		7	6	5	4	3	2	1	0
字节 1	帧信息	FF	RTR	x	x	DLC(数据长度)			
字节 2	帧 ID1	ID. 28~ID. 21							
字节 3	帧 ID2	ID. 20~ID. 13							
字节 4	帧 ID3	ID. 12~ID. 5							
字节 5	帧 ID4	ID. 4~ID. 0				x	x	x	
字节 6	数据 1	数据 1							
字节 7	数据 2	数据 2							
字节 8	数据 3	数据 3							
字节 9	数据 4	数据 4							

字 节		位							
		7	6	5	4	3	2	1	0
字节 10	数据 5	数据 5							
字节 11	数据 6	数据 6							
字节 12	数据 7	数据 7							
字节 13	数据 8	数据 8							

如图 1-10 所示,字节 1 为帧信息,第 7 位(FF)表示帧格式,在扩展帧中 FF=1;第 6 位(RTR)表示帧的类型,RTR=0 表示为数据帧,RTR=1 表示为远程帧。DLC 表示在数据帧时实际的数据长度。

图 1-10 扩展数据帧示意图

字节 2~5 为报文识别码,其高 28 位有效;字节 6~13 为数据帧的实际数据,远程帧时无效。

1.10.2 远程帧

远程帧除了没有数据域(Data Frame)以及 RTR 位是隐性以外,与数据帧完全一样,如图 1-11 所示,RTR 位的极性表示了所发送的帧是数据帧(RTR 位"显性")还是远程帧(RTR 位"隐性")。

图 1-11 CAN 远程帧格式

如图 1-12、图 1-13 所示,远程帧包括两种:标准远程帧、扩展远程帧。

图 1-12 标准远程帧示意图

图 1-13 扩展远程帧示意图

1.10.3 错误帧

当节点检测到一个或多个由 CAN 标准所定义的错误时,就会产生一个错误帧。如图 1-14 所示,错误帧由两个不同的场组成:第一个场是不同站提供的错误标志(Error Flag)的叠加,第二个场是错误界定符(Error Delimiter)。

图 1-14 错误帧格式

有两种形式的错误标志:主动错误标志和被动错误标志。

● 主动错误标志由 6 个连续的"显性"位组成。

- 被动错误标志由 6 个连续的"隐性"位组成，除非被其他节点的"显性"位重写。

检测到错误条件"错误激活"的站通过发送主动错误标志指示错误。错误标志的形式破坏了从帧起始到 CRC 界定符的位填充的规则，或者破坏了 ACK 场或帧结尾的固定形式。所有其他的站由此检测到错误条件，并与此同时开始发送错误标志。因此，"显性"位(此"显性"位可以在总线上监视)的序列导致一个结果，这个结果就是把个别站发送的不同的错误标志叠加在一起。这个序列的总长度最小为 6 位，最大为 12 位。

检测到错误条件的"错误被动"的站试图通过发送被动错误标志指示错误。"错误被动"的站等待 6 个相同极性的连续位(这 6 位处于被动错误标志的开始)。当这 6 个相同的位被检测到时，被动错误标志的发送就完成了。

错误界定符包括 8 个"隐性"位。错误标志传送了以后，每一节点就发送"隐性"位并一直监视总线直到检测出一个"隐性"位为止。然后就开始发送其余 7 个"隐性"位。

1.10.4　过载帧

过载帧用于在先行和后续的数据帧(或远程帧)之间提供一个附加的延时。如图 1-15 所示，过载帧包括两个位场：过载标志和过载界定符。

图 1-15　过载帧格式

有 3 种情况会引起过载标志的传送：
- 接收器内部情况(此接收器对于下一数据帧或远程帧需要有一个延时)。
- 在间歇的第一和第二字节检测到一个显性位。
- CAN 节点在错误界定符或过载界定符的第 8 位(最后一位)采样到一个显性位。

过载标志(Overload Flag)由 6 个"显性"位组成。过载标志的所有形式和主动错误标志一样。过载标志的形式破坏了间歇场的固定形式。因此，所有其他的站都检测到过载条件并同时发出过载标志。如果有的节点在间歇的第 3 个位期间检测到"显性"位，则这个位将解释为帧的起始。

过载界定符(Overload Delimeter)包括 8 个"隐性"位。过载界定符的形式和错误界定符的形式一样。过载标志被传送后,站就一直监视总线直到检测到一个从"显性"位到"隐性"位的跳变。此时,总线上的每一个站完成了过载标志的发送,并开始同时发送其余 7 个"隐性"位。

1.10.5 帧间空间

无论前面帧的类型如何(数据帧、远程帧、错误帧、过载帧),数据帧(或远程帧)与它前面的帧的隔离是通过帧间空间实现的。但是,过载帧与错误帧之前没有帧间空间,多个过载帧之间也不是由帧间空间隔离的。

如图 1-16、图 1-17 所示,帧间空间的组成如下:

图 1-16 非"错误被动"节点帧间空间示意图

图 1-17 "错误被动"节点帧间空间示意图

① 3 个隐性("1")的间歇场(Inter Mission)。间歇包括 3 个"隐性"位,间歇期间,所有的站均不允许传送数据帧或远程帧,唯一要做的是标示一个过载条件。

② 长度不限的总线空闲位场(Bus Idle)。总线空闲的时间是任意的。只要总线被认定为空闲,任何等待发送报文的站就会访问总线。在发送其他报文期间有报文被挂起,对于这样的报文,其传送起始于间歇之后的第一个位。

③ 如果"错误被动"节点已经作为前一报文的发送器,包括挂起传送的位场(Suspend Transmission),"错误被动"的站发送报文后,站就在下一报文开始传送之前或总线空闲之前发出 8 个"隐性"位跟随在间歇的后面。与此同时,另一站开始发送报文(由另一站引起),则此站就作为这个报文的接收器。

1.11　振荡器容差

振荡器容差表示振荡器的实际频率和标称频率的偏离。

CAN网络中，每个节点都从振荡器基准取得位定时。在实际系统应用中，振荡器基准频率会由于初始的容差偏移、老化和温度的变化而偏离它的标称值，这些偏离量之和就构成了振荡器容差。

1.12　位定时要求

位定时是CAN总线上一个数据位的持续时间，主要用于CAN总线上各节点的通信波特率设置，同一总线上的通信波特率必须相同。因此，为了得到所需的波特率，位定时的可设置性是有必要的。

另外，为了优化应用网络的性能，用户需要设计位定时中的位采样点位置、定时参数、不同的信号传播延迟的关系。

1. 标称位速率

标称位速率为一理想的发送器在没有重新同步的情况下每秒发送的位数量。

2. 标称位时间

标称位时间＝1/标称位速率

如图1-18所示，可以把标称位时间划分成以下几个不重叠时间的片段：

① 同步段（SYNC_SEG）。位时间的同步段用于同步总线上不同的节点。这一段内要有一个跳变沿。

② 传播时间段（PROP_SEG）。传播段用于补偿网络内的物理延时时间，是总线上输入比较器延时和输出驱动器延时总和的两倍。

③ 相位缓冲段1（PHASE_SEG1）。

④ 相位缓冲段2（PHASE_SEG2）。相位缓冲段用于补偿边沿阶段的误差。这两个段可以通过重新同步加长或缩短。

图1-18　标称位时间的组成部分

⑤ 采样点(Sample Point)。采样点是读总线电平并解释各位的值的一个时间点。采样点位于相位缓冲段 1(PHASE_SEG1)之后。

3. 信息处理时间(Information Processing Time)

信息处理时间是一个以采样点作为起始的时间段。采样点用于计算后续位的位电平。

4. 时间份额(Time Quantum)

时间份额是派生于振荡器周期的固定时间单元。存在有一个可编程的预比例因子,其整体数值范围为 1～32 的整数,以最小时间份额为起点,时间份额的长度为:

时间份额(Time Quantum)＝ m × 最小时间份额(Minimum Time Quantum)

(m 为预比例因子)

5. 时间段的长度(Length of Time Segments)

同步段(SYNC_SEG)为一个时间份额;传播段(PROP_SEG)的长度可设置为 1～8 个时间份额;缓冲段 1(PHASE_SEG1)的长度可设置为 1～8 个时间份额;相位缓冲段 2(PHASE_SEG2)的长度为阶段缓冲段 1(PHASE_SEG1)和信息处理时间(Information Processing Time)之间的最大值;信息处理时间小于等于 2 个时间份额。

一个位时间总的时间份额值可以设置在 8～25 的范围,如图 1-19 所示。

图 1-19 10 个时间份额构成的位时间

1.13 同 步

CAN 的数据流中不包含时钟,CAN 总线规范中定义的同步保证报文可以不管节点间积累的相位误差正确地译码。

CAN 规范定义了两种类型的同步:硬同步和重新同步。由协议控制器完成通过硬同步或重新同步来适配位定时参数。

1. 硬同步(Hard Syhchronization)

硬同步后,内部的位时间从同步段重新开始。因此,硬同步强迫由于硬同步引起的沿处于重新开始的位时间同步段之内。

2. 重新同步跳转宽度(Resyhchronization Jump Width)

重新同步的结果使相位缓冲段 1 增长,或使相位缓冲段 2 缩短。相位缓冲段加长或缩短的数量有一个上限,此上限由重新同步跳转宽度给定。重新同步跳转宽度应设置于 1 和最小值之间(此最小值为 4,PHASE_SEG1)。

可以从一位值转换到另一位值的过渡过程得到时钟信息。这里有一个属性,即:只有后续位的一固定最大数值才具有相同的数值。这个属性使总线单元在帧期间重新同步于位流成为可能。可用于重新同步的两个过渡过程之间最大的长度为 29 个位时间。

3. 边沿的相位误差(Phase Error of an Edge)

一个边沿的相位误差由相关于同步段的沿的位置给出,以时间额度量度。相位误差定义如下:

① 如果沿处于同步段里(SYNC_SEG),则 $e=0$。

② 如果沿位于采集点(Sample Point)之前,则 $e>0$。

③ 如果沿处于前一个位的采集点(Sample Point)之后,则 $e<0$。

4. 重新同步(Resyhchronization)

当引起重新同步沿的相位误差的幅值小于等于重新同步跳转宽度的设定值时,重新同步和硬件同步的作用相同。当相位错误的量级大于重新同步跳转宽度时:

如果相位误差为正,则相位缓冲段 1 被增长。增长的范围为与重新同步跳转宽度相等的值。

如果相位误差为负,则相位缓冲段 2 被缩短。缩短的范围为与重新同步跳转宽度相等的值。

5. 同步的原则(Syhchronization Rules)

硬同步和重新同步都是同步的两种形式,遵循以下规则:

① 在一个位时间里只允许一个同步。

② 仅当采集点之前监测到的值与紧跟沿之后的总线值不相符合时,才把沿用做同步。

③ 总线空闲期间,有一个"隐性"转变到"显性"的沿,无论何时,硬同步都会被执行。

④ 符合规则①和规则②的所有从"隐性"转化为"显性"的沿可以用做重新同步。有一个例外情况,即当发送一个显性位的节点不执行重新同步而导致一个"隐性"转化为"显性"沿时,此沿具有正的相位误差,不能用做重新同步。

1.14　位流编码及位填充

位流编码以及位填充在于有足够的跳边沿,最多经过 5 个位时间,总线各节点可以重新同步。

帧的部分,诸如帧起始、仲裁场、控制场、数据场以及 CRC 序列,均通过位填充的方法编码。无论何时,发送器只要检测到位流里有 5 个连续相同值的位,便自动在位流里插入一个补充位。接收器会自动删除这个补充位。

　　数据帧或远程帧(CRC 界定符、应答场和帧结尾)的剩余位场形式固定,不填充。错误帧和过载帧的形式也固定,但并不通过位填充的方法进行编码。

　　报文里的位流根据"不返回到零"(NRZ)的方法来编码。这就是说,在整个位时间里,位的电平要么为"显性",要么为"隐性"。

1.15　CAN 总线错误处理

1.15.1　错误类型

1. 位错误(Bit Error)

　　发送的位值和总线监视的位值不符合时,监测到一个位错误。但是在仲裁场(Arbitration Field)的填充位流期间或应答间隙(Ack Slot)发送一个"隐性"位的情况是例外的——此时,当监视到一个"显性"位时,不会发出位错误。当发送器发送一个被动错误标志但监测到"显性"位时,也不视为位错误。

2. 填充错误(Stuff Error)

　　如果在使用位填充编码的位流中出现了第 6 个连续相同的位电平,将监测到一个位填充错误。

3. 形式错误 (Form Error)

　　当一个固定形式的位场含有一个或多个非法位时,则监测到一个形式错误。

4. 应答错误 (Acknowledgment Error)

　　在应答间隙(Ack Slot)所监视的位不为"显性",则监测到一个应答错误。

5. CRC 错误(CRC Error)

　　如果接收器的 CRC 结果和发送器的 CRC 结果不同,则将监测到一个 CRC 错误。

1.15.2　错误标志

　　监测到错误条件的站通过发送错误标志指示错误。对于"错误主动"的节点,错误信息为"主动错误标志";对于"错误被动"的节点,错误信息为"被动错误标志"。站监测到无论是位错误、填充错误、形式错误,还是应答错误,这个站会在下一位时发出错误标志信息。

只要监测到的错误条件是 CRC 错误,错误标志的发送开始于 ACK 界定符之后的位(其他的错误条件除外)。

1.16　故障界定

1.16.1　故障界定的方法

1. 错误主动(Error Counter<128)

"错误主动"的单元可以正常地参与总线通信,并在错误被监测到时发出主动错误标志。

2. 错误被动(256>Error Counter≥128)

"错误被动"的单元不允许发送主动错误标志。"错误被动"的单元参与总线通信,在错误被监测到时只发出被动错误标志。而且,发送以后,"错误被动"单元将在初始化下一个发送之前处于等待状态。

3. 总线关闭(Error Counter≥256)

"总线关闭"的单元不允许在总线上有任何的影响(比如,关闭输出驱动器)。总线单元使用两种错误计数器进行故障界定:

- 发送错误计数(TEC)。
- 接收错误计数(REC)。

1.16.2　错误计数规则

① 当接收器监测到一个错误时,接收错误计数就加 1。在发送主动错误标志或过载标志期间所监测到的错误为位错误时,接收错误计数器值不加 1。

② 当错误标志发送以后,接收器监测到的第一个位为"显性"时,接收错误计数值加 8。

③ 当发送器发送一个错误标志时,发送错误计数器值加 8。例外情况如下:

- 发送器为"错误被动",并监测到一个应答错误(注:此应答错误由监测不到一个"显性"ACK 以及当发送被动错误标志时监测不到一个"显性"位而引起)。
- 发送器因为填充错误而发送错误标志(注:此填充错误发生于仲裁期间。引起填充错误是由于填充位〈填充位〉位于 RTR 位之前,并已作为"隐性"发送,但是却被监视为"显性")。

例外情况 1 和例外情况 2 时,发送错误计数器值不改变。

④ 发送主动错误标志或过载标志时,如果发送器监测到位错误,则发送错误计数器值加 8。

⑤ 当发送主动错误标志或过载标志时,如果接收器监测到位错误(位错误),则接收错误计数器值加 8。

⑥ 在发送主动错误标志、被动错误标志或过载标志以后,任何节点最多容许 7 个连续的"显性"位。以下的情况发生时,每一发送器将它们的发送错误计数值加 8,且每一接收器的接收错误计数值加 8。

- 当检测到第 14 个连续的"显性"位后。
- 在检测到第 8 个跟随着被动错误标志的连续的"显性"位以后。
- 在每一附加的 8 个连续"显性"位顺序之后。

⑦ 报文成功传送后(得到 ACK 及直到帧末尾结束没有错误),发送错误计数器值减 1,除非已经是 0。

⑧ 如图 1 - 20 所示,如果接收错误计数值为 1~127,在成功接收到报文后(直到应答间隙接收没有错误,及成功地发送了 ACK 位),接收错误计数器值减 1。如果接收错误计数器值是 0,则它保持 0;如果大于 127,则它会设置一个介于 119~127 之间的值。

⑨ 当发送错误计数器值等于或超过 128,或接收错误计数器值等于

图 1 - 20   错误状态切换

或超过 128 时,节点为"错误被动"。让节点成为"错误被动"的错误条件致使节点发出主动错误标志。

⑩ 当发送错误计数器值大于或等于 256 时,节点为"总线关闭"。

⑪ 当发送错误计数器值和接收错误计数器值都小于等于 127 时,"错误被动"的节点重新变为"错误主动"。

⑫ 在总线监视到 128 次出现 11 个连续"隐性"位之后,"总线关闭"的节点可以变成"错误主动"(不再是"总线关闭"),它的错误计数值也被设置为 0。备注如下:

- 一个大于 96 的错误计数值显示在总线上时将被严重干扰,最好能够预先采取措施测试这个条件。
- 启动/睡眠:如果启动期间内只有一个节点在线,以及如果这个节点发送一些报文,则将不会有应答,并检测到错误和重复报文。因此,节点会变为"错误被动",而不是"总线关闭"。

1.16.3   错误标记及错误中断类型

当节点最少监测到一个错误时将马上终止总线上的传输并发送一个错误帧,CAN 错误中断类型如下:

- 总线错误中断 EBI。
- 数据溢出中断 DOI。
- 出错警告中断 EI。
- 错误认可中断 EPI。
- 仲裁丢失中断 ALI。

备注如下：

① 总线错误时，须检查总线是否已经关闭。为保证总线保持在工作模式，应该尝试重新进入总线工作模式。

② 数据溢出中断时，应该通过提升软件处理效率及处理器性能解决接收速度引起的瓶颈。程序务必向 CAN 控制器发送清除溢出命令，否则将一直引起数据一处中断。

③ 其他错误中断一般可以不处理，不过在调试过程中应该打开所有中断以监视网络质量。

1.17　CAN 网络与节点的总线拓扑结构

CAN 是一种分布式的控制总线，总线上的每一个节点一般来说都比较简单，使用 MCU 控制器处理 CAN 总线数据，完成特定的功能；通过 CAN 总线将各节点连接只需较少的线缆，可靠性也较高。CAN 总线线性网络结构如图 1 - 21 所示。

图 1 - 21　CAN 总线线性网络结构

1.17.1　总线结构拓扑

ISO11898 定义了一个总线结构的拓扑：采用干线和支线的连接方式；干线的两个终端都接一个 120 Ω 终端电阻；节点通过没有端接的支线连接到总线；干线与支线的参数如表 1 - 7 所列。

表 1 - 7　干线与支线的网络长度参数

CAN 总线位速率	总线长度	支线长度	节点距离
1 Mbit/s	最大 40 m	最大 0.3 m	最大 40 m
5 kbit/s	最大 10 km	最大 6 m	最大 10 km

在实际应用中可以通过 CAN 中继器将分支网络连接到干线网络上,每条分支网络都符合 ISO 11898 标准,这样可以扩大 CAN 总线通信距离,增加 CAN 总线工作节点的数量,如图 1-22 所示。

图 1-22 CAN 总线线性网络结构拓展

1.17.2 CAN 总线通信距离

CAN 总线最大通信距离取决于以下几个方面:

① 连接的各总线节点的 CAN 控制器、收发器的循环延迟以及总线的线路延迟。

② 由于振荡器容差而造成位定时额度的不同。

③ 总线电缆的串联阻抗、总线节点的输入阻抗而使信号幅值下降因素。

CAN 总线最大有效通信距离(表 1-8)和通信波特率的关系可以用以下经验公式计算:

$$R_{\text{Max B}} \times L_{\text{Max B}} \leqslant 60$$

表 1-8 CAN 总线最大有效通信距离

位速率/(kbit/s)	5	10	20	50	100	125	250	500	1 000
最大有效距离/m	10 000	6 700	3 300	1 300	620	530	270	130	40

1.17.3　CAN 中继器

　　CAN 中继器适用于 CAN 主网与 CAN 子网的连接,或者 2 个相同通信速率的平行 CAN 网络进行互联,如图 1 - 23 所示。实际应用中可以通过 CAN 中继器将分支网络连接到干线网络上,CAN 中继器通过硬件电路级联来提升总线的电气信号,从而实现 CAN 帧数据的转发。每条分支网络都符合 ISO11898 标准,这样可以扩大 CAN 总线通信距离,增加 CAN 总线工作节点的数量。

图 1 - 23　CAN 总线线性网络结构拓展

　　CAN 中继器将一个电信号从一个物理总线段传输到另一段。信号被重建并透明地传输到其他段。这样,中继器就将总线分成了两个物理上独立的段。

　　图 1 - 24 为具有电流隔离的 CAN 中继器的结构框图。如果光电信号的传输被红外或无线传输系统所取代,那么中继器可用于两个 CAN 网络段的无线耦合。

　　对于 EMC 干扰严重或者有潜在爆炸可能的区域,可使用 CAN 光纤中继器进行桥接。图 1 - 24 所示的光电耦合器此时被一个转发器系统所取代,该系统包括两个转发器、一个玻璃或塑料光纤传输系统。

　　现代的 CAN 光纤中继器系统(玻璃纤维)允许的最大桥接距离为 1 km。由于中继器引入的额外信号传输延迟,使用中继器实际上减小了网络最大可能的范围。但是通过使用中继器可以适应地理条件的需要,很多情况下可以节省线缆的使用。例

图 1 - 24　具有电流隔离的 CAN 中继器的框图

如,图 1 - 25 为一个连接许多生产线的网络的分布结构。线形网络需要的总线总长度为 440 m,这样该 CAN 网络的最大数据速率被限制在大约 150 kbit/s 以内。如果按照图 1 - 26 使用中继器进行连接,网络的总长度只有 290 m,信号传输的最大距离只有 150 m(节点 6 和节点 12 之间),这样该系统的最大数据传输速率约为 400 kbit/s。

图 1 - 25　使用线形拓扑连接的生产线

通过这个例子可以看出,中继器非常适合于设计优化的扩展网络拓扑结构。使用中继器还可增加每个网络段所挂的节点数。此外,有些中继器还可检测到对地以及电路之间的短路,这样就保证了在一个总线段出现故障时,剩下的网络仍然能够工作。

图 1-26　使用优化的网络拓扑连接的生产线

1.17.4　CAN 网桥

　　网桥将一个独立的网络连接到数据链路层,提供存储功能,并在网络段之间转发全部或部分报文。而中继器转发所有的电气信号。

　　通过从一个网络段向另外一个段转发它所需要的报文,集成了滤波功能的网桥可以实现多段网络的组织结构。使用这种方式还可以控制减少不同总线段的总线负载。

　　例如,CANbridege 智能 CAN 网桥就是一款性能优异的设备(图 1-27),不仅具有增加负载节点、强大的 ID 过滤、延长通信距离等功能,而且可以独立配置两个通道的通信波特率,使不同通信波特率的 CAN 网络互联。同时,CANbridege 智能CAN 网桥可作为一个非常简单的 CAN 数据分析仪,上位机软件通过接收 CANbridege 智能 CAN 网桥发出的信息,可简单判断 CAN 网络的通信质量。

图 1-27　CANbridge 智能 CAN 网桥外观

1. 17. 5　CAN 集线器

CAN 集线器的功能与 CAN 网桥类似,但有较大的扩展,比如可以将 4 路或 8 路的独立 CAN 网段连接在一起,从而构成星形拓扑方式或其他拓扑结构,节省网络中 CAN 网桥设备的数目,方便网络的管理。

图 1-28 是一个使用 CAN 集线器改变 CAN 网络拓扑的实例。

图 1-28　使用 CAN 集线器改变 CAN 网络拓扑的实例

1. 17. 6　CAN 网关

不同类型的网络互联是技术发展的最新潮流。CAN 网关提供不同协议的网络之间的连接,通常也称作"协议转换器"。CAN 网关将不同通信系统之间的协议数据单元进行转换,如图 1-29 所示。

图 1-29　通过第 7 层网关连接的两个不同的通信系统

　　市面上有许多不同类型的 CAN 网关，其中包括 CAN/CANopen/DeviceNet 和 AS - I、RS232/RS485、Interbus - S、Profibus 或 Ethernet/TCP - IP 之间的网关。CAN 网络通过网关可以连接到其他任何类型的网络，包括因特网。CAN - Internet 网关提供了诸如对 CAN 系统的远程维护和诊断等功能。

　　图 1 - 30 为一个使用转发器、桥接器和网关的复杂网络结构。

图 1 - 30　带有转发器、桥接器和网关的网络结构

1.18　CAN 总线传输介质

　　CAN 总线可以使用多种传输介质，常用的如双绞线、光纤等，同一段 CAN 总线网络要采用相同的传输介质。

　　表示"隐性"和"显性"信号电平的能力是 CAN 总线仲裁方法的基本先决条件，即所有节点都为隐性位电平时，总线介质才处于隐性状态。只要一个节点发送了显性位电平，总线就呈现显性电平。使用电气和光学介质都能够很容易地实现这一原理。使用光学介质时，隐性电平通过状态"暗"表示，显性电平通过状态"亮"表示。

1.18.1　双绞线

　　目前，采用双绞线的 CAN 总线分布式系统已得到广泛应用，如电梯控制、电力系统、远程传输等，其特点如下：

① 双绞线采用抗干扰的差分信号传输方式。

② 技术上容易实现、造价低廉。

③ 对环境电磁辐射有一定抑制能力。

④ 随着频率的增长,双绞线上传输的信号衰减迅速增高。

⑤ 双绞线有近端串扰。

⑥ 适合 CAN 总线网络 5 kbit/s~1 Mbit/s 的传输速率。

⑦ 使用非屏蔽双绞线作为物理层,只需要 2 根线缆作为差分信号线(Canh、Canl)传输;使用屏蔽双绞线作为物理层,除需要 2 根差分信号线(Canh、Canl)的连接以外,还要注意在同一网段中的屏蔽层(Shield)单点接地问题。ISO11898 推荐电缆及参数如表 1-9 所列。

表 1-9   ISO11898 推荐电缆及参数

总线长度/m	电缆		终端电阻 (精度 1%)	最大位速率 /(Mbit/s)
	直流电阻/(mΩ/m)	导线截面积		
0~40	70	0.25~0.34 mm² AWG23,AWG22	124	1 (40 m)
40~300	<60	0.34~0.60 mm² AWG22,AWG20	127	1 (100 m)
300~600	<40	0.50~0.60 mm² AWG20	127	1 (500 m)
600~1 000	<26	0.75~0.80 mm² AWG18	127	1 (1 000 m)

1. 双绞线电缆选择要素

(1) 线长

如果外部干扰比较弱,CAN 总线中的短线(长度<0.3 m,例如在 T 型连接器)可以采用扁平电缆。通常,用带屏蔽层的双绞线作为差分信号传输线会更可靠。带屏蔽层的双绞线通常用作长度大于 0.3 m 的电缆。

(2) 波特率

由于取决于传输线的延迟时间,CAN 总线的通信距离可能会随着波特率减小而增加。

(3) 外界干扰

必须考虑外界干扰,例如由其他电气负载引起的电磁干扰。尤其注意有大功率电机运行或其他在设备开关时容易引起供电线路上电压变化的场合。如果无法避免出现类似于 CAN 总线与电压变化强烈的供电线路并行走线的情况,那么 CAN 总线可以采用带双屏蔽层的双绞线。

（4）特征阻抗

所采用的传输线的特征阻抗约为 120 Ω。由于 CAN 总线接头的使用，CAN 总线的特征阻抗可能发生变化。因此，不能过高估计所使用电缆的特征阻抗。

（5）有效电阻

所使用的电缆的电阻必须足够小，以避免线路压降过大，影响位于总线末端的接收器件。为了确定接收端的线路压降，避免信号反射，在总线两端需要连接终端电阻。

2. 电缆适用类型示例

一般而言，现场总线采用电信号传递数据，传输的过程中不可避免地受到周围电磁环境的影响。因此，传输数据的电缆通常使用带有屏蔽层的双绞线，并且屏蔽层要接到参考地。

表 1 - 10 列出了一些 CAN 双绞线/屏蔽双绞线的电缆型号。这个型号清单只是作为一个参考，用户须根据其应用领域及生产商的电缆技术参数决定使用哪种类型的电缆。

表 1 - 10　推荐的电缆类型

型　　号	芯数×标称截面/mm²	导体结构（No. /mm）
RVVP	2×0.12	2×7/0.15 双绞镀锡铜编织
RVVP	2×0.20	2×12/0.15 双绞镀锡铜编织
RVVP	2×0.30	2×16/0.15 双绞镀锡铜编织
RVVP	2×0.50	2×28/0.15 双绞镀锡铜编织
RVVP	2×0.75	2×24/0.20 双绞镀锡铜编织
RVVP	2×1.00	2×32/0.20 双绞镀锡铜编织
ZR RVVP	2×1.00	阻燃 2×32/0.2 双绞镀锡铜编织
RVVP	2×1.50	2×48/0.2 双绞镀锡铜编织
ZR RVVP	2×1.50	阻燃 2×48/0.2 双绞镀锡铜编织
RVVP	2×2.50	2×49/0.25 双绞镀锡铜编织

图 1 - 31、图 1 - 32 分别给出了带单/双屏蔽层的 CAN 电缆剖析与连接线示范图。

如果使用单层屏蔽电缆，那么屏蔽层要在某一点处接地。如果使用了双层屏蔽电缆，那么内屏蔽层（类似于单层屏蔽电缆屏蔽层的应用）作为 CAN_GND 信号线且在某一点处接地。外屏蔽层同样应该在某一点处接地，但不是作为 CAN_GND，而是将外屏蔽层连接到 DB9 插座（广州致远公司 CAN 接插座）的接头屏蔽层。

图 1-31 单屏蔽层的 CAN 电缆剖析与连接图示

图 1-32 双屏蔽层的 CAN 电缆剖析与连接图示

3. 双绞线使用及注意事项

在采用双绞线作为 CAN 总线传输介质时必须注意以下几点:

① 双绞线采用抗干扰的差分信号传输方式;

② 使用非屏蔽双绞线作为物理层,只需要 2 根线缆作为差分信号线(CANH、CANL)传输;

③ 使用屏蔽双绞线作为物理层时,除需要 2 根差分信号线(CANH、CANL)的连接以外,还要注意在同一网段中的屏蔽层(SHIELD)单点接地问题;

④ 网络的两端必须有两个范围在 118 Ω$<R_T<$130 Ω 的终端电阻(在 CAN_L 和 CAN_H 信号之间);

⑤ 支线必须尽可能得短;

⑥ 使用适当的电缆类型,必须确定电缆的电压衰减;

⑦ 确保不要在干扰源附近布置 CAN 总线;如果不得不这样做,那么应该使用双层屏蔽电缆。

4. 现场信号电缆

现场信号主要为模拟量信号、数字量信号以及脉冲信号。对于连接现场信号的电缆选择需要注意如下的事项：

① 模拟量信号：包括模拟量输入信号、模拟量输出信号以及温度信号(热电阻、热电偶)。模拟量信号的连接必须使用屏蔽双绞线，信号线的截面积应大于等于$1~mm^2$。

② 数字量信号：包括数字量输入信号、数字量输出信号。低电压的数字量信号应该采用屏蔽双绞线进行连接，信号线的截面积应大于等于$1~mm^2$。高电压(或者大电流)的数字量信号可以采用一般的双绞线。

注意：高电压(或者大电流)的数字量信号选用双绞线时，需要考虑其耐压等级和允许的最大电流。在布线时，高电压(或者大电流)的数字量信号线缆要与模拟量信号线缆、低电压数字量信号线缆分开。

脉冲信号包括脉冲输入信号和脉冲输出信号。脉冲信号往往具有较高的频率，容易受到外界的干扰，因此对于脉冲信号的连接必须使用屏蔽双绞线，信号线的截面积应大于等于$1mm^2$。脉冲信号线缆在布线时也必须与高电压(或者大电流)的信号线缆分开。

1.18.2 光 纤

1. 光纤的选择

石英光纤特点：

- 衰减小，技术比较成熟。
- 纤带宽大，抗电磁干扰。
- 易成缆特性。
- 芯径很细($<10~\mu m$)。
- 连接成本较高。

塑料光纤特点：

- 成本与电缆相当。
- 芯径达($0.5\sim1~mm$)。
- 连接易于对准。
- 重量轻。
- 损耗将低到$20~dB/km$。

2. 光纤CAN网络的拓扑结构

- 总线形：可由一根共享的光纤总线组成，各节点另需总线耦合器和站点耦合器实现总线和节点的连接。
- 环形：每个节点与紧邻的节点以点到点链路相连，形成一个闭环。
- 星形：每个节点通过点到点链路与中心星形耦合器相连。

3．与双绞线和同轴电缆相比

- 光纤的低传输损耗使中继之间的距离大大增加。
- 光缆还具有不辐射能量、不导电、没有电感的优点。
- 光缆中不存在串扰以及光信号相互干扰的影响。
- 不会有在线路"接头处"感应耦合导致的安全问题。
- 强大的抗 EMI 能力。

目前存在的主要问题是：价格昂贵，设备投入成本较高。

4．光纤 CAN 网络的特殊问题

当两个 CAN 节点使用光纤相连时，两节点都需要相应接口电路——逻辑控制单元(LCU)。其功能是克服光纤 CAN 网络的特殊问题——堵塞。

当两个 CAN 节点一个采用双绞线作为传输介质，另一个采用光纤作为传输介质时，需要将双绞线上的差分信号 CANH 和 CANL 通过逻辑控制单元转换成数字信号，显性用 0 表示，隐性用 1 表示，从而实现消除堵塞的逻辑控制功能。随后，通过光电转换模块将 CAN 总线的"显性(逻辑 0)"用"有光"表示，"隐性(逻辑 1)"用"无光"表示。

1.19　改善电磁兼容性的措施

当使用非屏蔽导线时，物理层的电磁兼容性就变得非常重要。CAN 网络中改善电磁兼容性的措施可以分为两大类：

① 抑制感应电磁干扰(吸收防护)；
② 减小发射的电磁功率(发射防护)。

EMC 基本上表现为接收器在共模噪声条件下正确检测差分信号的能力。对于发射，首要关心的是由于 CANH 和 CANL 之间的非理想对称性而造成的总线发射的功率频谱。

当然，改善吸收和发射防护的最重要的方法之一就是使用双绞和屏蔽的总线，这提供了非常强的防护，并且与应用参数(例如位速率和节点数)无关。此外，还有一些措施常用于改善吸收方面的 EMC，如下所示：

① 通过总线接口中的衰减元件增加电阻值，以抑制共模干扰。
② 通过分开的总线终端转移高频干扰。
③ 避免脉冲的快速跳变是降低电磁辐射的一个有效措施。因此，将总线信号的斜率降低到能够满足信号上升和下降沿时间的最低要求。

1.19.1　增加电阻值抑制共模干扰

在共模干扰方面，符合 ISO 11898—2 标准的差分(对称)传输已经提供了极好的

防护。在 CAN 收发器所支持的共模范围之内,由于接收器只计算总线之间的电压差,因此滤除了共模干扰信号,但是高能量的、电感性的感应干扰信号可以导致产生超出收发器共模范围的干扰信号。为了抑制这种干扰信号,可以在 CAN 节点的输入电路中插入一个扼流线圈,如图 1 - 33 所示。

图 1 - 33　通过扼流线圈抑制电感性的感应共模干扰

CAN 扼流线圈可以从不同的厂商处得到。由于扼流线圈的高阻抗,差分信号的高频部分也因此衰减,这对于电磁辐射的降低也有益处。

1.19.2　分开的总线终端

在高频方面,通过将总线终端电阻分开可改善 CAN 网络的电磁兼容性。此时终端电阻被分成两个相同的大电阻,两个电阻中间通过一个耦合电容接地,如图 1 - 34 所示。这样使高频信号对地短路,但却不会削弱直流特性。注意,必须确保电容连接到一个电平固定的地。

图 1 - 34　通过分开总线终端改善 EMC 特性

1.19.3　斜率控制

普通的总线收发器都支持斜率控制模式,用于调节发送信号的斜率。通过降低斜率,可以使辐射信号频谱中的高频部分显著降低。但是在给定位速率的情况下,增加信号边沿的上升和下降时间会减少总线最大可能的长度。总线缩短的长度 ΔL 与增加的信号延迟时间 t_{add} 之间的关系如下：

$$\Delta L = \frac{t_{add}}{t_p}$$

其中，t_{add} 为增加的信号延迟时间，t_p 为规定的单位长度传输时间。

在规定的信号传输速度为 5 ns/m 时，信号电平的上升和下降时间增加 200 ns 将会导致总线长度缩短 80 m。因此，斜率控制模式适用于对位速率和总线长度要求很低的 CAN 网络。斜率控制模式的限度大约为 250 kbit/s。

1.20　CAN 网络的实时性能及通信波特率的设置

影响 CAN 系统通信实时性的因素主要有两个：一是网络延时；二是总线通信速率。CAN 总线的通信速率较快时，报文传输的时间相对较短。但是，较高的通信速率会导致传输距离缩短。因此，在构建 CAN 网络时必须对这两个参数进行设定。

1.20.1　网络延时

CAN 总线属于串行总线，系统中所有的节点共用总线介质，如双绞线、光纤。CAN 分布式系统的控制通常会因为信息的传输而导致额外的延迟时间。因为 CAN 总线的无损仲裁以及多主的特性，当总线上同时有多帧报文信息传输时，报文信息之间存在竞争，标识符越低的报文信息优先级越高，会首先占用 CAN 总线传输，优先级低的报文信息会在总线空闲时重新发送。但是，当优先级高的报文信息传输密度太大时，将导致低优先级的报文信息无法重新发送，总线超载溢出。

限制高优先级报文信息连续访问（占用）总线的一个简单方法是：在一个适当的指定时间间隔（最小禁止时间）之后留有一定的时间，在这段时间内可以传输低优先级的报文。

在实际应用中，CAN 系统中所有报文的数量可以分成高优先级报文数和低优先级报文数。下面举例说明对 CAN 系统的最大可能响应时间的估计，该时间是在最坏情况下一个报文的最大可能延迟时间。最坏的情况是所有高优先级报文都打算同时进行传输数据。

假设一组 16 个高优先级报文，每个报文包含 2 个数据字节，则由图 1-35 可知，每个报文的帧长度为 64+8×2＝80 位。

当通信波特率为 1 Mbit/s 时，传输一个 bit 用时 1 μs，则每个报文的传输时间为 80 μs。传输所有 16 个高优先级报文需要 80 μs×16＝1.28 ms。

只有在高优先级报文的总线平均负载非常高的系统中，才需要考虑增加低优先级报文传输的额外窗口时间。在该假设的例子中，系统确保所有 16 个高优先级报文的延迟时间小于 1.5 ms（如图 1-36 所示），并保留一个额外的窗口时间用于传输低优先级报文。实际上，只有在所有高优先级报文同时进行传输时，高优先级报文组中

图 1-35　扩展数据帧示意图

图 1-36　对 CAN 报文最大延迟时间的估计

最低优先级的报文才会产生此最大延迟时间。

注意：在讨论不同总线概念的实时性时，应当注意到 CAN 协议中特别短的错误恢复时间，在以上的讨论中并没有考虑传输中可能存在的错误帧。

1.20.2　CAN 网络通信速率选择

CAN 网络通信速率的选择需要考虑以下两个因素：

① CAN 系统需要的通信速率通常由所需要的延迟时间来决定，而一个报文的最大可能延迟时间是由比其优先级高的所有报文的整个传输时间决定的。虽然 CAN 协议允许的最大数据传输速率为 1 Mbit/s，但明智的做法是根据延迟时间的要求来确定所需的数据速率。高的数据速率对节点有更高要求，并且其数据传输容易受到电磁干扰的影响。

② 还需要考虑通信速率和通信距离之间的关系：CAN 网络所要求的通信距离越长，网络中所能够采用的通信速率就越低。

CAN 网络中的数据传输速率是由系统要求的实时性决定的。举例说明：有一个具有 32 个节点的分布式 CAN 控制系统，网络的最大长度为 60 m。该系统中每个节点具有以下的功能，如表 1-11 所列。

假设系统要求所有数字量输入的最大延迟时

表 1-11　节点功能描述

I/O 类型	数据长度/字节
数字量输入	2
数字量输出	2
模拟量输入	8

间小于 5 ms,那么,在最坏的情况下意味着所有数字量输入必须在 5 ms 内传输。对于一个包括 2 字节的数字量输入报文,最坏情况下需要 80 个位时间。如果 32 个 I/O 节点同时发送各自的数字量输入状态,那么总共需要传输 80×32=2 560 个位时间。为了保证在 5 ms 内完成传送,每个位时间 t_{bit} 必须满足:

$$t_{bit} \leqslant \frac{5\ ms}{2\ 560} = 1.95\ \mu s$$

如果选用 500 kbps 的通信速率,其位时间为 2 μs,传输速率不满足要求,那么需要选择更高的通信波特率,例如 800 kbps,其传输一位时间是 1.25 μs。

网络数据传输速率的选择时,还必须考虑通信速率和通信距离之间的关系。例如上例中该网络的最大长度为 60 m,则系统的通信速率为 800 kbps,完全符合网络的长度要求。

但是,如果网络的最大通信距离为 160 m,则必须重新规划网络。例如为保证 800 kbps 的通信速率,须通过增加 CAN 中继器的手段来保证网络最大传输距离,但此时中继器的延时对于系统的实时性又不可避免地有所影响。

估计该系统网络上总线负载时,假设示例中的 CAN 系统每个节点 100 ms 发送一次:

数字量输入报文传送占用时间:32×(64+8×2)位×1.25 μs = 3.2 ms

数字量输出报文传送占用时间:32×(64+8×2)位×1.25 μs = 3.2 ms

模拟量输入报文传送占用时间:32×(64+8×8)位×1.25 μs = 5.12 ms

那么在最坏情况下总线大约被占用 3.2 ms+3.2 ms+5.12 ms=11.52 ms。对应的平均总线负载为:

$$11.52\ ms\ /100\ ms = 11.52\%$$

在构建 CAN 总线网络时,应该将系统的总线负载控制在合理的范围内,一般应用中建议 CAN 网络的平均负载不大于 60%。

1.20.3 CAN 网络通信速率的一致性

CAN 总线波特率需要针对具体的 CAN 控制芯片来设置(本书以 SJA1000 芯片为例),同时也需要依据具体的晶振频率设定(如 16 MHz 晶振)。然后设置总线定时器 0(BTR0)、总线定时器 1(BTR1),涉及波特率预设、同步跳转宽度、位周期长度、采样点位置、采样点数目等变量,计算复杂。其实,这些复杂的计算不需要读者具体掌握,可以通过许多计算软件实现,如广州周立功公司提供了一款针对 SJA1000 芯片的波特率计算软件,直接输入晶振频率和所需要的 CAN 通信波特率就可以获得总线定时器 0(BTR0)、总线定时器 1(BTR1)的设置数值,如图 1-37 所示。

由图 1-37 可以看出,针对 SJA1000 芯片,同样的 16 MHz 晶振,为获得 100 kbps 的通信速率,总线定时器 0(BTR0)、总线定时器 1(BTR1)有多种组合。理论上讲,这些组合都可以获得 100 kbps 的通信速率。

图 1 - 37　SJA1000 芯片通信速率计算软件界面(16 MHz 晶振)

即便选用 12 MHz 晶振,为获得 100 kbps 的通信速率,总线定时器 0(BTR0)、总线定时器 1(BTR1)同样又有新的多种组合,如图 1 - 38 所示。

图 1 - 38　SJA1000 芯片通信速率计算软件界面(12 MHz 晶振)

不同的总线定时器 0(BTR0)和总线定时器 1(BTR1)组合会给 CAN 通信速率带来一定的误差。另外,CAN 网络中每个节点都从自己的振荡器(晶振)提供的基准中取得位时间,由于各自振荡器初始的容差偏移、老化和温度偏移等因素,使其实际的数值和标称数值存在一定的偏差,这也给 CAN 通信速率带来一定的误差。

事实上,CAN 总线通信时,其通信波特率是允许有一定误差的,比如 1‰ 的误差(CAN 协议规定 1‰ 的误差在容许的范围内)。CAN 总线规范中通过"同步"来尽量减小这种误差。

但是,需要注意以下几点:

① 如果嵌入式研发者自己设计一条完整的 CAN 通信网络,那么网络中各节点的 CAN 控制器芯片最好采用同样的晶振频率,如 16 MHz 晶振;

② 最好采用同一厂家生产的晶振,以保证晶振出厂时的生产一致性;

③ 最好采用相同的总线定时器 0(BTR0)、总线定时器 1(BTR1)设置数值,例如:16 MHz 晶振获得 100 kbps 的通信速率时,CAN 网络中所有节点的 BTR0 设置为 0X03,BTR1 设置为 0X5C。

这样可以最大限度地减小 CAN 总线通信波特率带来的误差,提高其运行的可靠性与稳定性。

笔者在一个实际工程项目中就遇到过此类问题:针对 SJA1000 芯片,两个节点分别采用 16 MHz 和 12 MHz 晶振,为获得 100 kbps 的通信速率,随便在如此多的总线定时器 0(BTR0)和总线定时器 1(BTR1)组合中选用了一组,结果两节点不能相互通信。但并不是所有的组合均不能正常通信,经过无数次试验和思考后得到上述 3 点注意事项。

1.21　CAN 总线节点设备的电源

CAN 网络中的模块设备可以采用独立供电或者网络供电,如图 1-39 所示。采用网络供电时,必须另外铺设电源线。此时,必须考虑电源线上的压降、网络电源的功率以及网络电源的供电范围。

如果模块设备采用独立供电方式,那么电源只要能够满足模块设备的供电电流以及模块的供电电压需求即可。

图 1-39　CAN 设备电源连接

选择网络电源时,要明确该电源供电的范围,并了解在其供电范围内每个模块设备的工作电压、消耗的电流,以及设备在网络中的位置、所需电缆的长度、电缆的电阻。网络电源的选择应该保留一定的余量,一般为 30%。

　　如果一个电源不能满足上述要求,那么就需要使用多个电源给网络多处供电,以保证网络中的节电设备能够得到需要的工作电流。网络电源的选取可以参考 DeviceNet 协议中的相关规定(见表 1-12 和表 1-13),下面简要介绍 DeviceNet 协议规范中的网络电源配置。

表 1-12　DeviceNet 粗缆的截面积与其能流过的最大电流

距离/m	0	25	50	100	150	200	250	300	350	400	450	500
粗缆/A	8	8	5.42	2.93	2.01	1.53	1.23	1.03	0.89	0.78	0.69	0.63

注意:DeviceNet 网络中采用粗缆时,最大通信距离为 500 m,因此表中距离值最大为 500 m。

表 1-13　DeviceNet 细缆的截面积与其能流过的最大电流

距离/m	0	10	20	30	40	50	60	70	80	90	100
细缆/A	3	3	3	2.06	1.57	1.26	1.06	0.91	0.8	0.71	0.64

注意:DeviceNet 网络中采用细缆时,最大通信距离为 100 m,因此表中距离值最大为 100 m。

　　图 1-40 和图 1-41 为网络中单电源和双电源配置的情况,也可以根据实际情况采用多电源,电源可以配置在网络中间或者配置在网络终端。网络中的电流不能超出电缆的最大容许电流。按照 DeviceNet 规范中的要求,主干线的最大容许电流为 8 A(粗缆),分支线的最大容许电流为 3 A(细缆)。

图 1-40　DeviceNet 网络单电源配置

　　使用多个通信电源时,一定要使用电源分接头,图 1-42 为 DeviceNet 网络电源的结构。如果只用一个电源来供给,那么就不需要用电源分接头。电源供给位置仅限于主干线,分支线上不可以。

　　计算电源时要考虑到通过电缆时的损耗及节点所需的容量,可以通过简单计算来验证。由于余量较大,如果不满足余量要求,则需要个别计算。在实际应用中电源的配置可以参考表 1-12 和表 1-13。下面举例说明:

图 1-41　DeviceNet 网络双电源配置

图 1-42　DeviceNet 电源分接头结构

[例 1]

图 1-43 所示的网络中,电源位于终端位置,总线长度 250 m;电流总和＝0.2 A＋0.15 A＋0.25 A＋0.3 A＝0.9 A。由表 1-12 得知,电流限度为 1.23 A。由于 0.9 A 小于 1.23 A 的限度电流,因此这样的配置是被接受的。

图 1-43　电源配置示例 1

[例 2]

图 1-44 所示的网络中,电源位于网络中间位置,第一段总线长度为 150 m,电流:0.8 A+0.45 A+1.15 A=2.40 A;第二段总线长度为 100 m,电流:0.25 A+0.3 A=0.55 A。

图 1-44　电源配置示例 2

由表 1-12 得知:第一段过载,第二段满足要求。

解决方法:将电源移向过载的一段网络。

网络电源的选取可以借鉴以上的方法。DeviceNet 网络中对于线缆、网络电源的相关规定可参考 DeviceNet 协议规范中的相关内容。

第 **2** 章

CAN 控制器 SJA1000 与 8051 系列单片机接口设计

2.1 CAN 控制器 SJA1000

2.1.1 SJA1000 引脚排列及其功能

SJA1000 引脚排列如图 2−1 所示。

(a) DIP28封装 (b) SO28封装

图 2−1 SJA1000 的引脚排列

SJA1000 是 NXP 半导体公司的一种独立 CAN 控制器,可以在 BasicCAN 和 PeliCAN 两种协议下工作:BasicCAN 支持 CAN 2.0A 协议,PeliCAN 工作方式支持具有很多新特性的 CAN 2.0B 协议。工作方式通过时钟分频寄存器中的 CAN 方式位来选择,上电复位默认工作方式是 BasicCAN 方式。

独立 CAN 控制器 SJA1000 的主要功能如下:

- 标准结构和扩展结构报文的接收和发送。
- 接收 64 字节 FIFO。
- 标准和扩展帧格式都具有单/双接收滤波器,含接收屏蔽和接收码寄存器。
- 同时支持 11 位和 29 位识别码,位速率可达 1 Mbit/s。
- 可进行读/写访问的错误计数器。
- 可编程的错误报警限制。
- 最近一次的错误代码寄存器。
- 每一个 CAN 总线错误都可以产生错误中断。
- 具有丢失仲裁定位功能的丢失仲裁中断。
- 单发方式,当发生错误或丢失仲裁时不重发。
- 只听方式,监听 CAN 总线、无应答、无错误标志。
- 支持热插拔,无干扰软件驱动位速率检测。
- 硬件禁止 CLKOUT 输出。
- 增强的温度适应(−40～+125℃)。

独立 CAN 控制器 SJA1000 的引脚说明如表 2−1 所列。

表 2−1　独立 CAN 控制器 SJA1000 的引脚说明

符　号	引　脚	说　明
AD0～AD7	23～28,1,2	多路地址、数据总线
ALE/AS	3	ALE 输入信号(Intel 模式),AS 输入信号(Freescale 模式)
$\overline{CS}$	4	片选输入,低电平时,有效访问 SJA1000 芯片
$(\overline{RD})/E$	5	微控制器的 $\overline{RD}$ 信号(Intel 模式)或 E 使能信号(Freescale 模式)
$\overline{WR}$	6	微控制器的 $\overline{WR}$ 信号(Intel 模式)或 $RD(\overline{WR})$ 信号(Freescale 模式)
CLKOUT	7	SJA1000 产生的提供给微控制器的时钟输出信号,时钟信号来源于内部振荡器,时钟控制寄存器的时钟关闭位可禁止该引脚
V_{SS1}	8	接地
XTAL1	9	输入到振荡器放大电路,外部振荡信号由此输入
XTAL2	10	振荡放大电路输出,使用外部振荡信号时为开路输出
MODE	11	模式选择输入:1＝Intel 模式;0＝Freescale 模式
V_{DD3}	12	输出驱动的 5 V 电压源
TX0	13	从 CAN 输出驱动器 0 输出到物理线路上
TX1	14	从 CAN 输出驱动器 1 输出到物理线路上

续表 2 - 1

符 号	引 脚	说 明
V_{SS3}	15	输出驱动器接地端
$\overline{INT}$	16	中断输出,用于中断微控制器。$\overline{INT}$在内部中断寄存器各位都被置位时,低电平有效。$\overline{INT}$是开漏输出,且与系统中的其他$\overline{INT}$是线"或"的,此引脚上的低电平可以把芯片从睡眠模式中激活
$\overline{RST}$	17	复位输入。用于复位 CAN 接口,低电平有效。把$\overline{RST}$引脚通过电容连到 V_{SS},通过电阻连到 V_{DD},可以自动上电复位
V_{DD2}	18	输入比较器的 5 V 电压源
RX0,RX1	19,20	从物理的 CAN 总线输入到 SJA1000 的输入比较器,支配电平将会唤醒 SJA1000 的睡眠模式。如果 RX1 比 RX0 的电平高,就读支配电平,反之读弱势电平;如果时钟分频寄存器的 CBP 位被置位,就旁路 CAN 输入比较器,以减少内部延时(此时连有外部收发电路)。这种情况下只有 RX0 是激活的,弱势电平被认为是高,而支配电平被认为是低
V_{SS2}	21	输入比较器的接地端
V_{DD1}	22	逻辑电路的 5 V 电压源

图 2 - 2 为 SJA1000 的功能框图,SJA1000 控制 CAN 帧的发送和接收。各部分功能如下:

图 2 - 2 SJA1000 的功能框图

接口管理逻辑通过 AD0～AD7 地址/数据总线、控制总线连接外部主控制器,该控制器可以是微型控制器或任何其他器件。另外,除了 BasicCAN 功能,还加入了

PeliCAN 功能。因此,附加的寄存器和逻辑电路主要在这块电路里生效。

SJA1000 的发送缓冲器能够存储一个完整的报文,扩展的或标准的报文均可。当主控制器发出发送命令时,接口管理逻辑会使 CAN 核心模块从发送缓冲器读 CAN 报文。

当收到一个报文时,CAN 核心模块将串行位流转换成用于验收滤波器的并行数据;通过这个可编程的滤波器,SJA1000 能确定主控制器要接收哪些报文。

所有收到的报文由验收滤波器验收,并存储在接收 FIFO。储存报文的多少由工作模式决定,而最多能存储 32 个报文。因此,数据超载可能性被大大降低,这使用户能更灵活地指定中断服务和中断优先级。

2.1.2　BasicCAN 模式下内部寄存器地址表

BasicCAN 模式下内部寄存器地址表如表 2 - 2 所列。

表 2 - 2　BasicCAN 模式下内部寄存器地址表

CAN 地址	段	工作模式		复位模式	
		读	写	读	写
0	控制	控制	控制	控制	控制
1		FFH	命令	FFH	命令
2		状态	—	状态	—
3		FFH	中断	FFH	—
4		FFH	—	验收代码	验收代码
5		FFH	—	验收屏蔽	验收屏蔽
6		FFH	—	总线定时 0	总线定时 0
7		FFH	—	总线定时 1	总线定时 1
8		FFH	—	输出控制	输出控制
9		测试	测试	测试	测试
10	发送缓冲器	识别码 (10—3)	识别码 (10—3)	FFH	—
11		识别码(2—0) RTR 和 DLC	识别码(2—0) RTR 和 DLC	FFH	—
12		数据字节 1	数据字节 1	FFH	—
13		数据字节 2	数据字节 2	FFH	—
14		数据字节 3	数据字节 3	FFH	—
15		数据字节 4	数据字节 4	FFH	—
16		数据字节 5	数据字节 5	FFH	—
17		数据字节 6	数据字节 6	FFH	—
18		数据字节 7	数据字节 7	FFH	—
19		数据字节 8	数据字节 8	FFH	—

CAN 地址	段	工作模式		复位模式	
		读	写	读	写
20		识别码 (10—3)	识别码 (10—3)	识别码 (10—3)	识别码(10—3)
21		识别码(2—0) RTR 和 DLC	识别码(2—0) RTR 和 DLC	识别码(2—0) RTR 和 DLC	识别码(2—0) RTR 和 DLC
22		数据字节 1	数据字节 1	数据字节 1	数据字节 1
23	接收缓冲器	数据字节 2	数据字节 2	数据字节 2	数据字节 2
24		数据字节 3	数据字节 3	数据字节 3	数据字节 3
25		数据字节 4	数据字节 4	数据字节 4	数据字节 4
26		数据字节 5	数据字节 5	数据字节 5	数据字节 5
27		数据字节 6	数据字节 6	数据字节 6	数据字节 6
28		数据字节 7	数据字节 7	数据字节 7	数据字节 7
29		数据字节 8	数据字节 8	数据字节 8	数据字节 8
30		FFH	—	FFH	—
31		时钟分频器	时钟分频器	时钟分频器	时钟分频器

2.1.3 PeliCAN 模式下内部寄存器地址表

PeliCAN 模式下内部寄存器地址如表 2 – 3 所列。

表 2 – 3 PeliCAN 模式下内部寄存器地址表

CAN 地址	工作模式		复位模式	
	读	写	读	写
0	模式	模式	模式	模式
1	(00H)	命令	(00H)	命令
2	状态	—	状态	—
3	中断	—	中断	—
4	中断使能	中断使能	中断使能	中断使能
5	保留(00H)	—	保留(00H)	—
6	总线定时 0	—	总线定时 0	总线定时 0
7	总线定时 1	—	总线定时 1	总线定时 1
8	输出控制	—	输出控制	输出控制
9	检测	—	检测	检测;注 2
10	保留(00H)	检测	保留(00H)	—
11	仲裁丢失捕捉	—	仲裁丢失捕捉	—
12	错误代码捕捉	—	错误代码捕捉	—

续表 2 - 3

CAN 地址	工作模式				复位模式	
	读		写		读	写
13	错误报警限制		—		错误报警限制	错误报警限制
14	RX 错误计数器		—		RX 错误计数器	RX 错误计数器
15	TX 错误计数器		—		TX 错误计数器	TX 错误计数器
16	RX 帧信息 SFF	RX 帧信息 EFF	TX 帧信息 SFF	TX 帧信息 EFF	验收代码 0	验收代码 0
17	RX 识别码	RX 识别码 1	TX 识别码	TX 识别码	验收代码 1	验收代码 1
18	RX 识别码	RX 识别码 2	TX 识别码	TX 识别码	验收代码 2	验收代码 2
19	RX 数据 1	RX 识别码 3	TX 数据 1	TX 识别码	验收代码 3	验收代码 3
20	RX 数据 2	RX 识别码 4	TX 数据 2	TX 识别码	验收屏蔽 0	验收屏蔽 0
21	RX 数据 3	RX 数据 1	TX 数据 3	TX 数据 1	验收屏蔽 1	验收屏蔽 1
22	RX 数据 4	RX 数据 2	TX 数据 4	TX 数据 2	验收屏蔽 2	验收屏蔽 2
23	RX 数据 5	RX 数据 3	TX 数据 5	TX 数据 3	验收屏蔽 3	验收屏蔽 3
24	RX 数据 6	RX 数据 4	TX 数据 6	TX 数据 4	保留(00H)	—
25	RX 数据 7	RX 数据 5	TX 数据 7	TX 数据 5	保留(00H)	—
26	RX 数据 8	RX 数据 6	TX 数据 8	TX 数据 6	保留(00H)	—
27	(FIFO RAM)	RX 数据 7	—	TX 数据 7	保留(00H)	—
28	(FIFO RAM)	RX 数据 8	—	TX 数据 8	保留(00H)	—
29	RX 信息计数器		—		RX 信息计数器	—
30	RX 缓冲器起始地址		—		RX 缓冲器起始地址	RX 缓冲器起始地址
31	时钟分频器		时钟分频器		时钟分频器	时钟分频器
32	内部 RAM 地址 0(FIFO)		—		内部 RAM 地址 0	内部 RAM 地址 0
33	内部 RAM 地址 1(FIFO)		—		内部 RAM 地址 1	内部 RAM 地址 1
↓	↓	↓	↓	↓	↓	↓
95	内部 RAM 地址 63(FIFO)		—		内部 RAM 地址 63	内部 RAM 地址 63
96	内部 RAM 地址 64(TX 缓冲器)		—		内部 RAM 地址 64	内部 RAM 地址 64
↓	↓	↓	↓	↓	↓	↓
108	内部 RAM 地址 76(TX 缓冲器)		—		内部 RAM 地址 76	内部 RAM 地址 76
109	内部 RAM 地址 77(空闲)		—		内部 RAM 地址 77	内部 RAM 地址 77
110	内部 RAM 地址 78(空闲)		—		内部 RAM 地址 78	内部 RAM 地址 78
111	内部 RAM 地址 79(空闲)		—		内部 RAM 地址 79	内部 RAM 地址 79
112			—		(00H)	—
↓	↓	↓	↓	↓	↓	↓
127	(00H)		—		(00H)	—

2.1.4　BasicCAN 和 PeliCAN 模式的区别

　　SJA1000 可以在 BasicCAN 和 PeliCAN 两种协议下工作。在 SJA1000 复位模式下,设置寄存器 CDR.7 为"0",即设置 CAN 控制器 SJA1000 工作于 BasicCAN 模式;设置寄存器 CDR.7 为"1",即设置 CAN 控制器 SJA1000 工作于 PeliCAN 模式。相比较而言,PeliCAN 功能更强大一些。

　　SJA1000 被设计为全面支持 PeliCAN 协议,这就意味着在处理扩展帧信息的同时,扩展振荡器的误差被修正了。在 BasicCAN 模式下只可以发送和接收标准帧信息,11 字节长的识别码。在 PeliCAN 模式下 SJA1000 有很多新功能的重组寄存器。

　　在 PeliCAN 模式下 SJA1000 的主要新功能如下:
- PeliCAN 模式支持 CAN 2.0B 协议规定的所有功能,具有 29 字节的识别码。
- 标准帧和扩展帧信息的接收和传送。
- 接收 64 字节 FIFO。
- 在标准和扩展格式中都有单/双验收滤波器。
- 读/写访问的错误计数器。
- 可编程的错误限制报警。
- 最近一次的错误代码寄存器。
- 对每一个 CAN 总线错误的错误中断。
- 具有丢失仲裁定位功能的仲裁丢失中断。
- 一次性发送,当错误或仲裁丢失时不重发。
- 只听模式(CAN 总线监听、无应答、无错误标志)。
- 支持热插拔。
- 硬件禁止 CLKOUT 输出。

2.1.5　8051 系列单片机控制 SJA1000 的方式

　　对 SJA1000 的控制通过访问其内部寄存器来实现,不同操作模式的内部寄存器的分布是不同的,具体内容请参考 SJA1000 数据手册。例如在 PeliCAN 模式下,SJA1000 的内部寄存器分布于 0~127 的连续地址空间。对于单片机而言,SJA1000 就像是其外围的 RAM 器件。对其操作时,只需片选选中 SJA1000,按照 SJA1000 的内部寄存器地址,对其进行读取、写入控制即可。

　　SJA1000 有两种模式可以供 MCU 访问其内部寄存器:复位模式和工作模式。当硬件复位、置位复位请求位、总线传输错误导致总线关闭时,SJA1000 进入复位模式。当清除复位请求位时,SJA1000 进入工作模式。在这两种模式下可以访问的内部寄存器是不同的,具体内容可参考 SJA1000 数据手册。

　　SJA1000 支持 Inter 和 Freescale 时序特性。当 SJA1000 第 11 引脚为高时,使用 Intel 模式;为低时,使用 Freescale 模式。

SJA1000 的 AD0～AD7 地址/数据总线以及控制总线和单片机相连接,由单片机的程序对 SJA1000 进行功能配置和数据中断处理。单片机和 SJA1000 之间的数据交换经过一组控制寄存器和一个 RAM 报文缓冲器完成。

注意:SJA1000 内部寄存器有的只在 PeliCAN 模式有效,有的仅在 BasicCAN 模式里有效,有的用于 SJA1000 在复位模式下的初始化。

2.1.6　SJA1000 的滤波器设置

CAN 总线的滤波器设置就像给总线上的节点设置了一层过滤网,只有符合要求的 CAN 信息帧才可以通过,其余的一概滤除。

在验收滤波器的帮助下,只有当接收信息中的识别位和验收滤波器预定义的值相等时,CAN 控制器才允许将已接收信息存入 RXFIFO。

验收滤波器由验收代码寄存器(ACRn)和验收屏蔽寄存器 AMRn 定义,要接收的信息的位模式在验收代码寄存器中定义,相应的验收屏蔽寄存器允许定义某些位为"不影响",即可为任意值。

1. BasicCAN 模式下的 SJA1000 滤波器

在验收滤波器的帮助下,CAN 控制器能够允许 RXFIFO 只接收与识别码、验收滤波器中预设值一致的信息,验收滤波器通过验收代码寄存器 ACR(见表 2-4)和验收屏蔽寄存器 AMR(见表 2-5)来定义。

表 2-4　验收代码寄存器 ACR

位	BIT7	BIT6	BIT5	BIT4	BIT3	BIT2	BIT1	BIT0
位说明	AC. 7	AC. 6	AC. 5	AC. 4	AC. 3	AC. 2	AC. 1	AC. 0

复位请求位被置高时,验收代码寄存器 ACR 可以访问(读/写)。

表 2-5　验收屏蔽寄存器 AMR

位	BIT7	BIT6	BIT5	BIT4	BIT3	BIT2	BIT1	BIT0
位说明	AM. 7	AM. 6	AM. 5	AM. 4	AM. 3	AM. 2	AM. 1	AM. 0

复位请求位被置高时,验收屏蔽寄存器 AMR 可以访问(读/写)。验收屏蔽寄存器定义验收代码寄存器的相应位对验收滤波器是"相关的"或"无影响的"。

滤波的规则是:每一位验收屏蔽分别对应每一位验收代码,当该位验收屏蔽位为"1"的时候(即设为无关),接收的相应帧 ID 位无论是否和相应的验收代码位相同均会表示为接收;当验收屏蔽位为"0"的时候(即设为相关),只有相应的帧 ID 位和相应的验收代码位值相同时才会表示为接收。只有在所有的位都表示为接收的时候,CAN 控制器才会接收该报文。

例如:如何设置滤波器接收标识符为 0000 1010 的 CAN 帧?

在 SJA1000 复位模式下,设置寄存器 CDR. 7 为"0",即设置 CAN 控制器 SJA1000 工作于 BasicCAN 模式。

设置验收代码寄存器 ACR0＝0x0A。

根据滤波器信息帧与滤波器的位对应关系,将需要参与滤波的信息位对应的验收屏蔽寄存器位设置为 0,即设置 AMR＝0x00。

如此设置,SJA1000 接收标识符 ID.10～ID.3 为 0000 1010 的 CAN 帧。

2. PeliCAN 模式下的 SJA1000 滤波器

有两种不同的过滤模式可在模式寄存器中选择 MOD. 3 和 AFM,即

单滤波器模式:AFM 位是 1;

双滤波器模式:AFM 位是 0。

SJA1000 验收滤波器由 4 个验收码寄存器 ACR0、ACR1、ACR2、ACR3 和 4 个验收屏蔽寄存器 AMR0、AMR1、AMR2、AMR3 组成。ACR 的值是预设的验收代码值,AMR 值用于表征相对应的 ACR 值是否用作验收滤波,这 8 个寄存器在 SJA1000 的复位模式下设置。

滤波的规则和 BasicCAN 模式下的滤波规则相同。滤波的方式有两种,由模式寄存器中的 AFM(MOD. 3)位选择单滤波器模式(AFM 位是 1)或双滤波器模式(AFM 位是 0)。

(1) 单滤波器的配置

这种滤波器配置定义了一个长滤波器(4 字节、32 位),是由 4 个验收码寄存器和 4 个验收屏蔽寄存器组成的验收滤波器,滤波器字节和信息字节之间位的对应关系取决于当前接收帧格式。

1) 接收 CAN 标准帧结构报文时单滤波器配置(图 2 - 3)

① 对于标准帧,11 位标识符、RTR 位、数据场前 2 字节参与滤波。

② 对于参与滤波的数据,所有 AMR 为 0 的位所对应的 ACR 位和参与滤波数据的对应位必须相同才算验收通过。

③ 如果由于 RTR＝1 而没有数据字节,或因为设置相应的数据长度代码而没有或只有一个数据字节信息,报文也会被接收。对于一个成功接收的报文,所有单个位在滤波器中的比较结果都必须为"接收"。

④ 注意,AMR1 和 ACR1 的低 4 位是不用的,为了和将来的产品兼容,这些位可通过设置 AMR1.3、AMR1.2、AMR1.4 和 AMR1.0 为 1 而定为"不影响"。

例如:如何设置单滤波、接收标识符为 0000 1010 010 的 CAN 标准帧?

在 SJA1000 复位模式下,设置寄存器 CDR. 7 为"1",即设置 CAN 控制器 SJA1000 工作于 PeliCAN 模式。

设置模式寄存器的验收滤波器模式位(AFM)为 1,选择单滤波器模式;设置验收代码寄存器 ACR0＝0x0A、ACR1＝0x40、ACR2＝ACR3＝0x00;根据单滤波器时信

图 2-3　接收 CAN 标准结构报文时的单滤波器配置

息帧与滤波器的位对应关系,将需要参与滤波的信息位对应的验收屏蔽寄存器位设置为 0,设置 AMR0＝0x00,AMR1＝0x0F,AMR2＝AMR3＝0XFF;如此设置,则SJA1000 接收标识符 ID.28～ID.18 为 0000 1010 010 的 CAN 标准帧。

　　2)接收 CAN 扩展帧结构报文时单滤波器配置(图 2-4)

图 2-4　接收 CAN 扩展帧结构报文时的单滤波器配置

① 对于扩展帧,29 位标识符和 RTR 位参与滤波。

② 对于参与滤波的数据,所有 AMR 为"0"的位所对应的 ACR 位和参与滤波数据的对应位必须相同才验收通过滤波。

③ 必须注意的是 AMR3 和 ACR3 的最低两位是不用的。为了和将来的产品兼容,这些位应该通过置位 AMR3.1 和 AMR3.0 为"1"来定为"不影响"。

例如:如何设置单滤波、接收标识符 ID.28～ID.0 为 0000 1010 0100 1010 0110 1011 1110 1 的 CAN 扩展帧?

在 SJA1000 复位模式下,设置寄存器 CDR.7 为"1",即设置 CAN 控制器 SJA1000 工作于 PeliCAN 模式。

设置模式寄存器的验收滤波器模式位(AFM)为 1,选择单滤波器模式;设置验收代码寄存器 ACR0=0x0A、ACR1=0x4A、ACR2=0x6B、ACR3=0XE8;根据单滤波器时信息帧与滤波器的位对应关系,将需要参与滤波的信息位对应的验收屏蔽寄存器位设置为 0,设置 AMR0=0x00、AMR1=0x00、AMR2=0x00、AMR3=0X03。

(2) 双滤波器的配置

这种配置可以定义两个短滤波器,其由 4 个 ACR 和 4 个 AMR 构成。总线上的信息只要通过任意一个滤波器就被接收。

滤波器字节和信息字节之间位的对应关系取决于当前接收的帧格式。

1) 接收 CAN 标准帧结构报文时的双滤波器配置(图 2-5)

如果接收的是标准帧信息,定义的两个滤波器是不一样的:第一个滤波器由 ACR0、ACR1、AMR0、AMR1 以及 ACR3、AMR3 低 4 位组成,11 位标识符、RTR 位和数据场第一字节参与滤波;第二个滤波器由 ACR2、AMR2 以及 ACR3、AMR3 高 4 位组成,11 位标识符和 RTR 位参与滤波。

为了成功接收信息,所有单个位的比较时至少有一个滤波器表示接收。RTR 位置位"1"或数据长度代码是"0",表示没有数据字节存在;只要从开始到 RTR 位的部分都被表示接收,信息就可以通过滤波器 1。

如果没有数据字节向滤波器请求过滤,AMR1 和 AMR3 的低 4 位必须被置为"1",即"不影响"。此时,两个滤波器的识别工作都是验证包括 RTR 位在内的整个标准识别码。

例如:如何设置双滤波、接收标识符 ID.28～ID.18 为 0000 1010 010 和 ID.28～ID.18 为 0110 1011 111 的两类 CAN 标准帧?

在 SJA1000 复位模式下,设置寄存器 CDR.7 为"1",即设置 CAN 控制器 SJA1000 工作于 PeliCAN 模式。

设置模式寄存器的验收滤波器模式位(AFM)为 0,选择双滤波器模式;设置验收代码寄存器 ACR0=0x0A、ACR1=0x40、ACR2=0x6B、ACR3=0xE0;根据双滤波器时信息帧与滤波器的位对应关系,将需要参与滤波的信息位对应的验收屏蔽寄存器位设置为 0,设置 AMR0=0x00,AMR1=0x0F,AMR2=0x00,AMR3=0X0F。

图 2-5　接收标准结构报文时的双滤波器配置

2) 接收 CAN 扩展帧结构报文时的双滤波器配置(图 2-6)

如果接收到扩展帧信息,定义的两个滤波器是相同的:第一个滤波器由 ACR0、ACR1 和 AMR0、AMR1 构成;第二个滤波器由 ACR2、ACR3 和 AMR2、AMR3 构成;两个滤波器都只比较扩展识别码的前 2 字节,即 29 位标识符中的高 16 位。

为了能成功接收信息,所有单个位的比较时至少有一个滤波器表示接收,如图 2-6 所示。

例如:如何设置双滤波、接收标识符 ID.28～ID.13 为 0000 1010 0100 1010 和 ID.28～ID.13 为 0110 1011 1110 1001 的两类 CAN 扩展帧?

在 SJA1000 复位模式下,设置寄存器 CDR.7 为“1”,即设置 CAN 控制器 SJA1000 工作于 PeliCAN 模式。

设置模式寄存器的验收滤波器模式位(AFM)为 0,选择双滤波器模式;设置验收代码寄存器 ACR0=0x0A、ACR1=0x4A、ACR2=0x6B、ACR3=0XE9;根据双滤波器时信息帧与滤波器的位对应关系,将需要参与滤波的信息位对应的验收屏蔽寄存器位设置为 0,设置 AMR0=0x00,AMR1=0x00、AMR2=0x00、AMR3=0X00。

图 2-6 接收扩展结构报文时的双滤波器配置

2.1.7 CAN 总线通信波特率的计算

与 CAN 总线控制器芯片 SJA1000 通信波特率设置相关的寄存器是总线定时寄存器 0(BTR0)和总线定时寄存器 1(BTR1),这两个寄存器在复位模式下可以访问。

1. 总线定时寄存器 0(BTR0)

总线定时寄存器 0 定义了波特率预设值(BRP)和同步跳转宽度(SJW)的值,如表 2-6 所列。

表 2-6 总线定时寄存器 0

位	BIT7	BIT6	BIT5	BIT4	BIT3	BIT2	BIT1	BIT0
位说明	SJW.1	SJW.0	BRP.5	BRP.4	BRP.3	BRP.2	BRP.1	BRP.0

(1) 波特率预设值(BRP)

CAN 系统时钟 t_{SCL} 的周期是可编程的,而且其决定了相应的位时序。CAN 系统时钟由如下公式计算:

$$t_{SCL} = 2t_{CLK}(32\,BRP.5 + 16\,BRP.4 + 8\,BRP.3 + 4\,BRP.2 + 2\,BRP.1 + BRP.0 + 1) \quad (2-1)$$

式中,t_{CLK} 是 SJA1000 使用晶振的频率周期:

$$t_{CLK} = 1/f_{XTAL} \quad (2-2)$$

(2) 同步跳转宽度(SJW)

设置同步跳转宽度的目的是补偿在不同总线控制器的时钟振荡器之间的相位偏移,任何总线控制器必须在当前传送的相关信号边沿重新同步。

同步跳转宽度定义了每一位周期可以被重新同步缩短或延长的时钟周期的最大数目,其与位域 SJW 的关系是:

$$t_{\text{SJW}} = t_{\text{SCL}}(2\,\text{SJW}.1 + \text{SJW}.0 + 1) \tag{2-3}$$

2. 总线定时寄存器 1(BTR1)

总线定时寄存器 1 定义了每个位周期的长度、采样点的位置和在每个采样点的采样数目,如表 2-7、表 2-8 所列。

表 2-7　总线定时寄存器 1

位	BIT7	BIT6	BIT5	BIT4	BIT3	BIT2	BIT1	BIT0
位说明	SAM	TSEG2.2	TSEG2.1	TSEG2.0	TSEG1.3	TSEG1.2	TSEG1.1	TSEG1.0

表 2-8　采样数目

位	值	功　能
SAM	1	3 倍,总线采样 3 次;建议在低/中速总线(A 和 B 级)上使用,这对过滤总线上的毛刺波是有益的
	0	单倍,总线采样一次;建议使用在高速总线上(SAE C 级)

(1) 时间段 1(TSEG1)和时间段 2(TSEG2)

TSEG1 和 TSEG2 决定了每一位的时钟数目和采样点的位置,图 2-7 中:

$$t_{\text{SYNCSEG}} = 1 \times t_{\text{SCL}} \tag{2-4}$$

$$t_{\text{TSEG1}} = t_{\text{SCL}} \times (8 \times \text{TSEG1}.3 + 4 \times \text{TSEG1}.2 + 2 \times \text{TSEG1}.1 + \text{TSEG1}.0 + 1) \tag{2-5}$$

$$t_{\text{TSEG2}} = t_{\text{SCL}} \times (4 \times \text{TSEG2}.2 + 2 \times \text{TSEG2}.1 + \text{TSEG2}.0 + 1) \tag{2-6}$$

图 2-7　一个位周期的总体结构

(2) SJA1000 通信波特率的计算

通信波特率 $= 1/t_{bit}$,一个位周期 $t_{bit} = (t_{SYNCSEG} + t_{TSEG1} + t_{TSEG2})$ 　(2-7)

CAN 通信波特率的范围如下:

$$CAN\ 最大通信波特率 = 1/(t_{bit} - t_{SJW}) \qquad (2-8)$$

$$CAN\ 最小通信波特率 = 1/(t_{bit} + t_{SJW}) \qquad (2-9)$$

联立式(2-1)~式(2-9)就可以计算得出实际上的 CAN 通信波特率,如表 2-9 所列。

表 2-9　12 MHz 晶振和 16 MHz 晶振下常用 CAN 通信波特率设置

波特率/(kbit/s)		20	50	100	125	250	500	800	1 000
12 MHz 晶振	BTR0	052H	047H	043H	042H	041H	040H	040H	040H
	BTR1	01cH	01cH	01cH	01cH	01cH	01cH	016H	014H
16 MHz 晶振	BTR0	053H	047H	043H	03H	01H	00H	00H	00H
	BTR1	02FH	02FH	02fH	01cH	01cH	01cH	016H	014H

2.1.8　SJA1000 初始化流程

SJA1000 初始化流程如图 2-8 所示。

图 2-8　SJA1000 初始化流程图

2.2　CAN 总线驱动器

目前，主流的 CAN 总线驱动器有 PCA82C50、TJA1040、TJA1050、TJA1041、TJA1054 等，其中，TJA1041、TJA1054 具有容错功能，能够进行简单的总线故障诊断，如总线线路短路等。下面以 TJA1040 为例，对 CAN 总线驱动器进行介绍，其他种类的 CAN 总线驱动器可以查询相关的数据应用手册。

2.2.1　TJA1040 概述

TJA1040 是控制器局域网 CAN 协议驱动器和物理总线之间的接口，速度可达 1 Mbit/s。TJA1040 为总线提供差动的发送功能，为 CAN 控制器（如 SJA1000）提供差动的接收功能。在引脚和功能上，TJA1040 是 PCA82C250/251 高速 CAN 驱动器的后继产品。而且，它的引脚和 TJA1050 一致。TJA1040 有优秀的 EMC 性能，而且在不上电状态下有理想的无源性能；它还提供低功耗管理，支持远程唤醒功能。

TJA1040 的引脚配置及引脚描述说明分别如图 2－9 所示和表 2－10 所列，内部功能结构图如图 2－10 所示。

图 2－9　TJA1040 的引脚配置

表 2－10　TJA1040 的引脚描述说明

标　记	引　脚	说　明
TXD	1	发送数据输入
GND	2	接地
V_{cc}	3	电源电压
RXD	4	接收数据输出，从总线读出数据
SPLIT	5	共模稳压输出
CANL	6	低电平 CAN 总线
CANH	7	高电平 CAN 总线
STB	8	待机模式控制输入

图 2－10　TJA1040 内部功能结构图

2.2.2　TJA1040 功能

1. 工作模式

TJA1040 有两种工作模式,可以通过引脚 STB 选择。表 2-11 对这些操作模式有详细的描述。

表 2-11　TJA1040 工作模式

模式	引脚 STB	引脚 RXD	
		低	高
正常模式	L	总线显性	总线隐性
待机模式	H	检测到唤醒请求	没有检测到唤醒请求

2. 正常模式

在这个模式中,驱动器可以通过总线 CANH 和 CANL 发送和接收数据。TJA1040 内部功能结构图中,差动接收器将总线上的模拟数据转换成数字数据,通过多路转换器(MUX)输出到 RXD 引脚,总线线路上输出信号的斜率是固定的,并进行了优化,保证有很低的电磁辐射(EME)。

3. 待机模式

在这种模式中,发送器和接收器都关断,只用低功耗的差动接收器监控总线。V_{CC} 上的电源电流减少到最小,但仍保证抗电磁干扰的性能,并能识别出总线上的唤醒事件。

在这种模式中,总线都连接到地,将电源电流 I_{cc} 减到最小。在 RXD 的高端驱动器(high-side driver)上串联一个二极管,防止不上电状态下有反向电流从 RXD 流向 V_{CC}。在正常模式中,这个二极管被旁路,但它在待机模式中可以减少电流的消耗,所以没有被旁路。

4. 分解网络

分解网络(Split Circuit)是一个 $0.5V_{cc}$ 的直流稳压源,只在正常模式中接通,待机模式时引脚 SPLIT 悬空。分解网络可以通过将引脚 SPLIT 连接到分裂终端的中心抽头来稳定隐性共模电压,如图 2-11 所示。由于网路中存在不上电的收发器,所以它们在总线和地之间有显著的漏电流,使隐性总线电压小于 $0.5V_{cc}$,分解网络会将这个隐性电压稳定为 $0.5V_{cc}$。因此,启动发送时不会在共模信号上产生阶跃,从而保证电磁辐射(EME)性能。

5. 唤　醒

在待机模式中,总线由低功耗的差动比较器监控。一旦低功耗的差动比较器检测到一个持续时间大于 t_{BUS} 的显性总线电平,引脚 RXD 变为低电平。

图 2 - 11　稳压电路举例

6. 过热检测

输出驱动器在过热时会受到保护。如果实际连接点温度超过了 165℃,输出驱动器会被禁能,直到实际连接点温度低于典型的 165℃后,TXD 才会再一次变成隐性。因此,输出驱动器的振幅不会受到温度漂移的影响。

7. TXD 显性超时功能

当引脚 TXD 由于硬件或软件程序的错误而被持续置为低电平时,"TXD 显性超时"定时器电路可以防止总线进入持续的显性状态(阻塞所有网络通信),这个定时器是由引脚 TXD 的负跳沿触发。

如果引脚 TXD 的低电平持续时间超过内部定时器的值(t_{dom}),收发器会被禁能,强制总线进入隐性状态。定时器用引脚 TXD 的正跳沿复位。TXD 显性超时时间(t_{dom})定义了允许的最小位速率是 40 kbit/s。

8. 自动防故障功能

引脚 TXD 提供了一个向 V_{cc} 的上拉,使引脚 TXD 在不使用时保持隐性电平。

引脚 STB 提供了一个向 V_{cc} 的上拉,当不使用引脚 STB 时使收发器进入待机模式。

如果 V_{cc} 掉电,引脚 TXD、STB 和 RXD 会变成悬空状态,以防止通过这些引脚产生反向电流。

2.3　CAN 总线 DC / DC 光电隔离技术

2.3.1　DC / DC 电源隔离模块

学习板的供电电源可能存在电压波动大、干扰信号多等缺点,因此采用 DC/DC

电源模块向学习板上 CAN 总线部分电路供应电源,从而有效抑制干扰,提高可靠性,如图 2-12 所示。DC/DC 电源隔离模块特点如下:

- 高效率,高可靠性。
- 隔离单电压输出。
- 隔离电压高,耐冲击性好。
- SIP 单列直插式小封装。
- $5V_{DC}$ 额定电压输入。
- 非稳压单输出 $5V_{DC}/1$ W。
- 高低温特性好,能满足工业级产品技术要求。
- 温升低,自然空冷,无须外加散热片。
- 无须外加元件可直接使用。

图 2-12 DC/DC 电源隔离模块

电源隔离模块选用 B0505D-1W,或者输出功率更小的 B0505D-0.5W、B0505D-0.25W。其典型应用电路如图 2-13 所示。

图 2-13 DC/DC 电源隔离模块典型应用图

B0505D-1W 的输入电压范围是 $4.5 \sim 5.5 V_{DC}$,输出电压标称值是 $5V_{DC}$,输出电流为 200 mA,隔离电压 $\geqslant 1\,000\,V_{DC}$。

值得注意的是:为了确保该模块能够高效可靠地工作,该类型的 DC/DC 转换器除了规定最大负载,即满负载,同时也规定了一个最小负载,使用时要确保在规定输入电压范围内其输出最小负载不能小于满负载的 20%,且该产品严禁空载使用!若电路中负载实际输出功率确实较小,须在输出端并联一个适当阻值的电阻来增加负载,或选用额定输出功率较小的产品 B0505D-0.5W 或者 B0505D-0.25W。

对于 DC/DC 电源隔离模块在 CAN 总线电路中的应用,由于输出负载电路仅仅包括 TJA1040、6N137 电路,功率消耗很小,所以建议选用 B0505D-0.25W。但是,市场上销售的常见最小功率 DC/DC 电源隔离模块就是 B0505D-1W。为了满足其最小输出负载不小于满负载的 20%，须在输出电压端并联两个 120 Ω 的电阻。每个电阻上消耗的功率为：

$$P = U^2/R = (25/10)\text{W} = 0.21\text{ W}$$

由图 2-14 中 DC/DC 电源隔离模块典型负载曲线可知，输出负载 50% 时，输出电压最接近额定输出电压 $5V_{DC}$，因此需要在输出端并联两个 120 Ω 的电阻，消耗功率为 0.42 W。

图 2-14　典型输出负载曲线

在一些对噪声和纹波敏感的电路中，可在 DC/DC 输出端和输入端外加滤波电容，以减少纹波值。但输出滤波电容器的容值要适当，电容太大很可能造成启动问题。对于每一路输出，在确保安全可靠工作的条件下，其滤波电容的最大容值不应超过 $10\mu F$。外接电容如表 2-12 所列。

表 2-12　DC/DC 电源隔离模块滤波电容典型值

输入电压	外接电容	输出电压	外接电容
$5V_{DC}$	4.7 μF	5 V	10 μF

为了获得非常低的纹波值，可在 DC/DC 转换器输入/输出端连接一个 LC 滤波网络，这样滤波的效果更明显。电感值的大小及 LC 滤波网络自身的频率应与 DC/DC 频率错开，避免相互干扰，如图 2-15 所示。

图 2-15　DC/DC 电源隔离模块 LC 滤波网络

2.3.2 高速光耦 6N137

采用高速光耦来实现收发器 TJA1040 与控制器 SJA1000 之间的电气隔离,保护控制系统电路。选用高速光耦器件 6N137,其触发时间达到 75 ns,完全满足 CAN 总线在最高通信速率 1 Mbit/s 下的电气响应,也可以选择高速光耦器件 TLP113。

高速光耦器件 6N137 芯片内部原理图如图 2-16 所示。

图 2-16　高速光耦器件 6N137 芯片内部原理图

高速光耦器件 6N137 在 CAN 总线电路中的具体电路图如图 2-17 所示。

图 2-17　高速光耦 6N137 电路图

2.4　51 系列单片机 CAN 总线学习板实物图

51 系列单片机 CAN 总线学习板实物图如图 2-18 所示,特点如下:

图 2-18　51 系列单片机 CAN 总线学习板实物图

① 学习板采用 DC +5 V 供电。

② 学习板上面采用的主要芯片有：

ⓐ 51 系列的单片机：可以选用 89C51、89C52、89S52；如果选用 STC51 系列的单片机，如 STC89C51、STC89C52、STC89C58，则可以实现串口下载程序，不需要编程器下载程序。

ⓑ CAN 总线控制器 SJA1000。

ⓒ CAN 总线收发器：可以选用 TJA1040、TJA1050、P82C250。其中，TJA1040、TJA1050 引脚兼容。如果选用 P82C250，则需要在其第 8 引脚加 47 kΩ 的斜率电阻。

③ 采用 DC/DC 电源隔离模块 B0505D-1W 实现电源隔离。

④ 支持 RS-232 串口与 CAN 总线之间数据的相互转换。

⑤ CAN 总线波特率可调为 20、40、50、80、100、125、200、250、400、500、666、800、1 000 kbit/s。

⑥ 程序支持 BasicCAN 和 PeliCAN 模式（CAN 2.0A 和 CAN 2.0B），提供 C 语言和汇编语言程序。

⑦ 成对学习板实现功能。

ⓐ A 开发板发送数据，B 开发板接收数据，并把接收到的数据通过串口上传到计算机显示。

ⓑ 单片机定时监测 A 开发板上的 4 个按键状态，可以通过 CAN 总线把按键的

状态字发送给 B 开发板,可以在串口调试助手软件中看到该状态字。

ⓒ 可以实现由 A 板的按键控制 B 板上 LED 灯状态的功能。A 板上按键状态字通过 CAN 总线发送到 B 板,B 板接收到状态字后根据状态字控制其 LED 灯的亮灭状态。

2.5 51 系列单片机 CAN 总线学习板硬件电路设计

2.5.1 电路原理图

51 系列单片机 CAN 总线学习板的电路原理如图 2 - 19 所示,其采用 STC89C52RC 作为节点的微处理器。在 CAN 总线通信接口中采用 NXP 公司的"独立 CAN 总线通信控制器 SJA1000"和"高性能 CAN 总线收发器 TJA1040"芯片。从图中可以看出,电路主要由 7 部分构成:微控制器 STC89C52RC、独立 CAN 通信控制器 SJA1000、CAN 总线收发器 TJA1040、DC/DC 电源隔离模块、高速光电耦合器 6N137、串口芯片 MAX232 电路、按键及 LED 灯显示电路。

STC89C52RC 初始化 SJA1000 后,通过控制 SJA1000 实现数据的接收和发送等通信任务。SJA1000 的 AD0～AD7 连接到 STC89C52RC 的 P0 口,其 CS 引脚连接到 STC89C52RC 的 P2.7, P2.7 为低电平"0"时,单片机可选中 SJA1000,单片机通过地址可控制 SJA1000 执行相应的读/写操作。SJA1000 的 RD、WR、ALE 分别与 STC89C52RC 的对应引脚相连。SJA1000 的 INT 引脚接 STC89C52RC 的 INT0,STC89C52RC 可通过中断方式访问 SJA1000。

为了增强 CAN 总线的抗干扰能力,SJA1000 的 TX0 和 RX0 引脚通过高速光耦 6N137 与 TJA1040 的引脚 TXD 和 RXD 相连,这样能够实现总线上各 CAN 节点间的电气隔离。需要特别注意一点:光耦部分电路所采用的两个电源 V_{cc} 和 CAN_V 必须完全隔离,否则采用光耦也就失去了意义。电源的完全隔离可采用小功率电源隔离模块,51 系列单片机 CAN 总线学习板选用 B0505D - 1W 电源隔离模块。这些电路虽然增加了 CAN 节点的复杂程度,但是提高了 CAN 节点的稳定性和安全性。

TJA1040 与 CAN 总线的接口部分采用了一定的安全和抗干扰措施:TJA1040 的 CANH 和 CANL 引脚各自通过一个 5 Ω 的电阻与 CAN 总线相连,电阻可起到一定的限流作用,保护 TJA1040 免受过流的冲击。CANH、CANL 与地之间分别并联了一个 30 pF 的电容,可以起到滤除总线上高频干扰的作用,也具有一定的防电磁辐射的能力。另外,在两根 CAN 总线接入端与地之间分别反接了一个保护二极管 IN4148,当 CAN 总线有较高的负电压时,通过二极管的短路可起到一定的过压保护作用。

图 3-10 引系列单片机

串口芯片 MAX232 电路用于 51 系列单片机 CAN 总线学习板下载程序,也可以实现 CAN 总线转 232 串口数据转换功能。

按键及 LED 灯显示电路用于向 CAN 总线上发送不同的数据,以及显示接收到的数据状态。

2.5.2 SJA1000 晶振的电路设计

SJA1000 能用片内振荡器或片外时钟源工作。另外,可以使能 SJA1000 的 CLKOUT 引脚,向微控制器(例如 STC89C52 单片机)输出时钟频。在 CAN 总线节点设计中,有关 SJA1000 晶振的电路有 4 种设计方法,微控制器以 STC89C52 单片机为例,如图 2-20 所示。如果不需要 CLKOUT 信号,则可以通过置位时钟分频寄存器 Clock Off=1 将其关断,这将改善 CAN 节点的 EME 性能。

CLKOUT 信号的频率可以通过时钟分频寄存器改变,公式如下:

$$f_{\text{CLKOUT}} = f_{\text{XTAL}} / \text{时钟分频因子} (1\ 2\ 4\ 6\ 8\ 10\ 12\ 14)$$

上电或硬件复位后,时钟分频因子的默认值由所选的接口模式(引脚 11)决定。如果使用 16 MHz 的晶振,Intel 模式下 CLKOUT 的频率是 8 MHz。Freescale 模式中,复位后的时钟分频因子是 12,这种情况 CLKOUT 会产生 1.33 MHz 的频率。

(a) 微控制器和 SJA1000(Clock Off=1)采用独立的晶振

图 2-20 SJA1000 振荡器时钟设计

(b) 微控制器晶振向SJA1000(Clock Off=1)提供时钟

(c) SJA1000(Clock Off=0)通过CLKOUT向微控制器晶振提供时钟

图 2-20　SJA1000 振荡器时钟设计(续)

(d) 其他晶振时钟源同时向微型控制器和SJA1000（Clock Off=1）提供时钟

图 2 - 20　SJA1000 振荡器时钟设计(续)

2.6　双节点 CAN 总线通信

采用两块 CAN 总线学习板可以实现双节点 CAN 总线通信。A 节点 CAN 总线学习板负责产生发送数据,利用其定时器,每隔 1.5 s 向 B 节点 CAN 总线学习板发送一帧数据;B 节点 CAN 总线学习板负责接收 CAN 总线数据,并实现 CAN 转 232 串口功能,把接收到的数据通过计算机的串口上传到计算机,在计算机上面的串口调试助手可以看到具体的 CAN 总线数据。

用串口线将 CAN 转 232 学习板的串口和计算机串口连接,两块学习板之间的 CAN 总线要连接正确:两块学习板的 CAN_H 和 CAN_H、CAN_L 和 CAN_L 对应连接好。给两块学习板用 DC +5 V 同时供电,千万注意 V_{cc} 和 GND 不要接反了,否则将导致电路板烧毁! 正常上电后学习板左上方的 LED 指示灯点亮。

在启动串口调试助手软件之前,须关闭和计算机连接的其他串口应用程序,以防止其和串口调试助手软件发生冲突。打开串口调试助手软件,按照图 2 - 21 左侧所示设置好串口调试助手软件。注意,要选择"十六进制显示"选项。如果没有看到图 2 - 21 所示的数据,须选择"串口"下拉列表框中的"COM1 或 COM2 或 COM3 或 COM4",根据计算机的串口设置,本选项有所不同。

图 2 - 21 中接收数据格式说明如下。CAN 总线接收的一个数据帧包括 8 字节:第

图 2 - 21   串口调试助手界面

一字节数据为 05H；第 2 字节数据由 01H 依次加 1；第 3、4、5 字节数据分别对应 A 节点 CAN 总线学习板的右侧 3 个按键状态，按键和 GND 短接为 02H，如果没有短接，则数据为 03H；第 6、7、8 字节数据为 00H；学习板下方的 3 个 LED 灯用于指示按键状态。

2.6.1   程序流程框图设计

1. CAN 总线学习板发送程序流程框图(图 2 - 22)

图 2 - 22   发送程序流程框图

2. CAN 总线学习板 CAN 转 232 串口程序流程框图(图 2 - 23)

图 2 - 23　CAN 转 232 串口程序流程框图

2.6.2　SJA1000 的硬件接口地址定义

SJA1000 与微处理器的接口是以外部存储器的方式,基址是根据具体的硬件电路图来定义的,2.5 节的图 2 - 19 中将 SJA1000 的复位引脚$\overline{RST}$加上拉电阻,使其退出复位状态,或者用单片机的 P2.0 通过三极管控制 SJA1000 的复位引脚$\overline{RST}$,P2.7接 SJA1000 的片选 CS。当控制 SJA1000 工作的时候,要保证 SJA1000 退出复位、片选有效。所以 P2.0＝0,经三极管 S8050 后,SJA1000 的复位引脚 $\overline{RST}$＝1,使 SJA1000 退出复位;P2.7＝0,SJA1000 的片选 CS＝0,片选有效。因此,定义 SJA1000 的片选基址为 0x7e00。图 2-19 中,因为 SJA1000 的复位引脚 $\overline{RST}$ 加了上拉电阻,使其一直处于退出复位状态,因此,SJA1000 的地址为 0x7F00,用户应根据自己的实际电路来调整 SJA1000 的片选基址。

2.6.3　程序头文件定义说明

51 系列单片机 CAN 总线学习板配套的 CAN 总线程序有 BasicCAN 和 PeliCAN 模式(CAN2.0A 和 CAN2.0B)的 C 语言和汇编语言程序。下面以 Basiccan 模式的 C 语言为例进行详解。

头文件 SJA1000.h 中定义 SJA1000 相关的特殊功能寄存器,清单如下:

```
/**********************************************************
#define          SJA1000_BASE        0x7e00        //定义 sja1000 的基址
```
说明:不带参数的宏定义也可以称为符号常量定义,一般格式为:

　　#define　标识符　常量表达式

　　其中,"标识符"是所定义的宏符号名,它的作用是在程序中使用所指定的标识符来代替所指定的常量表达式。
```
**********************************************************/
/**********************************************************
```
　　以下的定义为 SJA1000 的内部特殊功能寄存器的地址,各特殊功能寄存器的具体功能请查阅 SJA1000 的数据手册
```
**********************************************************/
unsigned char xdata    CONTROL     _at_   SJA1000_BASE + 0x00;    //内部控制寄存器
unsigned char xdata    COMMAND     _at_   SJA1000_BASE + 0x01;    //命令寄存器
unsigned char xdata    STATUS      _at_   SJA1000_BASE + 0x02;    //状态寄存器
unsigned char xdata    INTERRUPT   _at_   SJA1000_BASE + 0x03;    //中断寄存器
unsigned char xdata    ACR         _at_   SJA1000_BASE + 0x04;    //验收代码寄存器
unsigned char xdata    AMR         _at_   SJA1000_BASE + 0x05;    //验收屏蔽寄存器
unsigned char xdata    BTR0        _at_   SJA1000_BASE + 0x06;    //总线定时寄存器 0
unsigned char xdata    BTR1        _at_   SJA1000_BASE + 0x07;    //总线定时寄存器 1
unsigned char xdata    OCR         _at_   SJA1000_BASE + 0x08;    //输出控制寄存器
unsigned char xdata    TEST        _at_   SJA1000_BASE + 0x09;    //测试寄存器
/**********************************************************
```
　　以下为发送缓冲区寄存器定义
```
**********************************************************/
unsigned char xdata    TxBuffer1   _at_   SJA1000_BASE + 0x0A;    //发送缓冲区 1
unsigned char xdata    TxBuffer2   _at_   SJA1000_BASE + 0x0B;    //发送缓冲区 2
unsigned char xdata    TxBuffer3   _at_   SJA1000_BASE + 0x0C;    //发送缓冲区 3
unsigned char xdata    TxBuffer4   _at_   SJA1000_BASE + 0x0D;    //发送缓冲区 4
unsigned char xdata    TxBuffer5   _at_   SJA1000_BASE + 0x0E;    //发送缓冲区 5
```

```
unsigned char xdata   TxBuffer6   _at_   SJA1000_BASE + 0x0F;    //发送缓冲区 6
unsigned char xdata   TxBuffer7   _at_   SJA1000_BASE + 0x10;    //发送缓冲区 7
unsigned char xdata   TxBuffer8   _at_   SJA1000_BASE + 0x11;    //发送缓冲区 8
unsigned char xdata   TxBuffer9   _at_   SJA1000_BASE + 0x12;    //发送缓冲区 9
unsigned char xdata   TxBuffer10  _at_   SJA1000_BASE + 0x13;    //发送缓冲区 10
/* **********************************************************
以下为接收缓冲区寄存器定义：
*********************************************************** */
unsigned char xdata   RxBuffer1   _at_   SJA1000_BASE + 0x14;    //接收缓冲区 1
unsigned char xdata   RxBuffer2   _at_   SJA1000_BASE + 0x15;    //接收缓冲区 2
unsigned char xdata   RxBuffer3   _at_   SJA1000_BASE + 0x16;    //接收缓冲区 3
unsigned char xdata   RxBuffer4   _at_   SJA1000_BASE + 0x17;    //接收缓冲区 4
unsigned char xdata   RxBuffer5   _at_   SJA1000_BASE + 0x18;    //接收缓冲区 5
unsigned char xdata   RxBuffer6   _at_   SJA1000_BASE + 0x19;    //接收缓冲区 6
unsigned char xdata   RxBuffer7   _at_   SJA1000_BASE + 0x1A;    //接收缓冲区 7
unsigned char xdata   RxBuffer8   _at_   SJA1000_BASE + 0x1B;    //接收缓冲区 8
unsigned char xdata   RxBuffer9   _at_   SJA1000_BASE + 0x1C;    //接收缓冲区 9
unsigned char xdata   RxBuffer10 _at_   SJA1000_BASE + 0x1D;    //接收缓冲区 10
unsigned char xdata   CDR         _at_   SJA1000_BASE + 0x1F;    //时钟分频寄存器
/* **********************************************************
```

说明：单片机对 SJA1000 的操作就像其对外部存储器操作的方式一样。采用扩展关键字" _at_"来指定变量的存储器绝对地址，其一般的格式为：

　　　　　　　数据类型　　存储器类型　　标识符　　_at_　　地址常数

　　其中，数据类型除了可以用 int、long、unsigned char、float 等基本类型外，还可以采用数组、结构等复杂的数据类型；存储器类型为 idata、data、xdata 等 Cx51 编译器能够识别的所有类型；标识符为定义的变量名；地址常数规定了变量的绝对地址，它必须位于有效的存储器空间之内。

　　利用扩展关键字" _at_"定义的变量称为绝对变量，对该变量的操作就是对指定存储器空间绝对地址的直接操作

```
*********************************************************** */
/* **********************************************************
                      定义 CAN 地址指针
*********************************************************** */
 unsigned       char       xdata   * SJA1000_Address;
/* **********************************************************
                   定义 SJA1000 操作的命令字
*********************************************************** */
# define        TR_order           0x01              //发送请求命令
# define        AT_order           0x02              //中止发送命令
# define        RRB_order          0x04              //释放接收缓冲区
# define        CDO_order          0x08              //清除数据溢出
# define        GTS_order          0x10              //进入睡眠状态命令
```

```
/*****************************************************************
*****
                    以下为 CAN 通信基本函数
*****************************************************************/
bit    enter_RST   (void);                    //进入复位工作模式函数
bit    quit_RST    (void);                    //退出复位工作模式函数
bit    set_rate    (unsigned char CAN_rate_num);  //设置 CAN 的通信波特率函数
bit    set_ACR_AMR(unsigned char ACR_DATA,unsigned char  AMR_DATA);
                                //设置验收代码寄存器和接收屏蔽寄存器
bit    set_CLK     (unsigned char SJA_OUT_MODE, unsigned char  SJA_Clock_Out);
                                //设置输出控制器和时钟分频寄存器
bit    SJA_send_data(unsigned char * senddatabuf); //CAN 总线发送数据函数
bit    SJA_rcv_data (unsigned char * rcvdatabuf);  //CAN 总线接收数据函数
bit    SJA_command_control(unsigned char order);  //SJA1000 控制命令函数
```

想一想:

在定义 SJA1000 内部寄存器的时候是否也可以用"#define 标识符 常量表达式"来实现?

答案是肯定的!

下面是采用"#define 标识符 常量表达式"定义 SJA1000 内部寄存器的头文件清单:

```
/*****************************************************************/
#define        SJA1000_BASE      0x7e00    //定义 sja1000 的片选基址
/*****************************************************************
```

以下的定义为 SJA1000 的内部特殊功能寄存器的地址,各特殊功能寄存器的具体功能请查阅 SJA1000 的数据手册

```
*****************************************************************/
#define        CONTROL       SJA1000_BASE + 0x00      //内部控制寄存器
#define        COMMAND       SJA1000_BASE + 0x01      //命令寄存器
#define        STATUS        SJA1000_BASE + 0x02      //状态寄存器
#define        INTERRUPT     SJA1000_BASE + 0x03      //中断寄存器
#define        ACR           SJA1000_BASE + 0x04      //验收代码寄存器
#define        AMR           SJA1000_BASE + 0x05      //验收屏蔽寄存器
#define        BTR0          SJA1000_BASE + 0x06      //总线定时寄存器 0
#define        BTR1          SJA1000_BASE + 0x07      //总线定时寄存器 1
#define        OCR           SJA1000_BASE + 0x08      //输出控制寄存器
#define        TEST          SJA1000_BASE + 0x09      //测试寄存器
/*****************************************************************
```

以下为发送缓冲区寄存器定义

```
*****************************************************************/
#define        TxBuffer1     SJA1000_BASE + 0x0A      //发送缓冲区 1
#define        TxBuffer2     SJA1000_BASE + 0x0B      //发送缓冲区 2
#define        TxBuffer3     SJA1000_BASE + 0x0C      //发送缓冲区 3
```

```
#define       TxBuffer4      SJA1000_BASE + 0x0D        //发送缓冲区 4
#define       TxBuffer5      SJA1000_BASE + 0x0E        //发送缓冲区 5
#define       TxBuffer6      SJA1000_BASE + 0x0F        //发送缓冲区 6
#define       TxBuffer7      SJA1000_BASE + 0x10        //发送缓冲区 7
#define       TxBuffer8      SJA1000_BASE + 0x11        //发送缓冲区 8
#define       TxBuffer9      SJA1000_BASE + 0x12        //发送缓冲区 9
#define       TxBuffer10     SJA1000_BASE + 0x13        //发送缓冲区 10
/*******************************************************
以下为接收缓冲区寄存器定义
*******************************************************/
#define       RxBuffer1      SJA1000_BASE + 0x14        //接收缓冲区 1
#define       RxBuffer2      SJA1000_BASE + 0x15        //接收缓冲区 2
#define       RxBuffer3      SJA1000_BASE + 0x16        //接收缓冲区 3
#define       RxBuffer4      SJA1000_BASE + 0x17        //接收缓冲区 4
#define       RxBuffer5      SJA1000_BASE + 0x18        //接收缓冲区 5
#define       RxBuffer6      SJA1000_BASE + 0x19        //接收缓冲区 6
#define       RxBuffer7      SJA1000_BASE + 0x1A        //接收缓冲区 7
#define       RxBuffer8      SJA1000_BASE + 0x1B        //接收缓冲区 8
#define       RxBuffer9      SJA1000_BASE + 0x1C        //接收缓冲区 9
#define       RxBuffer10     SJA1000_BASE + 0x1D        //接收缓冲区 10
#define       CDR            SJA1000_BASE + 0x1F        //时钟分频寄存器
/*******************************************************
                   定义 CAN 地址指针
*******************************************************/
unsigned       char       xdata   * SJA1000_Address;
/*******************************************************
                定义 SJA1000 操作的命令字
*******************************************************/
#define       TR_order       0x01        //发送请求命令
#define       AT_order       0x02        //中止发送命令
#define       RRB_order      0x04        //释放接收缓冲区
#define       CDO_order      0x08        //清除数据溢出
#define       GTS_order      0x10        //进入睡眠状态命令
/*******************************************************
                以下为 CAN 通信基本函数
*******************************************************/
bit    enter_RST  (void);                              //进入复位工作模式函数
bit    quit_RST   (void);                              //退出复位工作模式函数
bit    set_rate   (unsigned char CAN_rate_num);        //设置 CAN 的通信波特率函数
bit    set_ACR_AMR(unsigned char  ACR_DATA,unsigned char  AMR_DATA);
                                    //设置验收代码寄存器和接收屏蔽寄存器
bit    set_CLK    (unsigned char SJA_OUT_MODE, unsigned char  SJA_Clock_Out);
```

//设置输出控制器和时钟分频寄存器

```
bit    SJA_send_data(unsigned char * senddatabuf);        //CAN 总线发送数据函数
bit    SJA_rcv_data (unsigned char * rcvdatabuf);          //CAN 总线接收数据函数
bit    SJA_command_control(unsigned char order);           //SJA1000 控制命令函数
```

2.6.4 子函数详解

```
/******************************************************
```
函数原型：bit   create_communication(void)
函数功能：该函数用于 SJA1000 在复位模式下,检测 CAN 控制器 SJA1000 的通信是否正常,
         只用于产品的测试,如果在正常的操作模式下使用这个寄存器进行测试,将导
         致设备不可预测的结果。
返回值说明：
              0：表示 SJA1000 建立通信正常
              1：表示 SJA1000 与处理器通信异常
```
******************************************************/
bit    create_communication(void)
{
SJA1000_Address = TEST;          //访问 SJA1000 的测试寄存器
   * SJA1000_Address = 0xaa;     //写入测试值 0xaa
   if( * SJA1000_Address == 0xaa)
   {return      0;}               //读测试寄存器,如果和写入数值相同返回 0,否则返回 1
   else
   {return      1;}
}
/******************************************************
```
函数原型：bit   enter_RST(void)
函数功能：该函数用于 SJA1000 进入复位模式
返回值说明：
              0：表示 SJA1000 成功进入复位工作模式
              1：表示 SJA1000 进入复位工作模式失败
```
******************************************************/
bit    enter_RST(void)
{  unsigned    char    MID_DATA;        //定义一个字节变量,用于存储从
                                        //SJA1000 控制寄存器读出的数据
   SJA1000_Address = CONTROL;           //访问地址指向 SJA1000 的控制寄存器
   MID_DATA = * SJA1000_Address;        //保存原始值
   * SJA1000_Address = (MID_DATA|0x01); //置位复位请求
   if(( * SJA1000_Address&0x01) == 1)   //读取 SJA1000 的控制寄存器数值
                                        //判断复位请求是否有效

   {return      0;}
   else
```

```
  {return   1;}
}
```

/ *

好习惯：

  * SJA1000_Address = (MID_DATA|0x01);   //置位复位请求

  此条语句也可以替换为：

  * SJA1000_Address = 0x01;

  但是，替换后的语句在实现"置位复位请求"的同时，也会把控制寄存器中的其他功能位"清零"，影响了 SJA1000 制功能寄存器的其他功能，所以用"或"语句；置位复位请求，其他位保持原来状态。

* *

想一想：

  还有什么方法可以实现置位复位请求，而不影响 SJA1000 控制寄存器的其他位状态？

  可以把字节变量 MID_DATA 定义为可以"位寻址"的字节变量，然后再定义 SJA1000 复位的位变量，就可以实现只对某一"位变量"进行操作，不影响其他位变量的状态。即

```
unsigned char bdata  RST_DATA ;   //定义一个字节变量,用于存储从 SJA100 控
                                  //制寄存器读出的数据
  sbit  RST_flag = RST_DATA^0;    //定义第 0 位为 SJA1000 的复位控制位
bit   enter_RST(void)
{
  SJA1000_Address = CONTROL;       //访问地址指向 SJA1000 的控制寄存器
  RST_DATA = * SJA1000_Address;    //保存原始值
  RST_flag = 1;                    //置位复位请求
  * SJA1000_Address = RST_DATA;    //向 SJA1000 的控制寄存器写入改变后的数据
  if(( * SJA1000_Address&0x01) == 1)
                                   //读取 SJA1000 的控制寄存器数值,判断复位请求是否有效
    {return   0;}
  else
    {return   1;}
}
```

* *

进阶(表 2 - 13)：

表 2 - 13　Keil Cx51 编译器能识别的存储器字节变量类型

存储器类型	使用说明
Data	直接寻址的片内数据存储器,CPU 访问速度快
Bdata	可以位寻址的片内数据存储器,允许字节和位混合访问
Idata	间接寻址的片内数据存储器,允许访问全部的片内地址
Pdata	分页寻址的片外数据存储器
Xdata	片外数据存储器
Code	程序存储器

```
/******************************************************************/
函数原型：bit    quit_RST(void)
函数功能：该函数用于 SJA1000 退出复位模式
返回值说明：
                0：表示 SJA1000 成功退出复位工作模式
                1：表示 SJA1000 退出复位工作模式失败
/******************************************************************/
bit    quit_RST(void)
 {
    unsigned    char    MID_DATA;           //定义一个字节变量,用于存储从 SJA1000
                                            //控制寄存器读出的数据
    SJA1000_Address = CONTROL;              //访问地址指向 SJA1000 的控制寄存器
    MID_DATA = * SJA1000_Address;           //保存原始值
     * SJA1000_Address = (MID_DATA&0xfe);   //清除复位请求
    if(( * SJA1000_Address&0x01) == 0)      //读取 SJA1000 的控制寄存器数值
                                            //判断清除复位请求是否有效

      {return    0;}
    else
      {return    1;}
 }

/******************************************************************/
数组原型：unsigned   char    code    rate_tab[]
数组功能：用于存储预设的 CAN 通信波特率设置寄存器 BTR0 和 BTR1 的数值。下面列表中
         的数值是按照 SJA1000 的晶振为 16 MHz 的前提下计算而来,其他晶体下的 CAN 通
         信波特率的数值,需根据 SJA1000 数据手册中的计算公式计算。
```

参数说明：序列号	波特率(kbit/s)	BTR0	BTR1
0	20	53H,	02FH
1	40	87H,	0FFH
2	50	47H,	02FH
3	80	83H,	0FFH
4	100	43H,	02fH
5	125	03H,	01cH
6	200	81H,	0faH
7	250	01H,	01cH
8	400	80H,	0faH
9	500	00H,	01cH
10	666	80H,	0b6H
11	800	00H,	016H
12	1000	00H,	014H

```
/******************************************************************/
unsigned   char    code    rate_tab[ ] = {
    0x53,0x2F,                           //20 kbit/s 的预设值
```

```
    0x87,0xFF,                    //40 kbit/s 的预设值
    0x47,0x2F,                    //50 kbit/s 的预设值
    0x83,0xFF,                    //80 kbit/s 的预设值
    0x43,0x2f,                    //100 kbit/s 的预设值
    0x03,0x1c,                    //125 kbit/s 的预设值
    0x81,0xfa,                    //200 kbit/s 的预设值
    0x01,0x1c,                    //250 kbit/s 的预设值
    0x80,0xfa,                    //400 kbit/s 的预设值
    0x00,0x1c,                    //500 kbit/s 的预设值
    0x80,0xb6,                    //666 kbit/s 的预设值
    0x00,0x16,                    //800 kbit/s 的预设值
    0x00,0x14,                    //1000 kbit/s 的预设值
};
/***********************************************************
```

函数原型：bit　　set_rate(unsigned char CAN_rate_num)

函数功能：该函数用于设置 CAN 总线的通信波特率，只能在 SJA1000 进入复位模式后有效。

参数说明：参数 CAN_rate_num 用于存放 CAN 通信波特率的数组列表中的序列号，范围为 0~12。

返回值说明：

　　　　0：波特率设置成功

　　　　1：波特率设置失败

```
************************************************************/
bit  set_rate(unsigned char CAN_rate_num)
{
  bit wrong_flag = 1;                   //定义错误标志
  unsigned char BTR0_data,BTR1_data;    //这两个字节的变量用于存储从波特率数组中读
                                        //出的数值
  unsigned char wrong_count = 32;       //32 次报错次数
    if(CAN_rate_num>12)                 //设置 CAN 通信波特率的数组列表中的序列号范围在 0~12
  {wrong_flag = 1;}                     //如果超出范围，则报错，波特率设置失败
    else{
        while( -- wrong_count)//最多 32 次设置 SJA1000 内部寄存器 BTR0 和 BTR1 的数值
            {
            BTR0_data = rate_tab[CAN_rate_num * 2];
            BTR1_data = rate_tab[CAN_rate_num * 2 + 1];     //将波特率的的预设
                                                            //值从数组中读出
                SJA1000_Address = BTR0;                     //访问地址指向 CAN
                                                            //总线定时寄存器 0
             * SJA1000_Address = BTR0_data;                 //写入参数
            if( * SJA1000_Address ! = BTR0_data)continue;   //校验写入值

            SJA1000_Address = BTR1;                         //访问地址指向总
                                                            //线定时寄存器 0
```

```
        * SJA1000_Address = BTR1_data;                //写入参数
        if( * SJA1000_Address != BTR1_data)continue;  //校验写入值
            wrong_flag = 0;
        break;
        }                                             //while 结束
    }
    return    wrong_flag;
}
```

/ *

想一想：

本函数中为何应用 continue 语句？

continue 语句通常和条件语句一起用在由 while、do_while、for 语句构成的循环结构的程序中，它的功能是结束本次循环，跳过循环体中下面还没有执行的语句，把程序流程转移到当前循环语句的下一个循环周期，并根据循环控制条件决定是否重复执行循环体。

本函数共有 32 次机会，依次设置 SJA1000 内部寄存器 BTR0 和 BTR1 的数值，中间如果任意一个寄存器数值设置失败，则结束本次循环，不再执行下面还没有执行的语句，程序跳转到 while 循环语句中。在设置多个函数变量的数值的时候，经常用到 continue 语句，直至设置成功。

/ * /
/ *

函数原型：bit   set_ACR_AMR(unsigned char   ACR_DATA,unsigned char   AMR_DATA)

函数功能：该函数用于设置验收代码寄存器(ACR)的参数值、屏蔽寄存器(AMR)的参数值,只在 SJA1000 进入复位模式后设置有效。

参数说明：

ACR_DATA：用于存放验收代码寄存器(ACR)的参数值

AMR_DATA：用于存放接收屏蔽寄存器(AMR)的参数值

返回值说明：

0：通信对象设置成功

1：通信对象设置失败

* /

```
bit set_ACR_AMR(unsigned char ACR_DATA,unsigned char AMR_DATA)
{
    SJA1000_Address = ACR;                      //访问地址指向 SJA1000 验收代码寄存器
    * SJA1000_Address = ACR_DATA;               //写入设置的 ACR 参数值
    if( * SJA1000_Address != ACR_DATA)          //校验写入值
    {return   1;}
    SJA1000_Address = AMR;                      //访问地址指向 SJA1000 验收屏蔽寄存器
    * SJA1000_Address = AMR_DATA;               //写入设置的 AMR 参数值
    if( * SJA1000_Address != AMR_DATA)          //校验写入值
    {return   1;}
    return    0;
}
```

```
/*********************************************************
```
函数原型：bit　set_CLK (unsigned char SJA_OUT_MODE, unsigned char　SJA_Clock_Out)

函数功能：该函数用于设置输出控制寄存器（OC）的参数、时钟分频寄存器（CDR）的参数，只
　　　　　在 SJA1000 进入复位模式后设置有效。

参数说明：

　　　SJA_OUT_MODE：存放 SJA1000 输出控制寄存器（OC）的参数设置

　　　SJA_Clock_Out：存放 SJA1000 时钟分频寄存器（CDR）的参数设置

返回值说明：

　　　　　　　0：设置（OC）和（CDR）寄存器成功

　　　　　　　1：设置（OC）和（CDR）寄存器失败
```
********************************************************/
bit　set_CLK (unsigned char SJA_OUT_MODE, unsigned char SJA_Clock_Out)
{
  SJA1000_Address = OCR ;              //访问地址指向 SJA1000 输出控制寄存器
  * SJA1000_Address = SJA_OUT_MODE;    //写入设置的输出控制寄存器（OC）的参数
  if( * SJA1000_Address ! = SJA_OUT_MODE)  //校验写入值
  {return  1;}
  SJA1000_Address = CDR;               //访问地址指向 SJA1000 输出控制寄存器
  * SJA1000_Address = SJA_Clock_Out;   //写入设置的时钟分频寄存器（CDR）的参数
  return     0;
}

/*********************************************************
```
函数原型：bit　　SJA_send_data(unsigned char * senddatabuf)

函数功能：该函数用于发送 CAN 总线一帧数据（数据帧或者远程帧）到 SJA1000 的发送缓冲
　　　　　区，数据帧的长度不大于 8 字节。

参数说明：senddatabuf 为指向的用于存放发送数据的数组的首址。

返回值说明：

　　　　　　　0：表示将发送数组的数据成功的送至 SJA1000 的发送缓冲区

　　　　　　　1：表示 SJA1000 正在接收信息，或者 SJA1000 的发送缓冲区被锁定，或者上一
　　　　　　　　次发送的一帧数据还没有完成发送。
```
********************************************************/
bit　　SJA_send_data(unsigned char * senddatabuf)
{
  unsigned char send_num,STATUS_data;
  SJA1000_Address = STATUS;           //访问地址指向 SJA1000 的状态寄存器
  STATUS_data = * SJA1000_Address;    //读取 SJA1000 状态寄存器数值到 STATUS_data
  if(STATUS_data & 0x10)
  {return 1;}                         //STATUS_data^4 = 1,表示 SJA1000 在接收信息
  if((STATUS_data&0x04) == 0)         //判断 SJA1000 发送缓冲区是否为锁定状态
  {return 1;}
  if((STATUS_data&0x08) == 0)         //判断上次发送是否完成
  { return     1;}
```

```
    SJA1000_Address = TxBuffer1;              //访问地址指向 SJA1000 的发送缓冲区 1
    if((senddatabuf[1]&0x10) == 0)           //判断 RTR 位,是数据帧还是远程帧判定
    {
        send_num = (senddatabuf[1]&0x0f) + 2;  //是数据帧,则取一帧 CAN 数据的第 2 字
                                             //节的低 4 位,计算得出发送数据的长度
    }                                        //最后加 2 表示数据帧的 2 字节的描述符
    else
    {
        send_num = 2;                        //是远程帧,则发送数据长度为 2
    }
    memcpy(SJA1000_Address,senddatabuf,send_num);  //从 senddatabuf 中复制 send_num
                                             //个字节数据到 SJA1000_Address 所指的数组
    return 0;
}
```

/***/
进阶:

    语句 memcpy(SJA1000_Address,senddatabuf,send_num);

    功能相当于:

    TxBuffer0 = senddatabuf[0];

    TxBuffer1 = senddatabuf[1];

    TxBuffer2 = senddatabuf[2];

    TxBuffer3 = senddatabuf[3];

    TxBuffer4 = senddatabuf[4];

    TxBuffer5 = senddatabuf[5];

    TxBuffer6 = senddatabuf[6];

    TxBuffer7 = senddatabuf[7];

    TxBuffer8 = senddatabuf[8];

    TxBuffer9 = senddatabuf[9];

    Cx51 编译器的运行库中包含有丰富的库函数,使用库函数可以大大简化用户的程序设计工作,提高编译效率,如果需要使用某个库函数,需要在源程序的开始处,采用预处理命令 # include 将有关的头文件包含进来。如果省略了头文件,将不能保证函数的正确运行。

    void * memcpy(void * dest, void * src, int len) 的函数原型存在于字符串函数库 STRING.H 中,函数功能是从 src 所指的内存中复制 len 个字符到 dest 中,返回指向 dest 中最后一个字符的指针。因此在调用此函数之前,先采用预处理命令 # include<string.h>,将字符串函数库包含到程序中。

    ***/
/***

函数原型:bit   SJA_rcv_data(unsigned char * rcvdatabuf)

函数功能:该函数用于 SJA1000 接收 CAN 的一帧数据。

参数说明:rcvdatabuf 用于存放微处理器接收到的 CAN 总线的一帧数据

返回值说明:

        0:成功接收 CAN 总线的一帧数据

```
                    1：接收 CAN 总线的一帧数据失败
*********************************************************/
bit    SJA_rcv_data(unsigned char * rcvdatabuf)
{
  unsigned char rcv_num,STATUS_data;        //接收数据计数变量、读取状态寄存器变量
  SJA1000_Address = STATUS;                 //访问地址指向 SJA1000 状态寄存器
  STATUS_data = * SJA1000_Address;          //读取 SJA1000 状态寄存器数值到 STATUS_data

  if((STATUS_data&0x01) == 0)        //判断接收缓冲器中是否有信息,为 0 表示无信息
  {return 1;}

  SJA1000_Address = RxBuffer2;              //访问地址指向 SJA1000 接收缓冲区 2
  if(( * SJA1000_Address&0x10) == 0)        //如果是数据帧,计算数据的长度
    {
    rcv_num = ( * SJA1000_Address&0x0f) + 2;//加 2 表示加两个 CAN 数据帧的描述符字节
    }
  else
    {rcv_num = 2;}
  SJA1000_Address = RxBuffer1;              //访问地址指向 SJA1000 接收缓冲区 1
  memcpy(rcvdatabuf,SJA1000_Address,rcv_num); //从 SJA1000_Address 所指数组中读取
                                            //rcv_num 个字节数据到 rcvdatabuf 所指的数组
  return   0;
}
/ *********************************************************
```

函数原型：bit　SJA_command_control(unsigned char order)

函数功能：该函数用于设置命令寄存器(CMR)中的特定位,执行相应的命令。

参数说明：order 是 SJA1000 命令寄存器(CMR)中的特定位,

　　　　　TR_order 　　(0x01):发送请求命令

　　　　　AT_order 　　(0x02):中止发送命令

　　　　　RRB_order (0x04):释放接收缓冲区

　　　　　CDO_order (0x08):清除数据溢出状态

　　　　　GTS_order (0x10):SJA1000 进入睡眠状态

返回值说明：

　　　　　0 ：表示执行命令成功

　　　　　1 ：表示执行命令失败

```
*********************************************************/
bit SJA_command_control(unsigned char order)
{
  unsigned char STATUS_data;                //读取状态寄存器变量
  SJA1000_Address = COMMAND;                //访问地址指向 SJA1000 命令寄存器
  * SJA1000_Address = order;                //写入命令字到 SJA1000 命令寄存器
```

```
switch(order)
{
    case   TR_order:                             //发送请求命令
        return     0;
        break;
    case   AT_order:                             //中止发送命令
        SJA1000_Address = STATUS;                //访问地址指向 SJA1000 状态寄存器
        STATUS_data = * SJA1000_Address;         //读取 SJA1000 的状态寄存器数值到
                                                 //STATUS_data
        if((STATUS_data & 0x20) == 0)            //判断 SJA1000 是否正在发送信息
          {return     0;}
        else
          {return     1;}
        break;
    case   RRB_order:                            //释放接收缓冲区命令
        SJA1000_Address = STATUS;                //访问地址指向 SJA1000 状态寄存器
        STATUS_data    = * SJA1000_Address;      //读取 SJA1000 的状态寄存器数值到
                                                 //STATUS_data
        if((STATUS_data & 0x01) == 1)            //判断 SJA1000 是否释放接收缓冲器
          {return     1;}
        else
          {return     0;}
        break;
    case   CDO_order:                            //清除数据溢出状态位
        SJA1000_Address = STATUS;                //访问地址指向 SJA1000 状态寄存器
        STATUS_data    = * SJA1000_Address;      //读取 SJA1000 的状态寄存器数值到
                                                 //STATUS_data
        if((STATUS_data & 0x02) == 0)            //判断清除数据溢出状态位是否成功
          {return     0;}
        else
          {return     1;}
        break;

    case   GTS_order:                            //进入睡眠状态命令
        return     0;
        break;
    default:
          return   1;
          break;
  }
}
```

2.6.5　完整的 CAN 总线学习板发送源程序

```
#include<REG52.H>
#include<intrins.h>                //包含 8051 内部函数
#include<SJA1000.h>                //包含 SJA1000 头文件
#include<SJA1000.c>                //包含 SJA1000 函数库
/*******************函数声明*************************/
void    Init_T0(void);             //定时器 0 初始化
bit     Sja_1000_Init(void);       //SJA1000 初始化
void    Delay(unsigned int x);     //延时程序
void    read_p2(void);             //读取 P2 口短路端子状态
void    InitCPU(void);             //初始化 CPU
void    Can_DATA_Rcv(void);        //CAN 总线数据接收后处理
void    Can_DATA_Send(void);       //CAN 发送数据
void    Can_error(void);           //发现错误后处理
void    Can_DATA_OVER(void);       //数据溢出处理
//************************************************
bit send_flag;                     //CAN 总线发送标志
unsigned char data    send_data[10],rcv_data[10];   //CAN 总线发送和接收数组
unsigned char         TIME_data;   //定时器时间长度控制变量
unsigned char         DATA_CHANGE; //每次定时时间到,CAN 的一帧数据中的第二个字节
                                   //数据变量
unsigned char bdata Can_INT_DATA;  //本变量用于存储 SJA1000 的中断寄存器数据
//下面接收中断标志位、错误中断标志位、总线超载标志位的定义,依据读入的 SJA1000 中
//断寄存器的位顺序
sbit rcv_flag = Can_INT_DATA^0;    //接收中断标志
sbit err_flag = Can_INT_DATA^2;    //错误中断标志
sbit Over_Flag = Can_INT_DATA^3;   //CAN 总线超载标志


sbit CAN_RESET = P2^0;        //SJA1000 硬件复位控制位,如果用单片机的 P2.0 通过三极管
                              //控制 SJA1000 的复位引脚RST,则用该条语句定义;如果RST通
                              //过上拉电阻上拉,则不用该条语句
sbit LED0 = P1^0;                  //定义 LED 控制引脚
sbit LED1 = P1^1;
sbit LED2 = P1^2;
sbit LED3 = P1^3;
sbit LED4 = P1^4;
sbit LED5 = P1^5;
sbit LED6 = P1^6;
sbit LED7 = P1^7;
sbit P2_0 = P2^0;                          //定义按键控制引脚
```

```
sbit P2_1 = P2^1;
sbit P2_2 = P2^2;
sbit P2_3 = P2^3;
/*****************************************************************
函数原型：void Delay(unsigned int x)
函数功能：该函数用于程序中的延时。
参数说明：unsigned int x 是设置的延时时间变量，数值越大，延时越长
*****************************************************************/
void Delay(unsigned int x)
{
    unsigned int j;
    while(x--)
      {
        for(j = 0;j<125;j++)
          {;}
      }
}
/*****************************************************************
```

函数原型：void ex0_int(void) interrupt 0 using 1
函数功能：外部中断 0 用于响应 SJA1000 的中断。

说明：

① "using 1"表中断服务程使用一组寄存器，典型的 8051C 程序不需要选择或切换寄存器组，默认使用寄存器 0，寄存器组 1、2、3 用在中断服务程序中，以避免用堆栈保存和恢复寄存器。

② 8051 的 CPU 各中断源的中断服务程序入口地址如表 2-14 所列。

表 2-14 8051 单片机中断服务程序入口地址

编 号	中断源	中断入口地址
0	外部中断 0	0003H
1	定时器/计数器 0	000BH
2	外部中断 1	0013H
3	定时器/计数器 1	001BH
4	串口中断	0023H

```
*****************************************************************/
//***************************************************************
void ex0_int(void) interrupt 0 using 1
{
    SJA1000_Address = INTERRUPT;            //指向 SJA1000 的中断寄存器地址
    Can_INT_DATA = *SJA1000_Address;        //读入中断寄存器状态
}
```

```
/ * * * * * * * * * * * * * * * * * * * * * * * * * * * * * * * * * * * * * * * *
```
函数原型：void T0_int(void) interrupt 1 using 2

函数功能：定时器 T0 中断，用于控制通过 CAN 总线发送数据的时间间隔。

　　说明：定时器 T0 中断使用第二组寄存器
```
* * * * * * * * * * * * * * * * * * * * * * * * * * * * * * * * * * * * * * * * * * */
// * * * * * * * * * * * * * * * * * * * * * * * * * * * * * * * * * * * * * * * *
void T0_int(void) interrupt 1 using 2
{
    TR0 = 0;                        //定时器 0 停止
    TIME_data -- ;                  //时间长度变量减一
    if(TIME_data == 0)              //如果时间长度控制变量为零，则重新装入计数初值
    {
        TIME_data = 30;
        TH0 = 0x80;
        TL0 = 0x60;
        send_flag = 1;              //定时时间到，置位 CAN 总线发送标志
        DATA_CHANGE ++ ;            //一帧 CAN 数据中的第二字节变量加一
    }
    TR0 = 1;                        //定时器 0 启动
}
```
```
/ * * * * * * * * * * * * * * * * * * * * * * * * * * * * * * * * * * * * * * * *
```
函数原型：void Init_T0(void)

函数功能：定时器 T0 初始化，设置 CAN 总线发送数据的时间间隔。

定时器的时间长度计算：

　　　　十六进制 0X8060 换算为十进制数值为 32864，采用 11.0592 MHz 晶振，T0 工作在方式 1，故一次时钟中断的时间间隔是：

$$(65536 - 32864) \times 12/11.0592 = 35.451 \text{ ms}$$

　　　　再考虑到定时时间长度变量的数值 TIME_data = 30，则发送一帧 CAN 数据的时间间隔为 35.451ms × 30 = 1.064 s
```
* * * * * * * * * * * * * * * * * * * * * * * * * * * * * * * * * * * * * * * * * * */
void Init_T0(void)
{
TMOD = 0x01;            //定时器 0 设置为工作方式 1:16 位定时器
TH0 = 0x80;
TL0 = 0x60;             //装入定时器 0 的定时初值
TR0 = 1;               //定时器 0 启动
TIME_data = 30;        //定时时间长度赋初值
DATA_CHANGE = 0x00;    //一帧 CAN 数据中的第 2 字节变量初值
ET0 = 1;               //中断 T0 开放
}
```
```
/ * * * * * * * * * * * * * * * * * * * * * * * * * * * * * * * * * * * * * * * *
```
函数原型：void read_p2(void)

函数功能:读取 P2~0、P2~1、P2~2、P2~3 引脚状态,即按键的开关状态,根据读入的引脚状态,发
送 LED 灯控制命令字。

说明:用 can 总线发送数组中的 send_data[4]、send_data[5]、send_data[6]
数据内容发送 LED 灯控制命令字,0x02 为亮灯控制命令字,0x03 为关灯控制命
令字

```
***********************************************************/
void read_p2(void)
{
    if(P2_0 == 0)                      //如果 P2~0 为低电平(对地短路),则发送亮 LED 命令
       {send_data[4] = 0X02;}
    else{send_data[4] = 0X03;} //否则,如果 P2~0 为高电平(开路状态),则发送关 LED 命令

    if(P2_1 == 0)
       {send_data[5] = 0X02;}
    else{send_data[5] = 0X03;}

    if(P2_2 == 0)
       {send_data[6] = 0X02;}
    else{send_data[6] = 0X03;}

    if(P2_3 == 0)
       {send_data[7] = 0X02;}
    else{send_data[7] = 0X03;}
}
/***********************************************************
```

函数原型:bit Sja_1000_Init(void)

函数功能:SJA1000 初始化,用于建立通信、设置通信波特率、设置己方的 CAN 总线地址、设
置时钟输出方式、设置 SJA1000 的中断控制。

返回值说明:

        0:表示 SJA1000 初始化成功

        1:表示 SJA1000 初始化失败

说明:

① 注意"建立通信、设置通信波特率、设置己方的 CAN 总线地址、设置时钟输出方
式"之前,需要进入复位,设置完毕后,退出复位。

② CAN 节点之间实现正常通信,节点之间通信波特率需要设置一致,学习板的通信
波特率设置为 200 kbit/s。

③ SJA1000 特殊功能寄存器 ACR、AMR 用于设置自己节点的 CAN 总线地址。就像您
告诉朋友您自己的通信地址一样,用于朋友给您邮寄信件之用。如果其他的
CAN 节点发送信息帧给您,需要在描述符字节写明您所在节点详细的 CAN 总线
地址

```
***********************************************************/
bit   Sja_1000_Init(void)
```

```
{
        if(enter_RST())                   //进入复位
            { return    1;}
        if(create_communication())        //检测 CAN 控制器的接口是否正常
            { return    1;}
        if(set_rate(0x06))                //设置波特率 200 kbit/s
            { return    1;}
        if(set_ACR_AMR(0xac,0x00))        //设置地址 ID:560
            { return    1;}
        if(set_CLK(0xaa,0x48))            //设置输出方式,禁止 COLOCKOUT 输出
            { return    1;}
        if(quit_RST())                    //退出复位模式
            { return    1;}
        SJA1000_Address = CONTROL;        //地址指针指向控制寄存器
        * SJA1000_Address| = 0x1e;        //开放错误\接收\发送中断
        return      0;
}
```

/ *

函数原型: void   InitCPU(void)

函数功能: 该函数用于初始化 CPU

* */

```
void   InitCPU(void)
{
 EA = 1;                                  //开放全局中断
 IT0 = 1;                                 //下降沿触发
 EX0 = 1;                                 //外部中断 0 开放
 PX0 = 1;                                 //外部中断 0 高优先级
 Init_T0();                               //初始化 T0
}
```

/ *

函数原型: void Can_error()

函数功能: 该函数用于 CAN 总线错误中断处理。

* */

```
void Can_error()
{ bit sja_status1;
do{
    Delay(6);                             //小延时
    sja_status1 = Sja_1000_Init();        //读取 SJA1000 初始化结果
  }while(sja_status1);                    //初始化 SJA1000,直到初始化成功
}
```

/ *

函数原型: void   Can_DATA_OVER(void)

函数功能：该函数用于 CAN 总线溢出中断处理。溢出中断产生原因：CAN 总线传输数据时存在"竞争"，标识符(ID)越低，优先级越高。低优先级的被仲裁掉，但错误计数器不会累加，会在总线空闲时重新发送。但当高优先级发送密度太大时，无法重发，产生溢出

```
*****************************************************/
void    Can_DATA_OVER(void)
{
  SJA_command_control(CDO_order);        //清除数据溢出状态
  SJA_command_control(RRB_order);        //释放接收缓冲区
}
/*****************************************************

函数原型：void    Can_DATA_Rcv(void)
函数功能：该函数用于接收 CAN 总线数据到 rcv_data 数组
*****************************************************/
void Can_DATA_Rcv()
{
SJA_rcv_data(rcv_data);                //接收 CAN 总线数据到 rcv_data 数组
SJA_command_control(0x04);             //释放接收缓冲区
}
/*****************************************************

函数原型：void    Can_DATA_Send(void)
函数功能：该函数用于通过 CAN 总线发送 send_data 数组中的数据
*****************************************************/
void Can_DATA_Send()
{
send_data[0] = 0xAA;
send_data[1] = 0x08;                   //填写发送 CAN 数据帧的描述符
send_data[2] = 0x05;                   //CAN 数据帧的第一个字节数值固定为 0x05
send_data[3] = DATA_CHANGE;            //CAN 数据帧的第二个字节数值随 T0 中断而变化
SJA_send_data(send_data);              //把 send_data 数组中的数据写入到发送缓冲区
SJA_command_control(0x01);             //调用发送请求
}
/*****************************************************
```

函数原型：void main(void)
函数功能：主函数

说明：

bit _testbit_(bit x)函数原型存在于内部函数库 INTRINS.H 中，_testbit_函数功能是产生一条 8051 单片机的 JBC 指令，该函数对字节中的一位进行测试，如果该位置位，则函数返回 1，同时将该位复位为 0，否则返回 0。_testbit_函数只能用于可直接寻址的位，不允许在表达式中使用。

在调用此函数之前，先采用预处理命令 #include <intrins.h>，将字符串函数库包含到程序中

```
**************************************************************/
void main(void)
{ bit sja_status;
    Delay(1);                              //小延时
    CAN_RESET = 0;      //SJA1000 退出硬件复位模式,如果单片机的 P2.0 通过三极管控制
    //SJA1000 的复位引脚RST,则用该条语句;如果RST通过上拉电阻上拉,则不用该条语句
    do{
        Delay(6);
        sja_status = Sja_1000_Init();
    }while(sja_status);                    //初始化 Sja1000
    InitCPU();                             //初始化 CPU
    LED0 = 0;                              //点亮指示灯
    Can_INT_DATA = 0x00;                   //CAN 中断变量清零
    while(1)
    {
        read_p1();                         //读取短路端子状态
        if(_testbit_(rcv_flag))            //是接收中断标志,判断并清零标志位
          { Can_DATA_Rcv();}               //接收 CAN 总线数据
        if(_testbit_(send_flag))           //是发送中断标志,判断并清零标志位
          {
          Can_DATA_Send();                 //发送 CAN 总线数据
          LED1 = ~LED1;                    //LED1 状态取反
          }
        if(_testbit_(Over_Flag))           //是超载中断标志,判断并清零标志位
          { Can_DATA_OVER();}              //数据溢出处理
        if(_testbit_(err_flag))            //是错误中断标志,判断并清零标志位
          {
            LED0 = 1;
          Can_error();                     //错误中断处理
          LED0 = 0;
          }
    }
}
```

2.6.6　完整的 CAN 总线学习板 CAN 转 232 串口源程序

```
# include<REG52.H>
# include<intrins.h>              //包含 8051 内部函数
# include<SJA1000.h>              //包含 SJA1000 头文件
# include<SJA1000.c>              //包含 SJA1000 函数库
//******************函数声明********************//
void    Init_uart(void);          //初始化串口
```

```
void    Init_T0(void);              //定时器 0 初始化
bit     Sja_1000_Init(void);        //SJA1000 初始化
void    Delay(unsigned int x);      //延时程序
void    read_p1(void);              //读取 P1 口短路端子状态
void    InitCPU(void);              //初始化 CPU
void    Can_DATA_Rcv(void);         //CAN 总线数据接收后处理
void    Can_DATA_Send(void);        //CAN 发送数据
void    Can_error(void);            //发现错误后处理
void    Can_DATA_OVER(void);        //数据溢出处理
/////////////////串口状态定义///////////////////////////////
#define     CAN_1data         0     //CAN 描述符第 1 字节数据,即描述符的高 8 位
#define     CAN_2data         1     //CAN 描述符第 2 字节数据,即描述符的低 8 位
#define     CAN_else_DATA     2     //CAN 数据
//*********************变量定义************************//
unsigned char data   send_data[10],rcv_data[10];      //发送和接收数组定义
unsigned char    uart_rcv_Status = 0;                 //串口接收状态字节
unsigned char    uart_rcv_Point = 0;                  //串口接收计数
unsigned char    uart_send_Point = 0;                 //串口发送计数
//下面接收中断标志位、错误中断标志位、总线超载标志位的定义依据读入的 SJA1000 中断
//寄存器的位顺序
unsigned char bdata Can_INT_DATA;           //本变量用于存储 SJA1000 的中断寄存器数据
sbit rcv_flag = Can_INT_DATA^0;             //接收中断标志
sbit err_flag = Can_INT_DATA^2;             //错误中断标志
sbit Over_Flag = Can_INT_DATA^3;            //CAN 总线超载标志
bit  uart_rcv_flag;                         //串口接收数据标志位
sbit CAN_RESET = P2^0;                      //SJA1000 硬件复位控制位
sbit LED0 = P1^0;
sbit LED1 = P1^1;
sbit LED2 = P1^2;
sbit LED3 = P1^3;
/*********************************************************
函数原型:void Delay(unsigned int x)
函数功能:该函数用于程序中的延时。
参数说明:unsigned int x 是设置的延时时间变量,数值越大,延时越长
*********************************************************/
void Delay(unsigned int x)
{
    unsigned int j;
    while(x--)
        {
        for(j = 0;j<125;j++)
            {;}
```

```
        }
    }
/* * * * * * * * * * * * * * * * * * * * * * * * * * * * * * * * * * * * * * * * * *
函数原型：void open_close_led(void)
函数功能：该函数用于用于接收发送节点发送过来的 CAN 数据帧,根据数据帧的第 5 字节内
        容,控制 LED 灯的亮灭。
    说明：如果 rcv_data[5] 为 0x02,则点亮 LED,如果为 0x03,则关闭 LED
* * * * * * * * * * * * * * * * * * * * * * * * * * * * * * * * * * * * * * * * */
void open_close_led(void)
{
    if(rcv_data[4] == 0X02)
            {LED0 = 0;}              //点亮 LED0 灯
    else if(rcv_data[4] == 0X03)
            {LED0 = 1;}              //关闭 LED0 灯
    if(rcv_data[5] == 0X02)
            {LED1 = 0;}
    else if(rcv_data[5] == 0X03)
            {LED1 = 1;}
    if(rcv_data[6] == 0X02)
            {LED2 = 0;}
    else if(rcv_data[6] == 0X03)
            {LED2 = 1;}
    if(rcv_data[7] == 0X02)
            {LED3 = 0;}
    else if(rcv_data[7] == 0X03)
            {LED3 = 1;}
}
/* * * * * * * * * * * * * * * * * * * * * * * * * * * * * * * * * * * * * * * * * *
函数原型：void ex0_int(void) interrupt 0 using 1
函数功能：外部中断 0 用于响应 SJA1000 的中断。
* * * * * * * * * * * * * * * * * * * * * * * * * * * * * * * * * * * * * * * * */
void ex0_int(void) interrupt 0 using 1
{
    SJA1000_Address = INTERRUPT;            //指向 SJA1000 的中断寄存器地址
    Can_INT_DATA = * SJA1000_Address;
}
/* * * * * * * * * * * * * * * * * * * * * * * * * * * * * * * * * * * * * * * * * *
函数原型：void  Init_uart(void)
函数功能：初始化串口
* * * * * * * * * * * * * * * * * * * * * * * * * * * * * * * * * * * * * * * * */
void Init_uart(void)
{
```

```
    TMOD = 0x20;                    //定时器1设为方式2,初值自动重装
    TL1 = 0xFD;                     //定时器初值      9.6k@11.0592M
    TH1 = 0xFD;
    SCON = 0x50;                    //串口设为方式1,REN = 1允许接收
    TR1 = 1;                        //启动定时器1
    ES = 1;                         //串口中断开放
}
/ *******************************************************
函数原型: void InitCPU(void)
函数功能:该函数用于初始化 CPU
 ******************************************************* /

void InitCPU(void)
{
    EA = 1;                         //开放全局中断
    ITO = 1;
    EXO = 1;                        //外部中断0开放
    PXO = 1;                        //外部中断0高优先级
    Init_uart();                    //初始化串口
}
/ *******************************************************
函数原型: bit  Sja_1000_Init(void)
函数功能:SJA1000 初始化,用于建立通信、设置通信波特率、设置己方的 CAN 总线地址、设
        置时钟输出方式、设置 SJA1000 的中断控制。
返回值说明:
            0:表示 SJA1000 初始化成功
            1:表示 SJA1000 初始化失败
    说明:注意"建立通信、设置通信波特率、设置己方的 CAN 总线地址、设置时钟输出方式"
        之前,需要进入复位,设置完毕后,退出复位
 ******************************************************* /
bit   Sja_1000_Init(void)
{
    if(enter_RST())                 //进入复位
      { return    1;}
    if(create_communication())      //检测 CAN 控制器的接口是否正常
      { return    1;}
    if(set_rate(0x06))              //设置波特率 200 kbit/s
      { return    1;}
    if(set_ACR_AMR(0xaa,0x00))      //设置地址 ID:550
      { return    1;}
    if(set_CLK(0xaa,0x48))          //设置输出方式,禁止 COLOCKOUT 输出
      { return    1;}
    if(quit_RST())                  //退出复位模式
```

```
    { return    1;}
    SJA1000_Address = CONTROL;          //地址指针指向控制寄存器
    * SJA1000_Address| = 0x1e;          //开放错误\接收\发送中断
    return    0;
}
/ * * * * * * * * * * * * * * * * * * * * * * * * * * * * * * * * * * * * * * * * * * *
函数原型：void   Uart_INT(void)   interrupt 4    using 3
函数功能：串口中断函数,用于 CAN 数据和 232 串口数据转换的中断程序
 * * * * * * * * * * * * * * * * * * * * * * * * * * * * * * * * * * * * * * * * * * */
void   Uart_INT(void)   interrupt 4    using 3
{
   unsigned char    uart_Data;                      //临时变量
   if(_testbit_(RI))                                //如果是接收中断
   {
      uart_Data = SBUF;                             //读入串口数据
      switch(uart_rcv_Status)
      {
         case CAN_1data:                            //如果是描述符的高 8 位
              send_data[0] = uart_Data;             //将数据写入发送数组
              uart_rcv_Status ++ ;                  //串口接收状态变量加 1
              break;
         case CAN_2data:                            //如果是描述符的低 8 位
              send_data[1] = uart_Data;
              if((send_data[1]&0x10)! = 0)          //如果是远程帧
               {
                  uart_rcv_Status = 0;              //串口接收状态变量复位
                  uart_rcv_flag = 1;                //串口接收标志置位
               }
              else                                  //数据帧
               {
                   uart_rcv_Point = 2;       //发送数组指针赋初值 2,因为发送
                                             //数组的前 2 字节是 CAN 数据帧的描述符
                uart_rcv_Status ++ ;
               }
              break;
         case CAN_else_DATA:                    //CAN 数据
              send_data[uart_rcv_Point ] = uart_Data; //将 CAN 数据写入发送数组
              uart_rcv_Point ++ ;              //发送数组指针变化
              if((uart_rcv_Point - 2) == (send_data[1]&0x0f))
                                               //send_data[1]&0x0f 是发送 CAN 数据长度
               {
                  uart_rcv_Point = 0;          //写入 CAN 数据到发送数组完毕后,复位各变量
```

```
                    uart_rcv_Status = 0;
                    uart_rcv_flag = 1;
                }
            break;
        default:
            break;
    }
}                                       //结束 if(_testbit(RI))
if(_testbit_(TI))
{
    uart_send_Point ++ ;                //发送指针加 1
    if(uart_send_Point<rcv_TempCount)   //如果串口发送指针小于接收 CAN 总线字节数
                                        //据长度,表示串口未发送完毕,继续发送
        { SBUF = rcv_data[uart_send_Point];}   //将接收到的 CAN 数据发送到串口
    else
    {
        uart_send_Point = 0;            //串口发送指针复位
    }
}                                       //结束 if(_testbit(TI))
}
/* **********************************************************
函数原型:void   Can_DATA_Rcv(void)
函数功能:该函数用于接收 CAN 总线数据到 rcv_data 数组,并把接收到的第 1 字节写入
        串口
********************************************************** */
void Can_DATA_Rcv()
{
SJA_rcv_data(rcv_data);                 //接收 CAN 数据
SJA_command_control(RRB_order);         //释放接收缓冲区
uart_send_Point = 0;
SBUF = rcv_data[0];                     //把接收到的第 1 字节写入串口
}
/* **********************************************************
函数原型:void   Can_DATA_Send(void)
函数功能:该函数用于通过 CAN 总线发送 send_data 数组中的数据
********************************************************** */
void Can_DATA_Send()
{
SJA_send_data(send_data);               //写入信息帧和数据帧到缓冲区函数
SJA_command_control(TR_order);          //调用发送请求
}
/* **********************************************************
```

```
函数原型：void Can_error()
函数功能：该函数用于 CAN 总线错误中断处理
*******************************************************/
 void Can_error()
{ bit sja_status1;
do{
    Delay(6);
    sja_status1 = Sja_1000_Init();      //初始化 Sja1000
  }while(sja_status1);
}
/*****************************************************
函数原型：void    Can_DATA_OVER(void)
函数功能：该函数用于 CAN 总线溢出中断处理
*****************************************************/
void    Can_DATA_OVER(void)
{
  SJA_command_control(CDO_order);       //清除数据溢出状态
  SJA_command_control(RRB_order);       //释放接收缓冲区
}
//*******************主函数*******************************//
void main(void)
{
    bit sja_status;
    Delay(1);
    CAN_RESET = 0;                      //SJA1000 退出硬件复位模式
     do{
      Delay(6);
      sja_status = Sja_1000_Init();
      }while(sja_status);               //初始化 Sja1000
    InitCPU();                          //初始化 CPU
    LED0 = 0;
    Can_INT_DATA = 0x00;                //CAN 中断变量清零
      while(1)
      {
        if(_testbit_(rcv_flag))         //是接收中断标志,判断并清零标志位
          {
            Can_DATA_Rcv();             //接收 CAN 总线数据
            open_close_led();           //控制 LED 灯
          }
        if(_testbit_(uart_rcv_flag))    //是发送标志,判断并清零标志位
          {   Can_DATA_Send();   }      //发送 CAN 总线数据
        if(_testbit_(Over_Flag))        //是超载中断标志,判断并清零标志位
```

```
        { Can_DATA_OVER(); }              //数据溢出处理
     if(_testbit_(err_flag))              //是错误中断标志,判断并清零标志位
     {
            LED0 = 1;
            Can_error();                  //错误中断处理
            LED0 = 0;
     }
   }
}
```

2.6.7 STC89C52 单片机串口下载程序

一般常用的 51 系列单片机程序的下载需要用到编程器,比如 ATMEL 公司的 AT89C＊＊系列的单片机、NXP 公司的 51 系列单片机等。虽然 ATMEL 公司的 AT89S＊＊系列的单片机支持 ISP 下载,但是需要专门做 ISP 下载线,使用不是很方便。STC 系列单片机不需要专门的 ISP 下载线,利用串口即可实现程序的下载,使用方便。因此,学习板的单片机选用 STC89C52,单片机的串口不仅可以实现程序下载功能,而且还可以实现串口通信功能。

STC 系列单片机的下载软件是 STC 公司免费提供的,并且在不断更新中,可以到其公司网站下载,如图 2-24 所示。到公司网站 http://www.MCU-Memory.com 下载 stc-isp-v3.91-not-setup,该软件是免安装的,直接单击软件包中的 STC_ISP.exe,启动下载程序软件。

图 2-24　STC 系列单片机串口下载程序界面

注意：在启动该软件之前，须关闭其他串口应用程序，以免其他串口程序和下载软件共用 COM 口而引起冲突！如果计算机上没有串口，也可以购买一根 USB 转 232 串口的线解决此问题。

STC 系列单片机串口下载程序步骤如下：

① 双击软件包中的 STC_ISP.exe，启动串口下载程序软件。

② 软件启动后，出现如图 2-24 所示的界面。

③ 在 MCU Type 下拉列表框中选择使用单片机的型号，例如 STC89C52RC。具体选用的型号须根据电路板上选用的实际单片机型号来选择。

④ 单击"OpenFile/打开文件"按钮，选择需要下载程序的十六进制或二进制文件，则弹出如图 2-25 所示的界面，单击"打开"按钮。

图 2-25 选择需要下载的程序界面

⑤ 在 Select COM Port 选项组中根据自己计算机串口连接的实际情况，选择"串口"下拉列表框中的"COM1 或 COM2 或 COM3 或 COM4"选项。

⑥ 单击"Download/下载"按钮，就可以进行程序下载了。需要注意的是：在单击"Download/下载"按钮之前不要给电路板供电，单击该按钮之后弹出如图 2-26 所示的界面。

图 2-26 单击"Download/下载"按钮后的界面

此时,须迅速给电路板用 USB 延长线或 DC 5 V 供电。程序下载成功后,该软件的左下角显示内容为:

正在进入正式编程阶段 ...
内部时钟频率:11.05768 MHz.
外部时钟频率:11.05768 MHz.
Now baud is: /当前波特率为: 115 200 bit/s.
We are erasing application flash...
正在擦除应用程序区...(00:00)
正在下载...(开始时间:10:12:06)
Program OK/下载 OK

2.7 多节点 CAN 总线系统的程序设计

2.7.1 多节点 CAN 总线系统的连接

下面以 CAN 总线线性网络拓扑结构为例(如图 2 - 27 所示,两端为终端 120 Ω 电阻),介绍多节点 CAN 总线系统设计。

图 2 - 27 CAN 总线线性网络拓扑结构

应用 3 块 51 系列单片机 CAN 总线学习板搭建多节点 CAN 总线通信实验平台,多于 3 节点的 CAN 总线通信与此类似。

按照 CAN 总线线性网络拓扑结构将 3 块 51 系列单片机 CAN 总线学习板连接起来,每个节点的 CAN_H 连接到 CAN 总线的 CAN_H,每个节点的 CAN_L 连接到 CAN 总线的 CAN_L,如图 2 - 28 所示。注意:CAN 总线两端分别有一个 120 Ω 的终端电阻,3 块电路板连接在一条 CAN 总线上的时候需要去掉一块电路板上的终端电阻(120 Ω)。

一块 CAN 节点起到 CAN 转 232 功能,通过计算机串口控制其余两个 CAN 节点。在计算机上的串口调试助手发送控制指令,控制其余两个地址的 CAN 节点(从节点)上传其按键状态信息,在串口调试助手上可以看到从节点电路板上按键状态信息。

图 2 - 28　3 个 CAN 节点连接示意图

2.7.2　多节点 CAN 总线系统地址的定义及功能实现

多个 CAN 总线节点通信需要定义好各自的节点地址,节点地址是在 SJA1000 初始化程序中定义的。本例中 CAN 转 232 作为主节点(BOSS),地址定义为 540;其余两个为从节点(SLAVE),地址分别为 550 和 560。图 2 - 28 中 CAN 总线节点单片机上面标有主节点、从节点,单片机中烧写不同的功能程序。

作为主节点的 CAN 转 232 在发送询问从节点状态信息的时候,信息帧的描述信息中要写明目的地址,从节点收到主节点的询问信息命令后,及时读取电路板上的按键状态并反馈给主节点。

主节点地址设置为 540,这就需要不同的从节点向主节点回馈 CAN 信息帧的时候在其描述符中都要写明主节点地址信息为 540,因为主节点只接收发到此地址的 CAN 信息帧。

为了区分不同从机地址回馈的 CAN 信息帧,利用 CAN 信息帧中的数据字节的第一个字节数据代表回馈从机的地址。

2.7.3　多节点 CAN 总线系统通信数据含义

图 2 - 29 的下方是 CAN 总线主节点(地址为 540)通过串口调试助手界面发送数据:

$$ac \quad 08 \quad dd \quad 00 \quad 00 \quad 00 \quad 00 \quad 00 \quad 00 \quad 00$$

- 第一字节表示目的 CAN 总线节点地址为 ac(560)。
- 第 2 字节表示本次发送的 CAN 数据帧信息包括 8 字节。
- 第 3 字节表示要求从机 CAN 总线节点上传其电路板上的按键状态信息,DD 为命令字。
- 第 4~10 字节数据没有用到,设置其为 00。

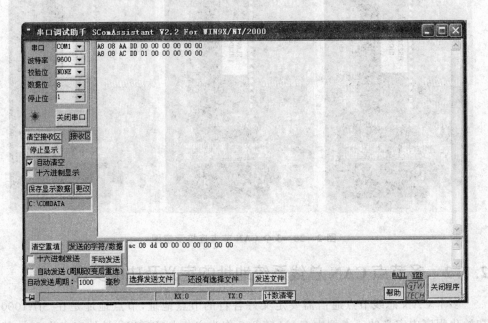

图 2 - 29 3 节点 CAN 总线系统通信数据

地址为 ac(560)的 CAN 节点接收到 CAN 总线数据后,依据上传命令 DD 读取本节点上按键的状态,向主机回馈 CAN 总线数据:

A8   08   AC   DD   00   00   00   00   00   00

- 前 2 字节是 CAN 数据帧的描述信息,表示向 CAN 总线地址为 A8(540)的主节点发送 8 字节的数据。
- 第 3 字节数据 AC 表示从机地址(560),即表明是该从机回馈的 CAN 总线数据信息。
- 第 4 字节数据 DD 表示接收到的是命令字。
- 第 5 字节的第 0、1、2、3 位分别对应从机地址(560)的节点电路板上 4 个按键状态,如果有按键按下,对应位置"1";否则,对应位置"0"。
- 第 6~10 字节数据没有用到,设置其为 00。

同理,CAN 总线主节点(地址为 540)通过串口调试助手界面向从节点(地址为 550)发送数据:

aa   08   dd   00   00   00   00   00   00   00

地址为 aa(550)的 CAN 节点向主机回馈 CAN 总线数据：

A8　08　AA　DD　01　00　00　00　00　00

第 5 字节的第 0 位"1"，表明从机地址(550)的节点电路板上的一个按键处于按下状态。

2.7.4　多节点 CAN 总线系统程序流程图

CAN 转 232 作为主节点的程序流程图、完整的源程序和 2.6.1 小节相同，图 2 - 30 着重介绍从机节点的程序流程图和程序。

图 2 - 30　从机节点的程序流程图和程序

2.7.5　多节点 CAN 总线通信中的从节点源程序

```c
#include<REG52.H>
#include <intrins.h>           //包含 8051 内部函数
#include<SJA1000.h>            //包含 SJA1000 头文件
#include<SJA1000.c>            //包含 SJA1000 函数库
/********************函数声明********************/

bit     Sja_1000_Init(void);            //SJA1000 初始化
void    Delay(unsigned int x);          //延时程序
void    read_p1(void);                  //读取 P1 口短路端子状态
void    InitCPU(void);                  //初始化 CPU
void    Can_DATA_Rcv(void);             //CAN 总线数据接收后处理
void    Can_DATA_Send(void);            //CAN 发送数据
void    Can_error(void);                //发现错误后处理
void    Can_DATA_OVER(void);            //数据溢出处理
//*********************************************
bit send_flag;                          //CAN 总线发送标志
unsigned char bdata    send_data[10];   //CAN 总线发送数组
unsigned char          rcv_data[10];    //CAN 总线接收数组
unsigned char          oder;            //接收命令字
unsigned char          address_self;    //自己的 CAN 地址字节

unsigned char bdata    Can_INT_DATA;    //本变量用于存储 SJA1000 的中断寄存器数据
/* 下面接收中断标志位、错误中断标志位、总线超载标志位的定义依据读入的 SJA1000 中
   断寄存器的位顺序 */
sbit rcv_flag = Can_INT_DATA^0;         //接收中断标志
sbit err_flag = Can_INT_DATA^2;         //错误中断标志
sbit Over_Flag = Can_INT_DATA^3;        //CAN 总线超载标志

sbit CAN_RESET = P2^0;                  //SJA1000 硬件复位控制位
sbit LED0 = P1^0;
sbit LED1 = P1^1;

sbit AJ0 = P2^0;                        //定义按键接口
sbit AJ1 = P2^1;
sbit AJ2 = P2^2;
sbit AJ3 = P2^3;

sbit J0 = send_data[4]^0;               //定义按键 1 状态位
sbit J1 = send_data[4]^1;               //定义按键 2 状态位
sbit J2 = send_data[4]^2;               //定义按键 3 状态位
sbit J3 = send_data[4]^3;               //定义按键 4 状态位
/*********************************************
```

```
* 函数原型：void Delay(unsigned int x)                                          *
  函数功能：该函数用于程序中的延时。
* 参数说明：unsigned int x 是设置的延时时间变量，数值越大，延时越长                *
**********************************************************/
void Delay(unsigned int x)
{
    unsigned int j;
    while(x -- )
      {
        for(j = 0;j<125;j ++ )
          {;}
      }
}
/**********************************************************
 * 函数原型：void ex0_int(void) interrupt 0 using 1                              *
   函数功能：外部中断 0 用于响应 SJA1000 的中断
 **********************************************************/
void ex0_int(void) interrupt 0 using 1
{
    SJA1000_Address = INTERRUPT;      //指向 SJA1000 的中断寄存器地址
    Can_INT_DATA = * SJA1000_Address;
}


/**********************************************************
 * 函数原型：void read_p1(void)                                                 *
   函数功能：读取 P2^0、P2^1、P2^2、P2^3 引脚状态，即按键的开关状态，根据读取的引脚状
            态，置位按键状态位。
 *     说明：用 CAN 总线发送数组中的 send_data[4]的第 0、1、2、3 位，对应 4 个按键状态，
            如果有按键按下，对应位置"1"，否则，对应位置"0"
 **********************************************************/
void read_p1(void)
{
    if(AJ0 == 0)            //如果 P2^0 为低电平（按键对地短路），按键信息状态位置"1"
      {J0 = 1;}
    else{J0 = 0;}           //否则，如果 P2^0 为高电平（开路状态），按键信息状态位置"0"

    if(AJ1 == 0)
      {J1 = 1;}
    else{J1 = 0;}

    if(AJ2 == 0)
      {J2 = 1;}
    else{J2 = 0;}
```

```
        if(AJ3 == 0)
          {J3 = 1;}
        else{J3 = 0;}
}
/***************************************************
 * 函数原型: bit   Sja_1000_Init(void)                          *
   函数功能: SJA1000 初始化,用于建立通信、设置通信波特率、设置己方的 CAN 总线地址、
            设置时钟输出方式、设置 SJA1000 的中断控制。
 * 返回值说明:                                                  *
 *              0: 表示 SJA1000 初始化成功                       *
 *              1: 表示 SJA1000 初始化失败                       *
 *    说明: 注意"建立通信、设置通信波特率、设置己方的 CAN 总线地址、设置时钟输出方
           式"之前,需要进入复位,设置完毕后,退出复位
 ***************************************************/
bit   Sja_1000_Init(void)
{
    if(enter_RST())                    //进入复位
      { return    1;}
    if(create_communication())         //检测 CAN 控制器的接口是否正常
      { return    1;}
    if(set_rate(0x06))                 //设置波特率 200 kbit/s
      { return    1;}
    if(set_ACR_AMR(0xaa,0x00))         //设置地址 ID:550
      {
      address_self = 0xaa;             //写入自己的地址信息,用于回馈主节点信息
      return    1;
      }
    if(set_CLK(0xaa,0x48))             //设置输出方式,禁止 COLOCKOUT 输出
      { return    1;}
    if(quit_RST())                     //退出复位模式
      { return    1;}
    SJA1000_Address = CONTROL;         //地址指针指向控制寄存器
    * SJA1000_Address| = 0x1e;         //开放错误\接收\发送中断
    return    0;
}
/***************************************************
 * 函数原型: void   InitCPU(void)                              *
   函数功能: 该函数用于初始化 CPU
 ***************************************************/
void   InitCPU(void)
{
  EA = 1;                             //开放全局中断
  ITO = 1;                            //下降沿触发
  EXO = 1;                            //外部中断 0 开放
```

```
    PX0 = 1;                              //外部中断 0 高优先级
}
/ * * * * * * * * * * * * * * * * * * * * * * * * * * * * * * * * * * * * * * * * * * * * *
  * 函数原型：void Can_error()                                                   *
    函数功能：该函数用于 CAN 总线错误中断处理
  * * * * * * * * * * * * * * * * * * * * * * * * * * * * * * * * * * * * * * * * * * * * */
void Can_error()
{ bit sja_status1;
do{
    Delay(6);                            //小延时
    sja_status1 = Sja_1000_Init();       //读取 SJA1000 初始化结果
  }while(sja_status1);                   //初始化 SJA1000,直到初始化成功
}
/ * * * * * * * * * * * * * * * * * * * * * * * * * * * * * * * * * * * * * * * * * * * * *
  * 函数原型：void    Can_DATA_OVER(void)                                        *
    函数功能：该函数用于 CAN 总线溢出中断处理
  * * * * * * * * * * * * * * * * * * * * * * * * * * * * * * * * * * * * * * * * * * * * */
void    Can_DATA_OVER(void)
{
  SJA_command_control(CDO_order);    //清除数据溢出状态
  SJA_command_control(RRB_order);    //释放接收缓冲区
}
/ * * * * * * * * * * * * * * * * * * * * * * * * * * * * * * * * * * * * * * * * * * * * *
  * 函数原型：void    Can_DATA_Rcv(void)                                         *
    函数功能：该函数用于接收 CAN 总线数据到 rcv_data 数组
  * * * * * * * * * * * * * * * * * * * * * * * * * * * * * * * * * * * * * * * * * * * * */
void Can_DATA_Rcv()
{
SJA_rcv_data(rcv_data);               //接收 CAN 总线数据到 rcv_data 数组
SJA_command_control(0x04);            //释放接收缓冲区
oder = rcv_data[2];                   //接收到的 CAN 数据帧第 3 字节是命令字节
}
/ * * * * * * * * * * * * * * * * * * * * * * * * * * * * * * * * * * * * * * * * * * * * *
  * 函数原型：void    Can_DATA_Send(void)                                        *
    函数功能：该函数用于通过 CAN 总线发送 send_data 数组中的数据
  * * * * * * * * * * * * * * * * * * * * * * * * * * * * * * * * * * * * * * * * * * * * */
void Can_DATA_Send()
{
send_data[0] = 0xA8;
send_data[1] = 0x08;                  //填写发送 CAN 数据帧的描述符
send_data[2] = address_self;          //CAN 第 3 字节,上传自己节点地址
send_data[3] = oder;                  //CAN 第 4 字节,上传接收到的命令
SJA_send_data(send_data);             //把 send_data 数组中的数据写入到发送缓冲区
SJA_command_control(0x01);            //调用发送请求
```

```
}
/************************************************************
 * 函数原型：void main(void)                               *
   函数功能：主函数
 ************************************************************/
void main(void)
{   bit sja_status;

    Delay(1);                       //小延时
    CAN_RESET = 0;                  //SJA1000 退出硬件复位模式
     do{
          Delay(6);
          sja_status = Sja_1000_Init();
       }while(sja_status);          //初始化 SJA1000
    InitCPU();                      //初始化 CPU
    LED0 = 0;                       //点亮指示灯
    Can_INT_DATA = 0x00;            //CAN 中断变量清零
    while(1)
      {

          if(_testbit_(rcv_flag))   //是接收中断标志,判断并清零标志位
            {
              Can_DATA_Rcv();       //接收 CAN 总线数据
              if(oder == 0xdd)      //如果是 0xdd,读取按键状态
                {
                      read_p1();    //读取按键状态
                  send_flag = 1;    //置位发送标志位
                  }
              }
          if(_testbit_(send_flag))  //是发送中断标志,判断并清零标志位
            {
              Can_DATA_Send();      //发送 CAN 总线数据
              LED1 = ~LED1;         //LED1 状态取反
              }
          if(_testbit_(Over_Flag))  //是超载中断标志,判断并清零标志位
            { Can_DATA_OVER();}     //数据溢出处理
          if(_testbit_(err_flag))   //是错误中断标志,判断并清零标志位
            {
                  LED0 = 1;
              Can_error();          //错误中断处理
              LED0 = 0;
              }
          }
    }
```

2.8　CAN 总线地址设置详解

在前文的 CAN 总线通信程序中,发送子程序中需要设置目的 CAN 节点地址。例如,描述符的前 2 字节为:

```
send_data[0] = 0xAA;
send_data[1] = 0x08;                //填写发送 CAN 数据帧的描述符
```

表示向地址为 550 的 CAN 节点发送 8 个字节的数据。

CAN 转 232 串口程序中的 SJA1000 初始化程序中需要设置自己的 CAN 节点地址,也是允许接收其他通信节点发送过来的 CAN 总线数据信息。例如:

```
if(set_ACR_AMR(0xaa,0x00))     //设置自己的地址 ID:550
```

相互通信的两个 CAN 节点之间的地址必须对应,否则通信不成功。

BasicCAN 和 PeliCAN 两种协议 CAN 地址的设置方法不同,下面进行具体介绍。

2.8.1　BasicCAN 的 ID 设置方法

BasicCAN 的 ID 设置方法由 ACR 和 AMR 两个 8 位寄存器决定:

ACR:	ID10	ID9	ID8	ID7	ID6	ID5	ID4	ID3	ID2	ID1	ID0
二进制:	1	0	1	0	1	0	1	0			
十六进制:					0xaaH						
AMR:	0	0	0	0	0	0	0	0			
十六进制:					0x00H						

最后 3 位“ID2 ID1 ID0”与 ACR 无关。AMR 对应 ACR 各位,AMR 位为“0”,表示 CAN 接收滤波器接收数据时地址必须和 ACR 各位设置的数字相等。AMR 位为“1”,则表明滤波器设置无效。

但是,计算 CAN 的 ID 地址的时候,需要把“ID2 ID1 ID0”这 3 个与 ACR 无关的位计算在内,例如:

ID10	ID9	ID8	ID7	ID6	ID5	ID4	ID3	ID2	ID1	ID0	
1	0	1	0	1	0	1	0	0	0	0	CAN 地址为:550
1	0	1	0	1	0	1	0	1	1	1	CAN 地址为:557

根据后 3 位的不同值计算不同的 ID 地址。

2.8.2　PeliCAN 的 ID 设置方法

CAN 的 ID 设置由 ACR0～ACR3 和 AMR0～AMR3 这 8 个寄存器设置决定,AMR 的功能和 BasicCAN 的 ID 设置方法中介绍的相同,下面着重介绍 ACR0～ACR3 的设置。对于 PeliCAN 而言:

	ID28	ID27	ID26	ID25	ID24	ID23	ID22	ID21
二进制:	0	0	0	0	0	0	0	0

十六进制:　　　　　　　　　　　　　　0x00H

	ID20	ID19	ID18	ID17	ID16	ID15	ID14	ID13
二进制:	0	0	0	0	0	0	0	0

十六进制:　　　　　　　　　　　　　　0x00H

	ID12	ID11	ID10	ID9	ID8	ID7	ID6	ID5
二进制:	0	0	1	0	1	0	1	0

十六进制:　　　　　　　　　　　　　　0x2AH

	ID4	ID3	ID2	ID1	ID0	X	X	X
二进制:	0	0	0	0	0	0	0	0

十六进制:　　　　　　　　　　　　　　0x00H

其中,x 表示任意值,和 CAN 的 ID 无关。计算 CAN 的 ID 的时候需要计算 ID0～ID28 的值,也就是从 ID0 算起,因此:

ID28	ID27	ID26	ID25	ID24	ID23	ID22	ID21	ID20
0	0	0	0	0	0	0	0	0
0				0			0	

ID19	ID18	ID17	ID16	ID15	ID14	ID13	ID12
0	0	0	0	0	0	0	0
0					0		

ID11	ID10	ID9	ID8	ID7	ID6	ID5	ID4
0	1	0	1	0	1	0	0
		5			4		

ID3	ID2	ID1	ID0
0	0	0	0
	0		

CAN 地址为:00000540。

第 3 章

CAN 控制器 MCP2515 与 8051 系列单片机接口设计

3.1 CAN 控制器 MCP2515

3.1.1 MCP2515 概述

　　MCP2515 是 Microchip 公司推出的一款独立 CAN 协议控制器，完全支持 CAN 2.0B 技术规范，能发送并接收标准、扩展数据帧及远程帧。MCP2515 自带的两个验收屏蔽寄存器和 6 个验收滤波寄存器可以过滤掉不想要的报文，因此减少了主单片机（MCU）的开销。MCP2515 与 MCU 的连接是通过 SPI 接口来实现的，从而放宽了 MCU 的选择范围，使得所有单片机都有接入的可能：带有 SPI 接口的 MCU 可以直接连接，不带有 SPI 接口的 MCU 可以用 I/O 模拟实现其功能。

　　独立 CAN 控制器 MCP2515 的主要功能如下：

- 完全支持 CAN V2.0B 技术规范，通信速率可达 1 Mbit/s；包含 0～8 字节长的数据字段；能接收和发送标准、扩展数据帧及远程帧。
- 包含两个接收缓冲器，可优先存储报文；2 个 29 位验收滤波寄存器；6 个 29 位验收屏蔽寄存器，可以滤除不想要的报文。
- 对头两个数据字节进行滤波（针对标准数据帧）。
- 包含 3 个发送缓冲器，具有优先级设定及发送中止功能。
- 包含高速 SPI 接口（10 MHz）：支持 0,0 和 1,1 的 SPI 模式。
- 处于单触发模式，确保报文发送只尝试一次。
- 带有可编程预分频器的时钟输出引脚，可用作其他器件的时钟源。
- 帧起始（SOF）信号输出功能可在确定的系统中（如时间触发 CAN - TTCAN）执行时隙功能，或在 CAN 总线诊断中决定早期总线出级。
- 带有可选使能设定的中断输出引脚。

- "缓冲器满"输出引脚可配置为各接收缓冲器的中断引脚和通用数字输出引脚。
- "请求发送(Request‑to‑Send,RTS)"输入引脚可各自配置为各发送缓冲器的控制引脚,用于请求立即发送报文,通用数字输入引脚。
- 低功耗的 CMOS 技术:工作电压范围为 2.7～5.5 V,5 mA 典型工作电流,1 μA 典型待机电流(休眠模式)。
- 工作温度范围:工业级(I)为 −40～+85℃,扩展级(E)为 −40～+125℃。

独立 CAN 控制器 MCP2515 的引脚排列如图 3‑1 所示,独立 CAN 控制器 MCP2515 的引脚说明如表 3‑1 所列。

(a) DIP18封装　　　　　　(b) TSSOP28封装

图 3‑1　MCP2515 的引脚排列

表 3‑1　独立 CAN 控制器 MCP2515 的引脚说明

名　称	DIP/SO 引脚号	TSSOP 引脚号	说　明	备选引脚功能
TXCAN	1	1	连接到 CAN 总线的发送输出引脚	—
RXCAN	2	2	连接到 CAN 总线的接收输入引脚	—
CLKOUT	3	3	带可编程预分频器的时钟输出引脚	起始帧信号
$\overline{\text{TX0RTS}}$	4	4	发送缓冲器 TXB0 请求发送引脚或通用数字输入引脚。V_{DD} 上连 100 kΩ 内部上拉电阻	数字输入引脚。V_{DD} 上连 100 kΩ 内部上拉电阻
TX1RTS	5	5	发送缓冲器 TXB1 请求发送引脚或通用数字输入引脚。V_{DD} 上连 100 kΩ 内部上拉电阻	数字输入引脚。VDD 上连 100 kΩ 内部上拉电阻
TX2RTS	6	7	发送缓冲器 TXB2 请求发送引脚或通用数字输入引脚。V_{DD} 上连 100 kΩ 内部上拉电阻	数字输入引脚。V_{DD} 上连 100 kΩ 内部上拉电阻
OSC2	7	8	振荡器输出	—

续表 3-1

名　称	DIP/SO 引脚号	TSSOP 引脚号	说　明	备选引脚功能
OSC1	8	9	振荡器输入	外部时钟输入引脚
V_{SS}	9	10	逻辑和 I/O 引脚的参考地	—
$\overline{RX1BF}$	10	11	接收缓冲器 RXB1 中断引脚或通用数字输出引脚	通用数字输出引脚
$\overline{RX0BF}$	11	12	接收缓冲器 RXB0 中断引脚或通用数字输出引脚	通用数字输出引脚
$\overline{INT}$	12	13	中断输出引脚	—
SCK	13	14	SPI 接口的时钟输入引脚	—
SI	14	16	SPI 接口的数据输入引脚	—
SO	15	17	SPI 接口的数据输出引脚	—
$\overline{CS}$	16	18	SPI 接口的片选输入引脚	—
$\overline{RESET}$	17	19	低电平有效的器件复位输入引脚	—
V_{DD}	18	20	逻辑和 I/O 引脚的正电源	—
NC	—	6,15	—	

图 3-2 为 MCP2515 的功能框图,该器件主要由 3 个部分组成:

① CAN 模块包括 CAN 协议引擎、验收滤波寄存器、验收屏蔽寄存器、发送和接收缓冲器,功能是处理所有 CAN 总线上的报文接收和发送。

图 3-2　MCP2515 的功能框图

② 用于配置该器件及其运行的控制逻辑和寄存器,用于设置芯片及其操作模式,控制逻辑模块控制 MCP2515 的设置和运行,以便传输信息与控制。

③ SPI 协议模块,主要负责与 MCU 的数据传输。MCU 通过 SPI 接口与该器件连接,使用标准的 SPI 读/写指令以及专门的 SPI 命令来读/写所有的寄存器。

3.1.2 MCP2515 的内部寄存器

MCP2515 共有 128 个寄存器,地址由高 3 位和低 4 位确定,有效寻址范围为 0~0x7F,如表 3-2 所列。

表 3-2 MCP2515 的内部寄存器说明表

CAN 地址	工作模式		配置模式	
	读	写	读	写
0x00~0x03	验收代码 0		验收代码 0	验收代码 0
0x04~0x07	验收代码 1		验收代码 1	验收代码 1
0x08~0x0B	接收屏蔽 2		接收屏蔽 2	接收屏蔽 2
0x0C	BF 引脚配置	BF 引脚配置	BF 引脚配置	BF 引脚配置
0x0D	发送请求控制	发送请求控制	发送请求控制	发送请求控制
0xXE①	状态寄存器	状态寄存器	状态寄存器	状态寄存器
0xXF②	控制寄存器	控制寄存器	控制寄存器	控制寄存器
0x10~0x13	验收代码 3		验收代码 3	验收代码 3
0x14~0x17	验收代码 4		验收代码 4	验收代码 4
0x18~0x1B	验收代码 5		验收代码 5	验收代码 5
0x1C	发送错误计数		发送错误计数	
0x1D	接收错误计数		接收错误计数	
0x20~0x23	验收屏蔽 0		验收屏蔽 0	验收屏蔽 0
0x24~0x27	验收屏蔽 1		验收屏蔽 1	验收屏蔽 1
0x28	位定时 3		位定时 3	位定时 3
0x29	位定时 2		位定时 2	位定时 2
0x2A	位定时 1		位定时 1	位定时 1
0x2B	中断使能	中断使能	中断使能	中断使能
0x2C	中断标志	中断标志	中断标志	中断标志
0x2D	错误标志	错误标志	错误标志	
0x30~0x3D	发送缓冲器 0	发送缓冲器 0	发送缓冲器 0	发送缓冲器 0
0x40~0x4D	发送缓冲器 1	发送缓冲器 1	发送缓冲器 1	发送缓冲器 1
0x50~0x5D	发送缓冲器 2	发送缓冲器 2	发送缓冲器 2	发送缓冲器 2
0x60~0x6D	接收缓冲器 0	接收缓冲器 0	接收缓冲器 0	接收缓冲器 0
0x70~0x7D	接收缓冲器 1	接收缓冲器 1	接收缓冲器 1	接收缓冲器 1

注:①、②中的 x 取值为 0~7。

3.1.3　8051 系列单片机怎样控制 MCP2515

MCP2515 可与任何带有 SPI 接口的单片机直接相连,并且支持 SPI 1,1 和 SPI 0,0 模式。单片机通过 SPI 接口可以读取接收缓冲器数据。MCP2510 对 CAN 总线的数据发送则没有限制,只要用单片机通过 SPI 接口将待发送的数据写入 MCP2510 的发送缓存器,然后再调用 RTS(发送请求)命令即可将数据发送到 CAN 总线上。MCP2515 的 SPI 指令集如表 3 - 3 所列。

表 3 - 3　MCP2515 的 SPI 指令集

指令名称	指令格式	说　　明
$\overline{RESET}$	1100 0000	复位,将内部寄存器复位为默认状态,并将器件设定为配置模式
READ	0000 0011	从寄存器中读出数据
READ_RX	1001 0nm0	读 RX 缓冲器指令,从"nm"组合指定的接收缓冲器中读取数据,在"n,m"所指示的 4 个地址中的一个放置地址指针可以减轻一般读命令的开销
WRITE	0000 0010	向寄存器中写入数据
WRITE_TX	0100 0abc	装载 TX 缓冲器指令,向"abc"组合指定的发送缓冲器中写入数据,在"a,b,c"所指示的 6 个地址中的一个放置地址指针可以减轻一般写命令的开销
RTS	1000 0nnn	发送请求,指示控制器开始发送任一发送缓冲器中的报文发送序列
READ_STATE	1010 0000	读取寄存器状态,允许单条指令访问常用的报文接收和发送状态位
RX_STATE	1011 0000	RX 状态指令,用于快速确定与报文和报文类型(标准帧、扩展帧或远程帧)相匹配的滤波器
BIT_CHANGE	0000 0101	位修改指令,可对特定状态和控制寄存器中单独的位进行置 1 或清零,该命令并非对所有寄存器有效

在 SCK 时钟信号的上升沿,外部命令和数据通过 SI 引脚送入 MCP2515,在 SCK 的下降沿通过 SO 引脚传送出去。操作中片选引脚 $\overline{CS}$ 保持低电平。

3.2　CAN 总线学习板(MCP2515)实物图

CAN 总线学习板(MCP2515)实物图如图 3 - 3 所示,特点如下:

① 学习板采用 DC+5 V 供电或 USB 供电。

② 学习板采用的主要芯片如下:

ⓐ 51 系列的单片机,可以选用 89C51、89C52、89S52。如果选用 STC51 系列的单片机,如 STC89C51、STC89C52、STC89C58,则可以实现串口下载程序,不需要编程器下载程序。

ⓑ CAN 总线控制器 MCP2515,并预留 SJA1000 芯片位置。

ⓒ CAN 总线收发器,可以选用 TJA1040、TJA1050、P82C250。其中,TJA1040、

图 3-3 CAN 总线学习板(MCP2515)实物图

TJA1050 引脚兼容,如果选用 P82C250,则需要在其第 8 引脚加 47 kΩ 的斜率电阻。

③ 支持 RS-232 串口与 CAN 总线之间数据的相互转换。

④ CAN 总线波特率可调为 20、40、50、80、100、125、200、250、400、500、666、800、1 000 kbit/s。

⑤ 程序支持 PeliCAN 模式(CAN2.0B),提供 C 语言程序。

⑥ 成对学习板实现功能:

ⓐ A 开发板发送数据,B 开发板接收数据,并把接收到的数据通过串口上传到计算机显示。

ⓑ 单片机定时监测 A 开发板上的 I/O 状态,可以通过 CAN 总线把 I/O 状态字发送给 B 开发板,可以在串口调试助手软件中看到该状态字。

3.3 CAN 总线学习板(MCP2515)硬件电路设计

3.3.1 电路原理图

图 3-4 是 CAN 总线学习板(MCP2515)的电路原理图,采用 STC89C52RC 作为节点的微处理器。其中,微控制器 STC89C52RC 负责 MCP2515 的初始化,以及通过控制 MCP2515 实现数据的接收和发送。

MCP2515 的 CS、RESET、MOSI、MISO、SCK 分别连接到 STC89C52RC 的 P1.3～P1.7 引脚（RESET 也可以直接用上拉电阻接高电平，而不用单片机的 I/O 控制），CS 引脚为低电平"0"时，单片机可选中 MCP2515，单片机通过引脚模拟 SPI 总线，控制 MCP2515 执行相应的读/写操作。MCP2515 的 INT 引脚接 STC89C52RC 的 INT1，STC89C52RC 可通过中断方式访问 MCP2515。

CAN 总线通信接口中采用 TJA1040 作为总线驱动器。TJA1040 与 CAN 总线的接口部分采用了一定的安全和抗干扰措施：TJA1040 的 CANH 和 CANL 引脚各自通过一个 5 Ω 的电阻与 CAN 总线相连，电阻可起到一定的限流作用，保护 TJA1040 免受过流的冲击。CANH 和 CANL 与地之间分别并联了一个 30 pF 的电容，可以起到滤除总线上的高频干扰的作用，也具有一定的防电磁辐射的能力。另外，在两根 CAN 总线接入端与地之间分别反接了一个保护二极管 IN4148，当 CAN 总线有较高的负电压时，通过二极管的短路可起到一定的过压保护作用。

如果需要增强 CAN 总线节点的抗干扰能力，可以依照第 2 章中介绍的内容，采用 DC/DC 电源隔离模块、高速光耦 6N137 来连接 MCP2515 和 TJA1040。

串口芯片 MAX232 电路用于 CAN 总线学习板（MCP2515）下载程序，也可以实现 CAN 总线转 232 串口数据转换功能。

3.3.2   晶振的选择及 CAN 通信波特率的计算

1. MCP2515 晶振的选择

MCP2515 能用片内振荡器或片外时钟源工作。另外，可以使能 MCP2515 的 CLKOUT 引脚向微控制器（例如 STC89C52 单片机）输出时钟频率：CLKOUT 引脚供系统设计人员用作主系统时钟，或作为系统中其他器件的时钟输入。CLKOUT 有一个内部预分频器，可将晶振频率除以 1、2、4 和 8。可通过设定 CANCNTRL 寄存器来使能 CLKOUT 功能和选择预分频比。

这些功能和 SJA1000 的功能类似，本书仅给出 MCP2515 接外部时钟源的工作原理图（图 3 - 5）、MCP2515 接晶振的工作原理图（图 3 - 6）以及其典型的电容选择列表（表 3 - 4）。

注 1. 在此引脚接入一个接地电阻可减少系统噪声，但同时会加大系统电流，
应注意占空比的限制。

图 3 - 5   MCP2515 接外部时钟源工作原理图

注 1. 采用AT 条形切割晶体时,可如图接入一个串联电阻(RS)。
　　2. 图中的反馈电阻(RF)典型值为2~10 mΩ。

图 3 - 6　MCP2515 接晶振的工作原理图

表 3 - 4　MCP2515 接晶振时的电容选择

晶体频率	电容典型值	
	C1	C2
4 MHz	27 pF	27 pF
8 MHz	22 pF	22 pF
20MHz	15pF	15pF

上述电容值仅供设计参考:

这些电容均已采用相应的晶体通过了对基本起振和运行的测试,但这些电容值未经优化。

为产生可接收的振荡器工作频率,用户可以选用其他数值的晶振,可能要求不同的电容值。用户应在期望的应用环境(V_{DD}和温度范围)下对振荡器的性能进行测试。

注 ① 电容值越大,振荡器就越稳定,但起振时间会越长。

② 由于每个晶体都有其固有特性,用户应向晶体厂商咨询外围元件的适当值。

③ 可能需要 RS 来避免对低驱动规格的晶体造成过驱动。

CAN 总线学习板(MCP2515)选用 24 MHz 的晶振,C1＝C2＝22 pF。

2. MCP2515 的 CAN 通信波特率的计算

CAN 总线上的所有器件都必须使用相同的波特率,否则无法实现正常通信。然而,并非所有 CAN 总线节点都具有相同的主振荡器时钟频率。因此,对于采用不同时钟频率的 CAN 总线节点,应通过适当设置波特率预分频比以及每一时间段中的时间份额的数量来对波特率进行调整,使它们的通信波特率相同。

CAN 总线的通信波特率是由 CAN 位时间决定的(CAN 位时间由互不重叠的时间段组成,每个时间段又由时间份额(TQ)组成,详见 MCP2515 数据手册),CAN 总线接口的位时间由配置寄存器 CNF1、CNF2 和 CNF3 控制;只有当 MCP2515 处于配置模式时,才能对这些寄存器进行修改。寄存器 CNF1、CNF2 和 CNF3 中各位的具体含义请参阅 MCP2515 数据手册,表 3-5 列出了 CAN 总线学习板(MCP2515)选用 24 MHz 的晶振(C1＝C2＝22 pF)时的几个典型通信波特率数值以及相关寄存器的设置值。

表 3-5　MCP2515 在 24 MHz 的晶振下的通信波特率设置

寄存器 CNF1 数值	寄存器 CNF2 数值	寄存器 CNF3 数值	CAN 总线的通信波特率/(kbit/s)
0x49			20
0x39			25
0x19			50
0x09			100
0x04	0xa1	0x43	200
0x03			250
0x01			500
0x00			1 000

3.4　双节点通信系统的程序设计

3.4.1　程序头文件定义说明

　　头文件 MCP2515.h 中定义了 MCP2515 相关的特殊功能寄存器,清单如下:

```
# ifndef  _MCP2515_H_
# define  _MCP2515_H_
# define MCP2515_BASE      0x00                    //定义 MCP2515 的基址
/ ****************************************************
    以下定义为 MCP2515 的内部特殊功能寄存器的地址,各特殊功能寄存器的具体功
能请查阅 MCP2515 的数据手册
    ****************************************************/
# define TXB0CTRL      MCP2515_BASE + 0x30    //发送缓冲区 0 控制寄存器
# define TXB1CTRL      MCP2515_BASE + 0x40    //发送缓冲区 1 控制寄存器
# define TXB2CTRL      MCP2515_BASE + 0x50    //发送缓冲区 2 控制寄存器
# define TXRTSCTRL     MCP2515_BASE + 0x0d    //发送请求引脚配置寄存器
# define TXB0SIDH      MCP2515_BASE + 0x31    //标准标识符高字节
# define TXB0SIDL      MCP2515_BASE + 0x32    //标准标识符低字节
```

```
# define TXB1SIDH      MCP2515_BASE + 0x41    //标准标识符高字节
# define TXB1SIDL      MCP2515_BASE + 0x42    //标准标识符低字节
# define TXB2SIDH      MCP2515_BASE + 0x51    //标准标识符高字节
# define TXB2SIDL      MCP2515_BASE + 0x52    //标准标识符低字节
# define TXB0EID8      MCP2515_BASE + 0x33    //扩展标识符高字节
# define TXB0EID0      MCP2515_BASE + 0x34    //扩展标识符低字节
# define TXB1EID8      MCP2515_BASE + 0x43    //扩展标识符高字节
# define TXB1EID0      MCP2515_BASE + 0x44    //扩展标识符低字节
# define TXB2EID8      MCP2515_BASE + 0x53    //扩展标识符高字节
# define TXB2EID0      MCP2515_BASE + 0x54    //扩展标识符低字节
# define TXB0DLC       MCP2515_BASE + 0x35    //发送缓冲区 0 数据长度寄存器
# define TXB1DLC       MCP2515_BASE + 0x45    //发送缓冲区 1 数据长度寄存器
# define TXB2DLC       MCP2515_BASE + 0x55    //发送缓冲区 2 数据长度寄存器
# define TXB0D_BASE    MCP2515_BASE + 0x36    //发送缓冲区 0 数据寄存器起始地址
# define TXB1D_BASE    MCP2515_BASE + 0x46    //发送缓冲区 1 数据寄存器起始地址
# define TXB2D_BASE    MCP2515_BASE + 0x56    //发送缓冲区 2 数据寄存器起始地址
# define RXB0CTRL      MCP2515_BASE + 0x60    //接收缓冲器 0 控制寄存器
# define RXB1CTRL      MCP2515_BASE + 0x70    //接收缓冲器 1 控制寄存器
# define BFPCTRL       MCP2515_BASE + 0x0c    //接收引脚控制和状态寄存器
# define RXB0SIDH      MCP2515_BASE + 0x61    //接收缓冲器 0 标准标识符高字节
# define RXB0SIDL      MCP2515_BASE + 0x62    //接收缓冲器 0 标准标识符低字节
# define RXB1SIDH      MCP2515_BASE + 0x71    //接收缓冲器 1 标准标识符高字节
# define RXB1SIDL      MCP2515_BASE + 0x72    //接收缓冲器 1 标准标识符低字节
# define RXB0EID8      MCP2515_BASE + 0x63    //接收缓冲器 0 扩展标识符高字节
# define RXB0EID0      MCP2515_BASE + 0x64    //接收缓冲器 0 扩展标识符低字节
# define RXB1EID8      MCP2515_BASE + 0x73    //接收缓冲器 1 扩展标识符高字节
# define RXB1EID0      MCP2515_BASE + 0x74    //接收缓冲器 1 扩展标识符低字节
# define RXB0DLC       MCP2515_BASE + 0x65    //接收缓冲器 0 数据码长度
# define RXB1DLC       MCP2515_BASE + 0x75    //接收缓冲器 0 数据码长度
# define RXB0D_BASE    MCP2515_BASE + 0x66    //接收缓冲区 0 数据寄存器起始地址
# define RXB1D_BASE    MCP2515_BASE + 0x76    //接收缓冲区 1 数据寄存器起始地址
# define RXF0SIDH      MCP2515_BASE + 0x00    //验收滤波器 0 标准标识符高字节
# define RXF0SIDL      MCP2515_BASE + 0x01    //验收滤波器 0 标准标识符低字节
# define RXF1SIDH      MCP2515_BASE + 0x04    //验收滤波器 1 标准标识符高字节
# define RXF1SIDL      MCP2515_BASE + 0x05    //验收滤波器 1 标准标识符低字节
# define RXF2SIDH      MCP2515_BASE + 0x08    //验收滤波器 2 标准标识符高字节
# define RXF2SIDL      MCP2515_BASE + 0x09    //验收滤波器 2 标准标识符低字节
# define RXF3SIDH      MCP2515_BASE + 0x10    //验收滤波器 3 标准标识符高字节
# define RXF3SIDL      MCP2515_BASE + 0x11    //验收滤波器 3 标准标识符低字节
# define RXF4SIDH      MCP2515_BASE + 0x14    //验收滤波器 4 标准标识符高字节
# define RXF4SIDL      MCP2515_BASE + 0x15    //验收滤波器 4 标准标识符低字节
# define RXF5SIDH      MCP2515_BASE + 0x18    //验收滤波器 5 标准标识符高字节
```

```
# define RXF5SIDL      MCP2515_BASE + 0x19    //验收滤波器 5 标准标识符低字节
# define RXF0EID8      MCP2515_BASE + 0x02    //验收滤波器 0 扩展标识符高字节
# define RXF0EID0      MCP2515_BASE + 0x03    //验收滤波器 0 扩展标识符低字节
# define RXF1EID8      MCP2515_BASE + 0x06    //验收滤波器 1 扩展标识符高字节
# define RXF1EID0      MCP2515_BASE + 0x07    //验收滤波器 1 扩展标识符低字节
# define RXF2EID8      MCP2515_BASE + 0x0a    //验收滤波器 2 扩展标识符高字节
# define RXF2EID0      MCP2515_BASE + 0x0b    //验收滤波器 2 扩展标识符低字节
# define RXF3EID8      MCP2515_BASE + 0x12    //验收滤波器 3 扩展标识符高字节
# define RXF3EID0      MCP2515_BASE + 0x13    //验收滤波器 3 扩展标识符低字节
# define RXF4EID8      MCP2515_BASE + 0x16    //验收滤波器 4 扩展标识符高字节
# define RXF4EID0      MCP2515_BASE + 0x17    //验收滤波器 4 扩展标识符低字节
# define RXF5EID8      MCP2515_BASE + 0x1a    //验收滤波器 5 扩展标识符高字节
# define RXF5EID0      MCP2515_BASE + 0x1b    //验收滤波器 5 扩展标识符低字节
# define RXM0SIDH      MCP2515_BASE + 0x20    //验收屏蔽寄存器 0 标准标识符高字节
# define RXM0SIDL      MCP2515_BASE + 0x21    //验收屏蔽寄存器 0 标准标识符低字节
# define RXM1SIDH      MCP2515_BASE + 0x24    //验收屏蔽寄存器 1 标准标识符高字节
# define RXM1SIDL      MCP2515_BASE + 0x25    //验收屏蔽寄存器 1 标准标识符低字节
# define RXM0EID8      MCP2515_BASE + 0x22    //验收屏蔽寄存器 0 扩展标识符高字节
# define RXM0EID0      MCP2515_BASE + 0x26    //验收屏蔽寄存器 0 扩展标识符低字节
# define RXM1EID8      MCP2515_BASE + 0x23    //验收屏蔽寄存器 1 扩展标识符高字节
# define RXM1EID0      MCP2515_BASE + 0x27    //验收屏蔽寄存器 1 扩展标识符低字节
# define CNF1          MCP2515_BASE + 0x2a    //配置寄存器 1
# define CNF2          MCP2515_BASE + 0x29    //配置寄存器 2
# define CNF3          MCP2515_BASE + 0x28    //配置寄存器 3
# define TEC           MCP2515_BASE + 0x1c    //发送错误计数器
# define REC           MCP2515_BASE + 0x1d    //接收错误计数器
# define EFLG          MCP2515_BASE + 0x2d    //错误标志寄存器,最高两位必须由 MCU 复位
# define CANINTE       MCP2515_BASE + 0x2b    //中断使能寄存器
# define CANINTF       MCP2515_BASE + 0x2c    //中断标志寄存器,写 0 则清除相应的中断
# define CANCTRL       MCP2515_BASE + 0x0f    //CAN 控制寄存器
# define CANSTAT       MCP2515_BASE + 0x0e    //CAN 状态寄存器
/* * * * * * * * * * * * * * * * * * * * * * * * * * * * * * * * * * * *
            定义 EFLG 错误标志寄存器的命令字
   * * * * * * * * * * * * * * * * * * * * * * * * * * * * * * * * * */
# define EWARN         0x01<<0                //错误警告寄存器,当 TEC
                                              //或 REC 大于等于 96 时置 1
# define RXWAR         0x01<<1                //当 REC 大于等于 96 时置 1
# define TXWAR         0x01<<2                //当 TEC 大于等于 96 时置 1
# define RXEP          0x01<<3                //当 REC 大于等于 128 时置 1
# define TXEP          0x01<<4                //当 TEC 大于等于 128 时置 1
# define TXBO          0x01<<5                //当 TEC 大于等于 255 时置 1
# define RX0OVR        0x01<<6                //接收缓冲区 0 溢出
```

```
#define RX1OVR          0x01<<7              //接收缓冲区 1 溢出
/***************************************************************
                    定义 TXBnCTRL 寄存器的命令字
   *************************************************************/
#define TXREQ           0x08                 //报文发送请求位
#define ABTF            0x40                 //报文发送中止标志位
***************** TXBnDLC 寄存器和 RXBnDLC 寄存器 ************
#define RTR             0x40                 //远程发送请求位
************** TXBnSIDL 寄存器和 RXFnSIDL 寄存器 ***********
#define EXIDE           0x08                 //扩展标识符使能位
****************** RXBnSIDL 寄存器 ***********************
#define IDE             0x08
          //扩展标识符标志位,该位表明收到的报文是标准帧还是扩展帧
#define SRR             0x10                 //远程发送请求位(只有当 IDE 位 = 0 时有效)
/***************************************************************
                  定义 MCP2515 的中断使能寄存器命令字
   *************************************************************/
#define MERRF           0x80                 //报文错误中断使能位
#define WAKIF           0x40                 //唤醒中断使能位
#define ERRIF           0x20                 //错误中断使能位
#define TX2IF           0x10                 //发送缓冲器 2 空中断使能位
#define TX1IF           0x08                 //发送缓冲器 1 空中断使能位
#define TX0IF           0x04                 //发送缓冲器 0 空中断使能位
#define RX1IF           0x02                 //接收缓冲器 1 满中断使能位
#define RX0IF           0x01                 //接收缓冲器 0 满中断使能位
/***************************************************************
                    定义 MCP2515 操作的命令字
   *************************************************************/
#define CAN_RESET       0xc0                 //复位命令
#define CAN_W           0x02                 //写命令 + (地址 + 数据)
#define CAN_W_BUFFER0x40                     //装载发送缓冲区命令[0 - 2]
                       //000 指针起始于 TXB0SIDH;001 指针起始于 TXB0D0
                       //010 指针起始于 TXB1SIDH;011 指针起始于 TXB0D1
                       //100 指针起始于 TXB2SIDH;101 指针起始于 TXB0D2
#define CAN_R           0x03                 //读命令 + (地址)
#define CAN_R_BUFFER0x90
               //读缓冲区命令[1 - 2] 00 指针起始于 RXB0SIDH;01 指针起始于 RXB0D0
               //10 指针起始于 RXB1SIDH;11 指针起始于 RXB1D0
#define CAN_R_STATE     0xa0                 //读状态命令
#define CAN_RX          0xb0                 //读出接收缓冲区的状态
#define CAN_M_BIT       0x01                 //位修改命令 + 地址 + 屏蔽字节 + 数据字节
#define CAN_RTS         0x80 //请求发送命令[0 - 3] 000 无发送;001 TX0;010;TX1;100 TX2
```

```
/*********************************************************
                定义 MCP2515 的 CAN 工作模式
 *********************************************************/
# define CAN_Config_Mode 0x80          //配置模式
# define CAN_Listen_Only_Mode 0x60     //仅监听模式
# define CAN_LoopBack_Mode 0x40        //环回模式
# define CAN_Sleep_Mode 0x20           //休眠模式
# define CAN_Normal_Mode 0x00          //正常工作模式
/*********************************************************
              定义 MCP2515 的 SPI 操作的 CAN 指令
 *********************************************************/
# define CAN_I_RESET        0xc0       //复位
# define CAN_I_READ         0x03       //从寄存器中读出数据
# define CAN_I_READ_RX      0x90       //读 RX 缓冲器指令
# define CAN_I_WRITE        0x02       //向寄存器中写入数据
# define CAN_I_WRITE_TX     0x40       //装载 TX 缓冲器指令
# define CAN_I_RTS          0x80       //发送请求
# define CAN_I_READ_STATE   0xa0       //读取寄存器状态
# define CAN_I_RX_STATE     0xb0       //快速确定与报文和报文类型相匹配的滤波器
# define CAN_I_BIT_CHANGE   0x05       //位修改指令
# endif
```

说明：

```
# ifndef  _MCP2515_H_
# define  _MCP2515_H_
...
# endif
```

上述 3 句属于条件编译，一般情况下对 C 语言程序进行编译时，所有的程序都参加编译，但是有时候希望对其中一部分内容在满足一定条件下进行编译，这就是条件编译。条件编译可以选择不同的编译范围，从而产生不同的编译代码。在 Keil Cx51 编译器的预处理器中，提供了以下条件编译命令：# if、# elif、# ifdef、# ifndef、# else、# endif，这些命令有 3 种使用方法。

条件编译使用方法一：

```
# ifdef   标识符
          程序段 1
# else
          程序段 2
# endif
```

其功能是：如果定义指定的标识符，那么程序段 1 参加编译，并产生有效的程序代码;否则,程序段 2 参加编译并产生有效的程序代码。

条件编译使用方法二:

```
#ifndef    标识符
            程序段 1
#else
            程序段 2
#endif
```

其功能是:如果没有定义指定的标识符,那么程序段 1 参加编译,并产生有效的程序代码;否则,程序段 2 参加编译并产生有效的程序代码。其与第一种使用方法刚好相反。

条件编译使用方法三:

```
#if     常量表达式 1
            程序段 1
#elif     常量表达式 2
                程序段 2
...
            #elif     常量表达式 n-1
                    程序段 n-1
#else
            程序段 n
#endif
```

其功能类似于分支程序:顺序判断常量表达式是否为真,如果为真,则执行相应的程序段编译;如果所有常量表达式都为假,那么编译 #else 后面的程序段 n。

使用条件编译可以事先给定某一条件,以使程序在不同的条件下完成不同的功能,这对于提高 C 语言程序的通用性有好处。

3.4.2　子函数详解

```
//--------------------------------------------------
// MCP2515.C
//--------------------------------------------------
#include <REG52.H>
#include "MCP2515.h"
#include <intrins.h>
/**************************************************
                定义 I/O 口,用于模拟 SPI 总线
**************************************************/
sbit CAN_SCK    = P1^7;
```

```
sbit CAN_MISO   = P1^6;
sbit CAN_MOSI   = P1^5;
sbit CAN_CS     = P1^3;
sbit CAN_RST    = P1^4;
```

/ * 函数声明 */
```
void        Set_CAN_Baudrate(unsigned int baudrate);    //设置 CAN 的通信波特率
void        CAN_Init(void);                             //CAN 的初始化
void        CAN_Write(unsigned char address,unsigned char num);  //向寄存器地址写入数据
unsigned char       CAN_Read(unsigned char address);    //从寄存器地址读取数值
void        Pro_CAN_ERROR(void);                        //CAN 总线错误
static void         SPI_Write(unsigned char num);       //SPI 写函数
static unsigned char    SPI_Read(void);                 //SPI 读函数
```
/ *
** 函数名称: CAN_Init()
** 功能描述: CAN 初始化,设置波特率、验收滤波器、屏蔽滤波器、中断、发送描述符、引脚
            输出配置等
* */
```
void CAN_Init(void)
{
    unsigned char num = 0;              //定义局部变量
    CAN_RST = 1;
    CAN_SCK = 1;
    CAN_CS = 1;
    CAN_MISO = 1;
    CAN_MOSI = 1;
    CAN_CS = 0;                         //选中 MCP2515
    SPI_Write(CAN_I_RESET);            //复位,进入配置模式,以便配置寄存器
    CAN_CS = 1;
    do
    {
        num = CAN_Read(CANSTAT) & CAN_Config_Mode;
    }
    while(num != CAN_Config_Mode);     //判断是否进入配置模式
    CAN_Write(CNF1, 0x09);             //配置寄存器 1,默认 CAN 波特率为 100 kbit/s
    CAN_Write(CNF2, 0xa1);             //配置寄存器 2,位时间为 12TQ,同步段——1TQ,
                                       //传播段——2TQ,PS1 = 5TQ,PS2 = 4TQ
    CAN_Write(CNF3, 0x43);             //配置寄存器 3,唤醒滤波器使能
    CAN_Write(TXRTSCTRL, 0x00);        //TXnRST 作为数字引脚,非发送请求引脚
/ * * * * * * * * * * * * * * * * * * 配置验收滤波器 0 * * * * * * * * * * * * * * * * * * */
    CAN_Write(RXF0SIDH, 0x00);         //标准标识符高字节
    CAN_Write(RXF0SIDL, 0x00 | EXIDE); //标准标识符低字节 "|EXIDE"仅容许接收扩展帧
    CAN_Write(RXF0EID8, 0x00);         //扩展标识符高字节
```

```
CAN_Write(RXF0EID0, 0x00);              //扩展标识符低字节
/******************配置验收滤波器 1******************/
CAN_Write(RXF1SIDH, 0x00);
CAN_Write(RXF1SIDL, 0x00);
CAN_Write(RXF1EID8, 0x00);
CAN_Write(RXF1EID0, 0x00);
/******************配置验收滤波器 2******************/
CAN_Write(RXF2SIDH, 0x00);
CAN_Write(RXF2SIDL, 0x00 | EXIDE);
CAN_Write(RXF2EID8, 0x00);
CAN_Write(RXF2EID0, 0x00);
/******************配置验收滤波器 3******************/
CAN_Write(RXF3SIDH, 0x00);
CAN_Write(RXF3SIDL, 0x00);
CAN_Write(RXF3EID8, 0x00);
CAN_Write(RXF3EID0, 0x00);
/******************配置验收滤波器 4******************/
CAN_Write(RXF4SIDH, 0x00);
CAN_Write(RXF4SIDL, 0x00 | EXIDE);
CAN_Write(RXF4EID8, 0x00);
CAN_Write(RXF4EID0, 0x00);
/******************配置验收滤波器 5******************/
CAN_Write(RXF5SIDH, 0x00);
CAN_Write(RXF5SIDL, 0x00);
CAN_Write(RXF5EID8, 0x00);
CAN_Write(RXF5EID0, 0x00);
/******************配置验收屏蔽滤波器 0******************/
CAN_Write(RXM0SIDH, 0x00);              //为 0 时,对应的滤波位不起作用
CAN_Write(RXM0SIDL, 0x00);
CAN_Write(RXM0EID8, 0x00);
CAN_Write(RXM0EID0, 0x00);
/******************配置验收屏蔽滤波器 1******************/
CAN_Write(RXM1SIDH, 0x00);
CAN_Write(RXM1SIDL, 0x00);
CAN_Write(RXM1EID8, 0x00);
CAN_Write(RXM1EID0, 0x00);
CAN_Write(CANCTRL, CAN_Normal_Mode);   //进入正常模式
do{
    num = CAN_Read(CANSTAT)&CAN_Normal_Mode;
    }
while(num! = CAN_Normal_Mode);         //判断是否进入正常工作模式
CAN_Write(BFPCTRL,0x00);               //RXnRST 禁止输出
```

```
CAN_Write(CANINTE,RX0IE);            //中断容许
/ * * * * * * * * * * * 配置发送缓冲区 0,发送标准数据帧到 ID:0x000 的 CAN 节点 * * */
CAN_Write(TXB0SIDH, 0x00);           //标准标识符高字节
CAN_Write(TXB0SIDL, 0x00);           //标准标识符低字节,"EXIDE"为 1 即发送扩展帧
CAN_Write(TXB0EID8, 0x00);           //扩展标识符高字节
CAN_Write(TXB0EID0, 0x00);           //扩展标识符低字节
/ * * * * * * * * * * * * * * * 配置发送缓冲区 1 * * * * * * * * * * * * * * * * * * */
CAN_Write(TXB1SIDH, 0x00);           //标准标识符高字节
CAN_Write(TXB1SIDL, 0x00);           //标准标识符低字节,"EXIDE"为 1 即发送扩展帧
CAN_Write(TXB1EID8, 0x00);           //扩展标识符高字节
CAN_Write(TXB1EID0, 0x00);           //扩展标识符低字节
/ * * * * * * * * * * * * * * * 配置发送缓冲区 2 * * * * * * * * * * * * * * * * * * */
CAN_Write(TXB2SIDH, 0x00);           //标准标识符高字节
CAN_Write(TXB2SIDL, 0x00);           //标准标识符低字节,"EXIDE"为 1 即发送扩展帧
CAN_Write(TXB2EID8, 0x00);           //扩展标识符高字节
CAN_Write(TXB2EID0, 0x00);           //扩展标识符低字节
CAN_Write(RXB0CTRL, 0x00);           //输入缓冲器 0 控制寄存器,接收所有符合滤波条
                                     //件的报文,滚存禁止,使能验收滤波寄存器 0
CAN_Write(RXB1CTRL, 0x00);           //输入缓冲器 0 控制寄存器,接收所有符合滤波条
                                     //件的报文
}
/ * * * * * * * * * * * * * * * * * * * * * * * * * * * * * * * * * * * * * * * * * * *
** 函数名称:Pro_CAN_ERROR()
** 功能描述:CAN 总线错误处理
* * * * * * * * * * * * * * * * * * * * * * * * * * * * * * * * * * * * * * * * * * * /
void Pro_CAN_ERROR(void)
{
    unsigned char num;
    num = CAN_Read(EFLG);            //读错误标志寄存器,判断错误类型
    if(num & EWARN)                  //错误警告寄存器,当 TEC 或 REC 大于等于 96 时置 1
    {
        CAN_Write(TEC, 0);
        CAN_Write(REC, 0);
    }
    if(num & RXWAR)                  //当 REC 大于等于 96 时置 1
    {  ;    }
    if(num & TXWAR)                  //当 TEC 大于等于 96 时置 1
    {  ;    }
    if(num & RXEP)                   //当 REC 大于等于 128 时置 1
    {  ;    }
    if(num & TXEP)                   //当 TEC 大于等于 128 时置 1
    {  ;    }
```

```
    if(num & TXBO)                    //当 TEC 大于等于 255 时置 1
    { ; }
    if(num & RX0OVR)                  //接收缓冲区 0 溢出
    {
        ;     //根据实际情况处理,一种处理办法是发送远程桢,请求数据重新发送
    }
    if(num & RX1OVR)                  //接收缓冲区 1 溢出
    {
        ;
    }
}
/******************************************************************
** 函数名称: Set_CAN_Baudrate(unsigned int baudrate)
** 功能描述: 设置 CAN 总线波特率
** 备注:      晶振 24MHz
**            baudrate = [1000,500,250,200,100,50,25,20]K
******************************************************************/
void Set_CAN_Baudrate(unsigned int baudrate)
{
    unsigned char BRP;
    unsigned char num;
    switch(baudrate)
    {
        case 1000:      BRP = 0; break;
        case 500:       BRP = 1; break;
        case 250:       BRP = 3; break;
        case 200:       BRP = 4; break;
        case 100:       BRP = 9; break;
        case 50:        BRP = 19; break;
        case 25:        BRP = 39; break;
        case 20:        BRP = 49; break;
        default:        break;
    }
    CAN_Write(CANCTRL, CAN_Config_Mode);              //进入配置模式
    do
    {
        num = CAN_Read(CANSTAT) & CAN_Config_Mode;
    }
    while(num != CAN_Config_Mode);                    //判断是否进入配置模式
    CAN_Write(CNF1, BRP);                             //配置寄存器 1
    CAN_Write(CANCTRL, CAN_Normal_Mode);             //进入正常模式
    do
```

```
    {
        num = CAN_Read(CANSTAT) & CAN_Normal_Mode;
    }
    while(num ! = CAN_Normal_Mode);                     //判断是否进入正常工作模式
}
/* ***********************************************************
函数名称：CAN_Read()
功能描述：CAN 读函数
返回值   ：读取地址的数据内容
*********************************************************** */
unsigned char CAN_Read(unsigned char address) reentrant
{
    unsigned char num;
    CAN_CS = 0;                                         //选中 MCP2515
    SPI_Write(CAN_I_READ);                              //发送读命令
    SPI_Write(address);                                 //读取的地址
    num = SPI_Read();                                   //读取目的地址的内容
    CAN_CS = 1;                                         //退出 MCP2515
    return (num);                                       //返回读取的数据
}
/* ***********************************************************
** 函数名称：CAN_Write()
** 功能描述：CAN 写函数
*********************************************************** /
void CAN_Write(unsigned char address, unsigned char num) reentrant
{
    CAN_CS = 0;
    SPI_Write(CAN_I_WRITE);                             //发送写命令
    SPI_Write(address);                                 //要写入的地址
    SPI_Write(num);                                     //要写入的内容
    CAN_CS = 1;
}
/* ***********************************************************
** 函数名称：
void CAN_TX_D_Frame(unsigned char buffer_num,unsigned char data_num,unsigned char * Ptr)
** 功能描述：CAN 发送数据信息帧
** 参数说明：buffer_num - 发送缓冲器编号,data_num - 数据量, * Ptr - 待发送数据指针
*********************************************************** /
void CAN_TX_D_Frame(unsigned char buffer_num,unsigned char data_num,unsigned char * Ptr)
{
    unsigned char i;
    if(data_num>8)
```

```
            {
                return ;
            }
        else
            {
                switch(buffer_num)                              //判断发送缓冲器编号
                {
                    case 0:
                        CAN_Write(TXB0DLC,data_num);            //数据量
                        for(i = 0;i<data_num;i++)
                        {
                            CAN_Write(TXB0D_BASE + i, * (Ptr + i));    //写入数据
                        }
                        CAN_Write(TXB0CTRL, TXREQ | 0x03);    //最高优先级,请求发送数据
                        break;
                    case 1:
                        CAN_Write(TXB1DLC,data_num);            //数据量
                        for(i = 0;i<data_num;i++)
                        {
                            CAN_Write(TXB1D_BASE + i, * (Ptr + i));    //写入数据
                        }
                        CAN_Write(TXB1CTRL, TXREQ | 0x03);    //最高优先级,请求发送数据
                        break;
                    case 2:
                        CAN_Write(TXB2DLC,data_num);            //数据量
                        for(i = 0;i<data_num;i++)
                        {
                            CAN_Write(TXB2D_BASE + i, * (Ptr + i));    //写入数据
                        }
                        CAN_Write(TXB2CTRL, TXREQ | 0x03);    //最高优先级,请求发送数据
                        break;
                    default:
                        break;
                }
            }
        }
/*********************************************************************
** 函数名称: void CAN_TX_R_Frame(unsigned char buffer_num)
** 功能描述: CAN 发送远程信息帧
** 参数说明: buffer_num - 发送缓冲器编号
*********************************************************************/
void CAN_TX_R_Frame(unsigned char buffer_num)
```

```
    {
        switch(buffer_num)
        {
            case 0:
                CAN_Write(TXB0DLC,RTR);                    //远程帧
                CAN_Write(TXB0CTRL, TXREQ | 0x03);         //最高优先级,请求发送数据
                break;
            case 1:
                CAN_Write(TXB1DLC,RTR);                    //远程帧
                CAN_Write(TXB1CTRL, TXREQ | 0x03);         //最高优先级,请求发送数据
                break;
            case 2:
                CAN_Write(TXB2DLC,RTR);                    //远程帧
                CAN_Write(TXB2CTRL, TXREQ | 0x03);         //最高优先级,请求发送数据
                break;
            default:
                break;
        }
    }
```

```
/***********************************************************
** 函数名称: SPI_Write()
** 功能描述: SPI 写函数
***********************************************************/
static void SPI_Write(unsigned char num)
{
    unsigned char i;
    for(i = 0; i < 8; i++)
    {
        if(num & 0x80)
        { CAN_MOSI = 1; }
        else
        { CAN_MOSI = 0; }
        CAN_SCK = 0;
        _nop_();
        CAN_SCK = 1;
        _nop_();
        num = num * 2;
    }
}
```

```
/***********************************************************
** 函数名称: SPI_Read()
```

```
** 功能描述：SPI 读函数
******************************************************** /
static unsigned char SPI_Read(void)
{
    unsigned char num = 0,i;
    for(i = 0; i < 8; i++)
    {
        CAN_SCK = 0;
        _nop_();
        num = num * 2;
        if(CAN_MISO)
        { num |= 0x01; }
        else
        { num &= 0xfe; }
        CAN_SCK = 1;
        _nop_();
    }
    return(num);
}
```

说明：

```
static  void        SPI_Write(unsigned char num);        //SPI 写函数
static  unsigned char  SPI_Read(void);                   //SPI 读函数
```

这两个函数前均有 static，表明函数为静态函数。使用静态函数使得函数只在其所在的模块程序中有效，利于程序的模块化设计。通俗地讲，在其他模块程序中也可以定义与此模块中静态函数的"同名函数"，这不会引起在整个程序中存在同名函数而发生调用函数的混乱现象。

3.4.3 完整的 CAN 总线学习板发送源程序

```
/**********************************************************
main.c
说明:MCP2515 实验的发送程序,实现简单的数据发送功能,程序仅供参考,请根据实际情况
    编写适合自己项目的程序
**********************************************************/
# include <REG52.H>
# include "MCP2515.h"
# include "MCP2515.c"
sbit LED_g = P3^4;                    //定义 LED 指示灯
sbit LED_r = P3^5;
bit  flag = 0;                        //定义位标志
```

```
unsigned char TX_DATA[8];                    //CAN 发送缓冲区
unsigned char RX_DATA[8];                    //CAN 接收数据缓冲区
/ * * * * * * * * * * * * * * * * * * * * * * * * * * * * * * * * * * * * * * *
** 函数名称: delayms(unsigned int num)
** 功能描述: 延时,变量 num 越大,延时越长。
 * * * * * * * * * * * * * * * * * * * * * * * * * * * * * * * * * * * * * * * /
void delayms(unsigned int num)
{
    unsigned int i,j;
    for(i = 0; i < num; i ++)
    {
        for(j = 0; j < 619; j ++);
    }
}


/ * * * * * * * * * * * * * * * * * * * * * * * * * * * * * * * * * * * * * * *
** 函数名称: CAN_ISR()
** 功能描述: CAN 中断处理函数,响应 INT1 中断
 * * * * * * * * * * * * * * * * * * * * * * * * * * * * * * * * * * * * * * */
void CAN_ISR(void) interrupt 2
{
    unsigned char num1,num2,num3;
    unsigned int num;
    unsigned int i;
    LED_g = ~LED_g;                          //指示灯状态变化
    num1 = CAN_Read(CANINTF);                //读中断标志寄存器,根据中断类型,分别处理
    if(num1 & MERRF)                         //报文错误中断
    {
        CAN_Write(CANINTF, num1 & ~MERRF);   //清中断标志
    }
    if(num1 & WAKIF)                         //唤醒中断
    {
        CAN_Write(CANINTF, num1 & ~WAKIF);   //清中断标志
        CAN_Write(CANCTRL, CAN_Normal_Mode); //唤醒后,在仅监听模式,须设置进入
                                             //正常工作模式
        do                                   //判断是否进入正常工作模式
        {
            num = CAN_Read(CANSTAT);
        }
        while(num ! = CAN_Normal_Mode);
    }
    if(num1 & ERRIF)                         //错误中断
```

```
    {
        CAN_Write(CANINTF, num1 & ~ERRIF);           //清中断标志
        Pro_CAN_ERROR();                             //分别处理各个错误
    }
    if(num1 & TX2IF)                                 //发送 2 成功中断
    {
        CAN_Write(CANINTF, num1 & ~TX2IF);           //清中断标志
    }
    if(num1 & TX1IF)                                 //发送 1 成功中断
    {
        CAN_Write(CANINTF, num1 & ~TX1IF);           //清中断标志
    }
    if(num1 & TX0IF)                                 //发送 0 成功中断
    {
        CAN_Write(CANINTF, num1 & ~TX0IF);           //清中断标志
    }
    if(num1 & RX1IF)                                 //接收 1 成功中断
    {
        CAN_Write(CANINTF, num1 & ~RX1IF);           //清中断标志
    }
    if(num1 & RX0IF)                                 //接收 0 成功中断
    {
        CAN_Write(CANINTF, num1 & ~RX0IF);           //清中断标志
        num2 = CAN_Read(RXB0SIDL);
        num3 = CAN_Read(RXB0DLC);
        num = num3 & 0x0f;                           //求数据长度
        if(num2 & IDE)                               //收到扩展帧
        {
            if(num3 & RTR)                           //远程帧,则读取标识符,按照此标识符
                                                     //发送要求的数据
            { ; }
            else                                     //数据帧,接收处理数据
            {
                for(i = 0; i < num; i++)
                {
                    RX_DATA[ i ] = CAN_Read(RXB0D_BASE + i);
                }
            }
        }
        else                                         //收到标准帧
        {
            if(num2 & SRR)                           //远程帧,则读取标识符,按照此标识符
```

```
                                        //发送要求的数据
            { ; }
        else                            //数据帧,接收处理数据
          {
            for(i = 0; i < num; i ++ )
              {
                RX_DATA[ i ] = CAN_Read(RXB0D_BASE + i);
              }
          }
        }
      }
    flag = 1;
}
/ ***********************************************************
** 函数名称: InitSys()
** 函数功能: 初始化系统
*************************************************************/
void InitSys(void)
{
    IT1 = 0;
    EX1 = 1;                            //外部中断 1 允许
    EA = 1 ;                            //开放全局中断
}


/ ***********************************************************
** 函数名称: main()
** 功能描述: 主函数
*************************************************************/
void main(void)
{
    InitSys();                          //系统初始化
    CAN_Init();                         //CAN 初始化
    Set_CAN_Baudrate(100);              //设置 CAN 波特率 100 kbit/s
    CAN_Write(CANCTRL,CAN_Normal_Mode); //进入正常模式
    delayms(100);                       //小延时
    LED_g = 0;                          //点亮指示灯
    while (1)
    {
        CAN_TX_D_Frame(0, 8, &TX_DATA[0]);   //通过 CAN 发送缓冲区 0 发送 8 个字节
                                             //的数据帧

        delayms(300);
        LED_r = ~LED_r;                 //指示灯取反
    }
```

3.4.4 完整的 CAN 总线学习板 CAN 转 232 串口源程序

```c
/*******************************************************
** main.c
** MCP2515 实验的接收程序,实现 CAN 到 232 串口的基本转换功能,仅供参考
*******************************************************/
# include <reg52.h>
# include "MCP2515.h"
# include "MCP2515.c"
sbit LED_g = P3^4;
sbit LED_r = P3^5;
bit   flag = 0;
unsigned char TX_DATA[8];   //CAN 发送数据数组
unsigned char RX_DATA[8];   //CAN 接收数据数组
/*******************************************************
** 函数名称: delayms()
** 功能描述: 延时
*******************************************************/
void delayms(unsigned int num)
{
    unsigned int i,j;
    for(i = 0; i < num; i ++)
    {
        for(j = 0; j < 619; j ++);
    }
}


/*******************************************************
** 函数名称: CAN_ISR()
** 功能描述: CAN 中断处理函数 INT1
*******************************************************/
void CAN_ISR(void) interrupt 2
{
    unsigned char num1,num2,num3;
    unsigned int num;
    unsigned int i;
    LED_g = ~LED_g;
    num1 = CAN_Read(CANINTF);              //读中断标志寄存器,根据中断类型,分别处理
    if(num1 & MERRF)                       //报文错误中断
    {
        CAN_Write(CANINTF, num1 & ~MERRF);  //清中断标志
    }
    if(num1 & WAKIF)                       //唤醒中断
    {
        CAN_Write(CANINTF, num1 & ~WAKIF);  //清中断标志
```

```
        CAN_Write(CANCTRL, CAN_Normal_Mode);  //唤醒后,在仅监听模式,须设置进入正常
                                              //工作模式
        do
        {
            num = CAN_Read(CANSTAT);
        }
        while(num != CAN_Normal_Mode);        //判断是否进入正常工作模式
    }
    if(num1 & ERRIF)                          //错误中断
    {
        CAN_Write(CANINTF, num1 & ~ERRIF);    //清中断标志
        Pro_CAN_ERROR();                      //分别处理各个错误
    }
    if(num1 & TX2IF)                          //发送 2 成功中断
    {
        CAN_Write(CANINTF, num1 & ~TX2IF);    //清中断标志
    }
    if(num1 & TX1IF)                          //发送 1 成功中断
    {
        CAN_Write(CANINTF, num1 & ~TX1IF);    //清中断标志
    }
    if(num1 & TX0IF)                          //发送 0 成功中断
    {
        CAN_Write(CANINTF, num1 & ~TX0IF);    //清中断标志
    }
    if(num1 & RX1IF)                          //接收 1 成功中断
    {
        CAN_Write(CANINTF, num1 & ~RX1IF);    //清中断标志
    }
    if(num1 & RX0IF)                          //接收 0 成功中断
    {
        CAN_Write(CANINTF, num1 & ~RX0IF);    //清中断标志
        num2 = CAN_Read(RXB0SIDL);
        num3 = CAN_Read(RXB0DLC);
        num = num3 & 0x0f;                    //求数据长度
        if(num2 & IDE)                        //收到扩展帧
        {
          if(num3 & RTR)        //远程帧,则读取标识符,按照标识符发送要求的数据
          { ; }
          else                  //Buffer 0 接收到扩展数据帧,数据长度为 num,接收处理数据
            {
                for(i = 0; i < num; i++)
                {
                    RX_DATA[ i ] = CAN_Read(RXB0D_BASE + i);
                }
```

```
        }
    }
    else                     //Buffer 0 收到标准远程帧
    {
        if(num2 & SRR)       //远程帧,则读取标识符,按照此标识符发送要求的数据
        { ; }
        else                 //Buffer 0 接收到标准数据帧,数据长度为 num,接收处理数据
        {
            for(i = 0; i<num; i++)
            {
                RX_DATA[i] = CAN_Read(RXB0D_BASE + i);
            }
        }
    }
}
    flag = 1;                //标志位置位
}
/* * * * * * * * * * * * * * * * * * * * * * * * * * * * * * * * * * * * *
** 函数名称: InitSys()
** 功能描述: 初始化单片机中断、定时器、串口
* * * * * * * * * * * * * * * * * * * * * * * * * * * * * * * * * * * * */
void InitSys(void)
{
    //------------------------------ 串口、定时器
    TMOD = 0x20;             //定时器 1 设为方式 2
    TL1 = 0xFD;              //定时器初值
    TH1 = 0xFD;
    SCON = 0x50;            //串口设为方式 1,REN = 1 允许接收
    TR1 = 1;                //启动定时器 1
    ES = 1;                 //开串行中断
    //---------------------------- INT1
    IT1 = 0;
    EX1 = 1;
    EA = 1 ;
}
/* * * * * * * * * * * * * * * * * * * * * * * * * * * * * * * * * * * * *
** 函数名称: main()
** 功能描述: 主函数
* * * * * * * * * * * * * * * * * * * * * * * * * * * * * * * * * * * * */
void main(void)
{
    unsigned char j;
    InitSys();
    CAN_Init();             //CAN 初始化
    Set_CAN_Baudrate(100);  //设置 CAN 波特率 100 kHz
```

```
CAN_Write(CANCTRL,CAN_Normal_Mode);
delayms(100);
LED_g = 0;
while (1)
{
    // --------------------------------------- 向串口发送接收到的 CAN 数据
    if(flag == 1)                //如果标志位置位
    {
        ES = 0;
        for(j=0;j<8;j++)   //向串口发送 8 字节的一组数据
        {
            SBUF = RX_DATA[j];
            while(TI == 0)
            {}
            TI = 0;
        }
        ES = 1;
        flag = 0;            //标志位清零
        LED_r = ~LED_r;      //指示灯取反
    }
}
}
```

3.5　芯片 SJA1000 和 MCP2515 在滤波器设置时的区别

两者滤波器设置的有关内容主要区别是 MCP2515 具有两个接收缓冲区 RXB0 和 RXB1：RXB0 是具有较高优先级的缓冲器，配置有一个屏蔽滤波寄存器和两组验收滤波寄存器。接收到的报文首先在 RXB0 中进行屏蔽滤波；RXB1 是优先级较低的缓冲器，配置有一个屏蔽滤波寄存器和 4 组验收滤波寄存器。报文除了首先在 RB0 中进行屏蔽滤波外，由于 RB0 的验收滤波寄存器数量较少，因此 RB0 接收匹配条件更为严格，表明 RB0 具有较高的优先级。MCP2515 的接收缓冲器功能框图如图 3-7 所示。

SJA1000 只有一个接收缓冲区、一组验收屏蔽寄存器、一组验收滤波寄存器。BasicCAN 模式下 SJA1000 滤波器设置较为简单，PeliCAN 模式下的滤波器设置可以分为单滤波器配置和双滤波器配置，其接收缓冲器功能框图如图 3-8 所示。

相比较而言，MCP2515 的滤波器设置更为灵活，可以多滤波器匹配：如果接收报文符合一个以上滤波寄存器的接收条件，则 FILHIT 位中的二进制代码将反映其中编号最小的滤波寄存器。例如，如果滤波器 RXF2 和 RXF4 同时与接收报文匹配，则 FILHIT 中将装载 RXF2 编码值，这实际上为编号较小的验收滤波寄存器赋予了较高的优先级。接收报文将按照编号升序依次与滤波寄存器进行匹配比较，这意味着

RXB0 的优先级比 RXB1 高。

图 3 – 7 MCP2515 的接收缓冲器功能框图

(a) 单滤波器配置   (b) 双滤波器配置

图 3 – 8 PeliCAN 模式下 SJA1000 的接收缓冲器功能框图

第 **4** 章

CAN 总线在 A/D 采集控制板
传输中的应用

4.1 ADμC812 单片机简介

4.1.1 ADμC812 单片机主要性能及引脚说明

ADμC812 是将 A/D 转换器和单片机内核集成在一块芯片上的数据采集芯片，是高度集成的高精度 12 位数据采集系统，其内含 8 通道高精度 12 位 A/D 转换器；高达 200 kHz 的采样转换速率；可通过 DMA 控制器实现由 ADC 到外部数据存储器之间的高速数据存储；片内还包含 2 个 12 位 D/A 转换器；片内包含有温度传感器；片内集成有和 8051 兼容的 MCU 内核，工作频率为 12 MHz，最高可达 16 MHz，MCU 上带有 3 个 16 位定时/计数器、9 个中断源、两级中断优先级；片内带 8 KB 的 Flash 程序存储器，640 字节 Flash 数据存储器以及 256 字节的片内 RAM 数据存储器，同时还可扩展 16 MB 外部数据存储器以及 64 KB 的程序存储器；低电压 3 V 或 5 V 供电，有节电模式；带 UART 和 SPI 串行接口；带看门狗定时器。

ADμC812 共有 52 个引脚，使用 4 个通用数据端口 P0～P3 与外部器件进行数据交换。其功能框图如图 4－1 所示。

与以往的 80C51 单片机不同，ADμC812 具有独特的在线调试和下载功能，由支持 ADμC812 的开发工具包 QuickStart 来提供。通过开发系统与 ADμC812 的串口通信，可直接对用户系统进行调试，并在调试完成后将已调试好的程序下载到 ADμC812 中。

ADμC812 有许多引脚具有双功能，各引脚功能简要说明如下：

P0.0～P0.7：P0 口，8 位双向 I/O 口。在访问外部存储器时，可以分时用作低 8 位地址线和 8 位数据线，编程时用于数据的输入/输出。

P1.0～P1.7：P1 口，8 位输入端口。与其他端口不同，端口 1 默认为模拟输入端

图 4-1 ADμC812 功能框图

口。端口 1 的引脚是多功能和共享的,本文设计的功率测试系统没有用到其他功能,故引脚 1 的其他功能不再叙述。

P2.0～P2.7:P2 口,8 位双向 I/O 口。在访问外部存储器时,输出高 8 位地址,在访问 24 位外部存储器时发出中和高地址字节。

P3.0～P3.7:P2 口,8 位双向 I/O 口。端口 3 的引脚包括各种辅助功能,辅助功能表如表 4-1 所列。

ALE:地址锁存控制信号。在系统扩展时,ALE 用于把 P0 口输出中的低 8 位地址送到锁存器锁存起来,以实现低位地址和数据的隔离。当系统中未使用外部存储器时,由于 ALE 是以晶振 1/6 的固定频率输出的正脉冲,因此可作为外部时钟或外部定时脉冲使用。

$\overline{PSEN}$:外部程序存储器读选通信号。在读外部 ROM 时 $\overline{PSEN}$ 低电平有效,以实现外部 ROM 单元的读操作。内部 ROM 读取时,$\overline{PSEN}$ 不动作。

$\overline{EA}$:访问外部存储器控制信号。$\overline{EA}$ 高电平时,CPU 读取内部程序存储器(ROM);$\overline{EA}$ 低电平时,CPU 读取外部程序存储器(ROM)。

表 4 - 1 　 P3 口的辅助功能表（即第二功能表）

引　脚	第二功能	信号名称
P3.0	RXD	串行数据接收
P3.1	TXD	串行数据发送
P3.2	INT0	外部中断 0 申请
P3.3	INT1	外部中断 1 申请
P3.4	T0	定时/计数器 0 计数输入
P3.5	T1	定时/计数器 1 计数输入
P3.6	WR	外部 RAM 写选通
P3.7	RD	外部 RAM 读选通

RESET：复位信号。当输入的信号连续 2 个机器周期以上为高电平时即为有效，用以完成单片机的复位初始化操作。

XTAL1 和 XTAL2：外接晶振引脚。当使用芯片内部时钟时，此二引脚用于外接石英晶体和微调电容；当使用外部时钟时，用于接外部时钟脉冲信号。

AV_{DD}：模拟正电源电压，额定值为 +5 V 或 +3 V。

DV_{DD}：数字正电源电压，额定值为 +5 V 或 +3 V。

AGND：模拟地，模拟电路的基准点。

DGND：数字地，模拟电路的基准点。

4.1.2　ADμC812 单片机 8 路 12 位 ADC 简介

ADμC812 内部的 A/D 转换块包含一个 5 μs 转换时间、8 通道（ADC0～ADC7）、12 位、单电源的 A/D 转换器；A/D 转换器由电容式 DAC 的常规逐次转换器组成，此模块为用户提供了多通道多路转换器、跟踪/保持、片内基准、校准特性。模块内的所有部件能方便地通过 3 个寄存器 SFR 接口来设置。ADC 具有单独的模拟电源和参考电压，可最大限度地减少数字电路的干扰。转换器接收的模拟电压输入范围为 0～+V_{REF}；在此范围内，设计的代码跳变发生在连续的整数 LSB 值的中间。当 V_{REF}=2.5 V 时，输出码是直接的二进制数，1 LSB=F_S/4 096 或 2.5 V/4 096=0.61 mV，在 0～V_{REF}范围内理想的输入/输出转移特性如图 4-2 所示。

4.1.3　ADμC812 单片机 ADC 基准电压

ADC 的 2.5 V 基准电压既可由片内提供，片内提供高精度、低漂移并经厂家校准的 2.5 V 基准电压；也可由外部基准经 V_{REF}引脚驱动，外部基准在 2.3 V～AV_{DD}的范围内（图 4-3）。

若使用内部基准，则在 V_{REF}、C_{REF}引脚与 AGND 之间都连接 0.1 μF 电容，以便去耦,如图 4-4 所示。注意,这些去耦电容应放在紧靠 V_{REF} 和 C_{REF} 引脚处。

图 4-2 ADμC812 的 ADC 转移函数

图 4-3 使用外部基准电压时的应用电路

图 4-4 使用内部基准电源时的应用电路

由于片内基准高精度、低漂移且经工厂校准,并且当 ADC 或 DAC 使能时,在 V_{REF} 引脚会出现此基准电压。因此,在进行系统扩展时,可将片内基准作为一个 2.5 V 的参考电源来使用。若要把片内基准用到微转换器之外,则应在 V_{REF} 引脚上缓冲并在此引脚与 AGND 之间连接 0.1 μF 电容。

ADμC812 装有工厂编程的校准系数,在上电时自动下载到 ADC,以确保最佳的 ADC 性能。ADC 核包括内部失调和增益校准寄存器,所提供的软件校准子程序可允许用户在需要时重写工厂编程的校准系数,以便用户目标系统中端点误差的影响最小。

与其他 ADC 芯片相比,ADμC812 的 ADC 模块有一个缺点,就是 ADC 正常工作的模拟输入范围为 0~+2.5 V;而允许输入的电压范围只能为正电压(0~+5 V)。若输入的模拟电压超过+2.5 V(最大值为+5 V),ADC 的采样结果为最大值

（0FFFH），虽然结果不对，但并没有影响 ADμC812 正常工作。但是，一旦输入负的模拟电压，则会影响 ADμC812 正常工作，表现为 ADC 的基准电压（$V_{REF} = +2.5$ V）消失和采样结果不正确；且若长时间输入负电压，将有可能损坏芯片。

　　如果采集的电压超过 2.5 V，范围为 2.5～5 V，那么可以在 ADμC812 外部接入 5 V 的基准电压；如果采集的电压存在负电压，或者电压幅值超过 5 V，则需要通过电压调理电路，把电压调理到 0～5 V。图 4 - 5 是把输入电压从 −5～+5 V 调理为 0～+5 V 的电路原理图。图中先将 −5～+5 V 电压进行 1/2 衰减，然后经过运算放大器 LM7171AIM 引入 2.5 V 偏置电压，最终 LM7171AIM 的第 6 引脚输出符合 ADμC812 采集要求的电压范围 0～+5 V，此时 ADμC812 采用 5 V 的外部基准电源。

图 4 - 5　输入电压调理电路

4.1.4　ADμC812 单片机 ADC 的输入驱动

　　ADμC812 内部的 8 通道 ADC 是由基于电容 ADC 的常规逐次逼近转换器组成的，ADC 结构示意图如图 4 - 6 所示。每次 ADC 采样转换分为两个阶段：取样阶段和转换阶段。取样阶段，SW1 和 SW2 在 TRACK 位置，对模拟输入的电压成比例地输入到取样电容；转换阶段，SW1 和 SW2 在 HOLD 位置，电容器 DAC 经过内部的 SAR 逻辑调整，直到节点 A 上的电压为 0 V，即电容 DAC 输出的电荷和输入电容器上采样输入的电荷相平衡。SAR 的控制、采样方式、定时都是由内置的 ADC 控制逻辑自动控制的。

图 4 - 6 内部 ADC 结构图

需要注意的是,无论什么时候,只要应用到 ADC 通道转换,来自 2 pF 取样电容的驻留电荷都会产生瞬间的冲击。因此,需要在采样开关切换到 HOLD 方式之前,信号源必须消除这一瞬间的冲击,方法有两种:软件延时或硬件上使用快速的运算放大器。可以在软件中插入小延时,以便在通道选择之后和通道转换之前的信号稳定下来;通过硬件上使用快速运算放大器的方法可以减轻软件设计的复杂度,要求运算放大器在少于 300 ns 的时间内把信号稳定下来,以达到 ADC 所要求的性能。

推荐的模拟输入驱动电路如图 4 - 7 所示。图 4 - 7 所示电路的截止频率远在纳奎斯特频率之上。RC 电路有助于消除一些高频率的噪声,但是其主要功能是抑制 ADC 输入极在转换通道时的冲击。图 4 - 7 中的 0.01 μF 的电容容量是 2 pF 取样电容的 4 096 倍以上。因此,当先前通道 2 pF 取样电容的电荷被投到它上面的时候,0.01 μF 电容上的电压变化不到 12 位转换分辨率的最低有效位,即一个 LSB。

图 4 - 7 中的肖特基二极管是为了限制输入引脚电压。如果运算放大器的电源和 ADμC812 相同,运算放大器不会输出高于 V_{DD} 或低于 GND(AGND)的电压时,可以不要这两个肖特基二极管。

图 4-7　推荐的模拟输入驱动电路

除非信号源是非常低的输出阻抗,由运算放大器构成的驱动器都是有必要的。由于 ADμC812 存在直流泄露电流,大约 100 Ω 的源阻抗可产生明显的误差,表 4-2 列出了源阻抗和误差的关系。

表 4-2　源阻抗与误差

源阻抗/Ω	1 μA 漏电流时产生的误差	10 μA 漏电流时产生的误差
61	61 μV=0.1 LSB	610 μV=1 LSB
610	610 μV=1 LSB	6100 μV=10 LSB

为了保证 ADC 操作的准确性,需要保证每个模拟输入的源阻抗低于 61 Ω。

图 4-7 中放大器的增益为 1。实际应用中,涉及用仪器放大器调理信号时,可以采用任何增益的放大器,现代的运算放大器都能够输出 0 V~V_{REF} 范围的引脚电压,且保证信号不会有显著的失真。表 4-3 列出了适合 ADμC812 的 ADC 输入采集端的一些轨-轨快速运算放大器。

表 4-3　可用于 ADC 输入驱动的一些轨-轨快速运算放大器

运算放大器型号	主要特点
OP181/281/481	微功耗
OP191/291/491	I/O 接近 V_{DD} 电压,低成本
OP196/296/496	I/O 接近 V_{DD} 电压,低成本,微功耗
OP183/283	高增益-带宽乘积
OP162/262/462	高增益-带宽乘积,小体积
AD820/822/824	FET 输入,低成本
AD823	FET 输入,高增益-带宽乘积

4.1.5　ADμC812 单片机 ADC 工作模式

ADμC812 通过 ADCCON1、ADCCON2、ADCCON3 这 3 个特殊功能寄存器来控制 A/D 转换,转换结果可保存在 ADCDATAH 和 ADCDATAL 这 2 个特殊功能寄存器中,转换数据的低 8 位保存在 ADCDATAL 寄存器中,而高 4 位保存在 ADC-DATAH 的低 4 位中,ADCDATAH 的高 4 位用来保存采样的通道号。如果采样数据较大,如以 200 kHz 的速率对被输入的模拟信号进行连续采样,则必须用 DMA 模式将采样数据直接保存在外部数据存储器中,采样结束后再对数据进行处理。

3 个控制寄存器的功能如下:

① ADCCON1 寄存器控制转换和采集时间、硬件转换模式以及掉电模式。

SFR 地址: FFH

SFR 上电默认值:20H

位可寻址: 无

各位的功能如下:

MD1	MD0	CK1	CK0	AQ1	AQ0	T2C	EXC

其中,MD1、MD0 选择工作模式为:

MD1	MD0	工作模式
0	0	节电模式
0	1	正常模式
1	0	在没有转换时进入节电模式
1	1	在没有转换时进入备用模式

CK1、CK0 选择主时钟分频系数,从主时钟分频来产生 ADC 时钟,CK1~0 为 00~11,分别按 1、2、4、8 分频。

AQ1、AQ0 选择 ADC 采样保持时钟,分频系数从 ADC 时钟分频产生,AQ1~0 为 00~11 时分别按 1、2、4、8 分频。

T2C:定时器 2 溢出触发位,置位该位可使用定时器 2 的溢出信号作为 ADC 转换触发信号。

EXC:ADC 转换外部触发使能位,置位该位可由外部引脚(CONVST)来触发 ADC 转换。

② ADCCON2 寄存器控制 ADC 通道选择和转换模式。

SFR 地址: D8H

SFR 上电默认值:00H

位可寻址: 是

ADCI	DMA	CCONV	SCONV	CS3	CS2	CS1	CS0

其中,ADCI 为中断标志位;DMA 为 DMA 模式使能位;CCONV 为连续转换模式使能位;SCONV 为单次转换模式使能位;CS3、CS2、CS1、CS0 为通道选择位,用户通过程序指定须进行 A/D 转换的通道。CS3~0 为 0000~0111 时指示 8 个通道号,1000 时指示温度传感器,1111 为 DMA 终止信号,其他情况保留。

③ ADCCON3 用于给出 ADC 状态指示位,只有第 7 位为 BUSY 位,其他位保留,BUSY 位为只读位。在一个有效的 ADC 转换或校验周期中,该位为"1";当转换

或校验结束后,该位清零。

SFR 地址:　　　　F5H

SFR 上电默认值:00H

位可寻址:　　　　无

BUSY	RSVD	RSVD	RSVD	RSVD	RSVD	RSVD	RSVD

通过设置 ADCCON1 和 ADCCON2 两个寄存器,可使 ADC 处于 3 种不同的工作模式:一种是单步转换模式,一种是连续转换模式,还有一种是 DMA 工作模式。用软件或通过把转换信号加至外部引脚 23(CONVST)可以启动单步或连续转换模式,同时还可设置定时器 2 的溢出位,用作 ADC 转换起始触发脉冲输入。

DMA 工作模式与其他两种工作模式有显著不同,若配置 ADC 工作在 DMA 工作模式,则 ADC 块将进行连续转换并把采样值捕获到外部 RAM 空间,而不需要来自 MCU 核的任何干预,这种自动捕获功能可以扩展到 16 MB 的外部数据存储器空间。值得注意的是,若工作于 DMA 工作模式,将要求用户在中断服务子程序中用 5 μs 的时间完成中断服务、读 ADC 结果并为进一步的后续处理存储结果,否则下一次 ADC 采样可能会丢失。这一限制条件是由于 ADμC812 已把片内 ADC 设计成能运行在每 5 μs 采样一次的最高速度(即 200 kHz 采样速率)。因此,在 ADμC812 不能支持中断速率的应用中,可采用 DMA 模式。

4.2　带有 CAN 总线的 A/D 采集控制板实物图

ADμC812 单片机 CAN 总线学习板如图 4-8 所示,特点如下:

图 4-8　ADμC812 单片机 CAN 总线学习板

① 学习板采用 DC +5 V 供电或 USB 供电。

② 学习板采用的主要芯片如下:

ⓐ ADμC812 单片机,可以实现串口下载程序,不需要编程器下载程序。

ⓑ CAN 总线控制器 SJA1000。

ⓒ CAN 总线收发器。可以选用 TJA1040、TJA1050、P82C250。其中,TJA1040、TJA1050 引脚兼容,如果选用 P82C250,需要在其第 8 引脚加 47 kΩ 的斜率电阻。

③ 支持 RS‐232 串口与 CAN 总线之间数据的相互转换。

④ CAN 总线波特率可调为 20 kbit/s、40 kbit/s、50 kbit/s、80 kbit/s、100 kbit/s、125 kbit/s、200 kbit/s、250 kbit/s、400 kbit/s、500 kbit/s、666 kbit/s、800 kbit/s、1 000 kbit/s。

⑤ 采用 DC/DC 电源隔离模块 B0505D‐1W 实现电源隔离。

⑥ 程序支持 BasicCAN 和 PeliCAN 模式(CAN2.0A 和 CAN2.0B),提供 C 语言和汇编语言程序。

⑦ 8 路 12 位精度的 ADC 采集功能,采样频率小于 200 kHz,采集的数据通过 CAN 总线发送。

⑧ ADC 采集的电压范围:0 V～X 或 0～2.5 V,其中,X 小于等于 5 V。ADμC812 单片机没有外接基准电压源时,ADC 采集的电压范围为 0～2.5 V。如果采集电压范围为 0～+5 V,需要在 ADμC812 单片机 CAN 总线学习板上焊接外部基准电压源,如 MAX875,PCB 板上面预留有芯片 MAX875 的焊接位置。

4.3 系统硬件电路设计

4.3.1 电路原理图

带有 CAN 总线的 A/D 采集控制板的电路原理如图4‐9所示,其采用 ADμC812 作为节点的微处理器。在 CAN 总线通信接口中采用 NXP 公司的独立 CAN 总线通信控制器 SJA1000,CAN 总线收发器可以选用 TJA1040、TJA1050 或 P82C250 芯片。

图 4‐9 为带有 CAN 总线的 ADC 采集控制板的硬件电路原理图。从图中可以看出,电路主要由 8 部分构成:微控制器 ADμC812、ADC 外部基准电压电路、ADC 采集电压调理电路、独立 CAN 通信控制器 SJA1000、CAN 总线收发器 TJA1040、DC/DC 电源隔离模块、高速光电耦合器 6N137、串口芯片 MAX202 电路。

ADμC812 通过控制 SJA1000 实现数据的接收和发送等通信任务。SJA1000 的 AD0～AD7 连接到 ADμC812 的 P0 口,其 CS 引脚连接到 ADμC812 的 P2.7,P2.7 为低电平"0"时,单片机可选中 SJA1000,单片机通过地址可控制 SJA1000 执行相应

或校验结束后,该位清零。

SFR 地址：　　　　F5H

SFR 上电默认值:00H

位可寻址：　　　　无

的读/写操作。SJA1000 的 RD、WR、ALE 分别与 ADμC812 的对应引脚相连。SJA1000 的 INT 引脚接 ADμC812 的 INT0,ADμC812 通过中断方式访问 SJA1000。ADμC812 对 SJA1000 进行功能配置和数据中断处理。ADμC812 和 SJA1000 之间的数据交换经过一组控制寄存器和一个 RAM 报文缓冲器完成。对于 ADμC812 而言,SJA1000 就像是其外围的 RAM 器件。对其操作时,只须片选选中 SJA1000,按照 SJA1000 的内部寄存器地址,对其进行读取、写入控制即可。

高速光耦 6N137 和 DC/DC 隔离模块 B0505D‐1W 可以提高 CAN 总线的抗干扰能力。

TJA1040 与 CAN 总线的接口部分采用了一定的安全和抗干扰措施,和 51 系列单片机 CAN 总线学习板中相同,此处不再赘述。

串口芯片 MAX202 电路用于带有 CAN 总线的 ADC 采集控制板下载程序,以及在线调试程序之用,也可以实现 CAN 总线转 232 串口数据转换功能。

4.3.2　采集信号的调理

ADC 外部基准电压电路选用 MAX875 芯片,这样采集电压的范围为 0～+5 V;ADC 采集电压调理电路中,ADC0 采集的电压范围为 0～+5 V,ADC1 采集的电压在没有调整之前为−5～+5 V,经过电压调理之后,变换为符合 ADμC812 采集电压要求的范围:0～+5 V,基准电压源 MAX873 和 15 MHz Rail‐to‐Rail 的精密放大器 OP162 提供 2.5 V 的偏执电压;SIGNAL1 信号经过 1/2 衰减电路后,电压范围变为−2.5～+2.5 V,在 2.5 V 的偏执电压的作用下经高速电压反馈放大器 LM7171 后,电压范围变为 0～+5 V。采集信号的电压调理电路如图 4‐10 所示。电压衰减电路如图 4‐11 所示。

图 4‐10　ADC1 采集信号的电压调理电路图

1/2 衰减电路:R 阻值=150 Ω,R1 阻值=37.5 Ω;

1/4 衰减电路:R 阻值=83.3 Ω,R1 阻值=93.75 Ω;

1/8 衰减电路:R 阻值=64.3 Ω,R1 阻值=196 Ω;

其中,37.5 Ω、83.3 Ω、93.75 Ω、64.3 Ω 是非标称电阻,需要用其他阻值的电阻并联获得近似值,具体如下:

37.5 Ω 的生成:49.9 Ω//150 Ω＝37.5 Ω;

83.3 Ω 的生成:510 Ω//100 Ω＝83.6 Ω;

93.75 Ω 的生成:196 Ω//180 Ω＝93.82 Ω;

64.3 Ω 的生成:180 Ω//100 Ω＝64.28 Ω;

图 4-11　电压衰减电路图

4.4　系统程序设计

4.4.1　流程图

ADμC812 单片机 CAN 总线学习板程序流程图如图 4-12 所示。

图 4-12　ADμC812 单片机 CAN 总线学习板程序流程图

4.4.2　子函数详解

ADμC812 单片机 CAN 总线学习板采用的是 CAN 总线控制器 SJA1000,有关的头文件 SJA1000.h 和子函数 SJA1000.c 注释详见 2.6.3 和 2.6.4 小节,这里不再赘述。

4.4.3　控制源程序

```c
/*********************************************************
**                        main.c
**              ADμC812 单片机 CAN 总线学习板程序
**描述:ADμC812 单片机的 7 路 ADC 采集 7 组电压数值,根据采集的结果确定 7 组开关量的
      状态,通过 CAN 总线把开关量状态传输出去
    *****************************************************/
#include<ADuC812.h>              //包含 ADμC812 头文件
#include<intrins.h>              //包含 8051 内部函数
#include<SJA1000.h>              //包含 SJA1000 头文件
#include<SJA1000.c>              //包含 SJA1000 函数库
/****************函数声明*****************************/
void    Init_T0(void);           //定时器 0 初始化
bit     Sja_1000_Init(void);     //SJA1000 初始化
void    Delay(unsigned int x);   //延时程序
void    adc_init(void);          //初始化 ADμC812 的 ADC 采集设置
void    InitCPU(void);           //初始化 CPU
void    Can_DATA_Rcv(void);      //CAN 总线数据接收后处理
void    Can_DATA_Send(void);     //CAN 发送数据
void    Can_error(void);         //发现错误后处理
void    Can_DATA_OVER(void);     //数据溢出处理
//*********************************************************
bit finish_adc = 0;              //定义 ADC 采集完成标志位
unsigned char   data adc_data[16],rcv_data[10];   //ADC 采集数组,接收数组
unsigned char        sec_data;    //定时长度变量
unsigned char        k;           //ADC 采集通道变化参数
unsigned char bdata can_send_date[10];  //发送数据 CAN 组,设置为可以位寻址
sbit CAN_RESET = P2^0;           //SJA1000 硬件复位控制位
//下面接收中断标志位、错误中断标志位、总线超载标志位的定义依据读入的 SJA1000 中断
//寄存器的位顺序
unsigned char bdata Can_INT_DATA;  //本变量用于存储 SJA1000 的中断寄存器数据
sbit rcv_flag = Can_INT_DATA^0;    //接收中断标志
sbit err_flag = Can_INT_DATA^2;    //错误中断标志
sbit Over_Flag = Can_INT_DATA^3;   //CAN 总线超载标志
/***********定义开关量各位在 CAN 总线发送数组中的对应位***********/
sbit OF0 = can_send_date[2]^7;     //第 0 组开关
sbit XD = can_send_date[2]^6;
sbit DD1 = can_send_date[2]^5;
sbit OF1 = can_send_date[2]^4;     //第 1 组开关
```

```
sbit CE = can_send_date[2]^3;
sbit YG = can_send_date[2]^2;
sbit OF2 = can_send_date[2]^1;      //第 2 组开关
sbit RD2 = can_send_date[2]^0;
sbit LD = can_send_date[3]^7;
sbit OF3 = can_send_date[3]^6;      //第 3 组开关
sbit WD1 = can_send_date[3]^5;
sbit WD2 = can_send_date[3]^4;
sbit OF4 = can_send_date[3]^3;      //第 4 组开关
sbit H4 = can_send_date[3]^2;
sbit LO4 = can_send_date[3]^1;
sbit INT4 = can_send_date[3]^0;
sbit DD4 = can_send_date[4]^7;
sbit OF5 = can_send_date[4]^6;      //第 5 组开关
sbit H5 = can_send_date[4]^5;
sbit LO5 = can_send_date[4]^4;
sbit INT5 = can_send_date[4]^3;
sbit DD5 = can_send_date[4]^2;
sbit OF6 = can_send_date[4]^1;      //第 6 组开关
sbit PL6 = can_send_date[4]^0;
sbit LO6 = can_send_date[5]^7;
sbit INT6 = can_send_date[5]^6;
sbit PLL6 = can_send_date[5]^5;
/*****************************************************************
 * 函数原型：void Delay(unsigned int x)
   函数功能：该函数用于程序中的延时。
 * 参数说明：unsigned int x 是设置的延时时间变量,数值越大,延时越长
 ****************************************************************/
void Delay(unsigned int x)
{
    unsigned int j;
    while(x--)
    {
        for(j=0;j<125;j++)
        {;}
    }
}
/*****************************************************************
 * 函数原型：void ex0_int(void) interrupt 0 using 1
   函数功能：外部中断 0 用于响应 SJA1000 的中断
 ****************************************************************/
void ex0_int(void) interrupt 0 using 1
{
    SJA1000_Address = INTERRUPT;        //指向 SJA1000 的中断寄存器地址
    Can_INT_DATA = * SJA1000_Address;
}
/*****************************************************************
```

```
* 函数原型: void T0_int(void) interrupt 1 using 2                *
  函数功能: 定时器 T0 中断,用于定时打开 T2,开始 ADC 采集。
*     说明: 定时器 T0 中断使用第二组寄存器                        *
  ************************************************************/
void T0_int(void) interrupt 1     using 2   //
{
    TR0 = 0;                              //定时器 0 停止
    sec_data -- ;                         //时间长度变量减 1
    if(sec_data == 0)                     //如果时间长度控制变量为零,则重新装入计数初值
    {
        sec_data = 0x30;
        TH0 = 0x80;
        TL0 = 0x60;
        TR2 = 1;                          //定时器 2 启动
    }
    TR0 = 1;                              //定时器 0 启动
}
/* * * * * * * * * * * * * * * * * * * * * * * * * * * * * * * * * * * * * *
  * 函数原型: void Init_T0(void)                  *
    函数功能: 定时器 T0 初始化,设置时间间隔,定时打开定时器 2,实现 ADC 的 7 个通道
            采集。
        说明: 定时的时间长度计算:十六进制 0X8060 换算为十进制数值为 32 864
            采用 11.0592 MHz 晶振,T0 工作在方式 1,故一次时钟中断的时间间隔是
            (65 536 - 32 864)× 12/11.059 2 = 35.451 ms.再考虑到定时时间长度变量的
            数值 TIME_data = 30,则发送一帧 CAN 数据的时间间隔为 35.451 ms× 30 = 1.064 s
  * * * * * * * * * * * * * * * * * * * * * * * * * * * * * * * * * * * * */
void Init_T0(void)
{unsigned char Tmod_data;
Tmod_data = TMOD;
Tmod_data& = 0xf0;
Tmod_data| = 0x01;
TMOD = Tmod_data;                         //定时器 0 设置为工作方式 1:16 位定时器
TH0 = 0x80;
TL0 = 0x60;                               //装入定时器 0 的定时初值
TR0 = 1;                                  //定时器 0 启动
sec_data = 0x30;                          //定时参数设置
ET0 = 1;                                  //中断 T0 开放
}
/* * * * * * * * * * * * * * * * * * * * * * * * * * * * * * * * * * * * * *
  * 函数原型: void adc_int() interrupt 6                  *
    函数功能: ADC 采集中断,采集的频率由 ADμC812 单片机的定时器 2 控制
        说明: 从 ADC0 到 ADC6 依次完成 7 个通道的数据采集,采样频率为 10 kHz,完成 ADC
            采集后,置 finish_adc 标志位,启动 CAN 总线发送数据,关闭定时器 T2,关闭
            ADC 采集
  * * * * * * * * * * * * * * * * * * * * * * * * * * * * * * * * * * * * */
void adc_int() interrupt 6
{unsigned char   i;
```

```
    unsigned char   CHANAL[7] = {0x00,0x01,0x02,0x03,0x04,0x05,0x06};
                                          //7 个 ADC 通道数组定义

adc_data[k]    = ADCDATAH;
adc_data[k + 1] = ADCDATAL;              //变换 ADC 采集通道,读取 ADC 的采集结果到数
                                          //组 adc_data[]

 k = k + 2;
 if(k == 16)                             //采集完一组数据
  {
   TR2 = 0;                              //采集完一组数据后,关闭 ADC 采集
   k = 2;
   ADCCON1 = 0x66;
   ADCCON2 = 0x00;                       //初始选择 ADC 通道 0
   finish_adc = 1;                       //置位发送标志
  }
 else
  {
   ADCCON2&= 0xf0;
   ADCCON2| = CHANAL[k/2 − 1];           //选择 ADC 通道 0123456
   for(i = 0;i<1;i++)                    //转换通道后 delay 24 μs
    {;}
  }
}
/*********************************************************************
* 函数原型:void change_CANdate(void)                                *
```

函数功能:处理相邻数组 adc_data[]的 12 位 ADC 采集结果,并根据采集的结果确定
0~6 组开关状态,例如第 0 组开关共有 3 个,分别是 OF0、XD、DD1。

如果采集的 ADC 数值大于等于 0x0d88,则认为开关 OF0 处于高电平,对应
位置 1,XD、DD1 处于低电平,对应位置 0。

如果采集的 ADC 数值大于 0x02c8,小于 0x0d88 则认为开关 XD 处于高电
平,对应位置 1,OF0、DD1 处于低电平,对应位置 0。

如果采集的 ADC 数值小于等于 0x02c8,则认为开关 DD1 处于高电平,对应
位置 1,XD、OF0 处于低电平,对应位置 0。

OF0、XD、DD1 均为 CAN 总线发送数组 can_send_date[]中的位,故根据 ADC
的采集电压数值,实时监控各个开关量状态。

ADC 采集数值和实际电压的换算关系:

12 位 ADC 采集数值的最大值为 0x0fff,采用 ADμC812 单片机的片内
2.5 V电压基准。

0x0d88 数值对应的实际电压值为:(0x0d88/0x0fff) × 2.5 V = 2.114 V。

0x02c8 数值对应的实际电压值为:(0x02c8/0x0fff) × 2.5 V = 0.435 V

```
**********************************************************************/
void change_CANdate(void)
{
unsigned int result_adc0,result_adc1,result_adc2,result_adc3;
unsigned int result_adc4,result_adc5,result_adc6;
result_adc0 = adc_data[2]<<8;           //第 0 组开关
result_adc0 = result_adc0 + adc_data[3]; //第 0 通道 ADC 采集的数据存储于 adc_data[2]
                                          //的低 4 位和 adc_data[3]
```

```
result_adc0& = 0x0fff;
if(result_adc0＞ = 0x0d88)                       //大于 3464,即大于 2.114 V,就认为是高电平
    {OF0 = 1;XD = 0;DD1 = 0;}
if(result_adc0＜ = 0x02c8)                       //小于等于 712,即小于 0.435 V,就认为是低电平
    {OF0 = 0;XD = 1;DD1 = 0;}
if((0x02c8＜result_adc0)&&(result_adc0＜0x0d88))    //大于 0.435 V,小于 2.114 V
    {OF0 = 0;XD = 0;DD1 = 1;}
result_adc1 = adc_data[4]＜＜8;
result_adc1 = result_adc1 + adc_data[5];  //第 1 组开关
result_adc1& = 0x0fff;
if(result_adc1＞ = 0x0d88)
    {OF1 = 1;CE = 0;YG = 0;}
if(result_adc1＜ = 0x02c8)
    {OF1 = 0;CE = 1;YG = 0;}
if((0x02c8＜result_adc1)&&(result_adc1＜0x0d88))
    {OF1 = 0;CE = 0;YG = 1;}
result_adc2 = adc_data[6]＜＜8;
result_adc2 = result_adc2 + adc_data[7];  //第 2 组开关
result_adc2& = 0x0fff;
if(result_adc2＞ = 0x0d88)
    {OF2 = 1;RD2 = 0;LD = 0;}
if(result_adc2＜ = 0x02c8)
    {OF2 = 0;RD2 = 1;LD = 0;}
if((0x02c8＜result_adc2)&&(result_adc2＜0x0d88))
    {OF2 = 0;RD2 = 0;LD = 1;}
result_adc3 = adc_data[8]＜＜8;
result_adc3 = result_adc3 + adc_data[9];  //第 3 组开关
result_adc3& = 0x0fff;
if(result_adc3＞ = 0x0d88)
    {OF3 = 1;WD1 = 0;WD2 = 0;}
if(result_adc3＜ = 0x02c8)
    {OF3 = 0;WD1 = 1;WD2 = 0;}
if((0x02c8＜result_adc3)&&(result_adc3＜0x0d88))
    {OF3 = 0;WD1 = 0;WD2 = 1;}
result_adc4 = adc_data[10]＜＜8;
result_adc4 = result_adc4 + adc_data[11]; //第 4 组开关
result_adc4& = 0x0fff;
if(result_adc4＞0x0d88)                           //大于 3464,即大于 2.114 V,就认为是高电平
    {OF4 = 1;H4 = 0;LO4 = 0;INT4 = 0;DD4 = 0;}
if((0x0af9＜result_adc4)&&(result_adc4＜ = 0x0d88))
                                                 //2809＜X＜ = 3464,1.715 V＜X＜ = 2.114 V
    {OF4 = 0;H4 = 0;LO4 = 0;INT4 = 0;DD4 = 1;}
if((0x078d＜result_adc4)&&(result_adc4＜ = 0x0af9))
                                                 //1933＜X＜ = 2809,1.18 V＜X＜ = 1.715 V
    {OF4 = 0;H4 = 0;LO4 = 0;INT4 = 1;DD4 = 0;}
if((0x02c8＜result_adc4)&&(result_adc4＜ = 0x078d))
                                                 //712＜X＜ = 1933 ,0.435 V＜X＜ = 1.18 V
```

```
    {OF4 = 0;H4 = 0;LO4 = 1;INT4 = 0;DD4 = 0;}
if(result_adc4< = 0x02c8)                    //X< = 712,X< = 0.435 V
    {OF4 = 0;H4 = 1;LO4 = 0;INT4 = 0;DD4 = 0;}
result_adc5 = adc_data[12]<<8;
result_adc5 = result_adc5 + adc_data[13];//第 5 组开关
result_adc5& = 0x0fff;
if(result_adc5>0x0d88)
    {OF5 = 1;H5 = 0;LO5 = 0;INT5 = 0;DD5 = 0;}
if((0x0af9<result_adc5)&&(result_adc5< = 0x0d88))
    {OF5 = 0;H5 = 0;LO5 = 0;INT5 = 0;DD5 = 1;}
if((0x078d<result_adc5)&&(result_adc5< = 0x0af9))
    {OF5 = 0;H5 = 0;LO5 = 0;INT5 = 1;DD5 = 0;}
if((0x02c8<result_adc5)&&(result_adc5< = 0x078d))
    {OF5 = 0;H5 = 0;LO5 = 1;INT5 = 0;DD5 = 0;}
if(result_adc5< = 0x02c8)
    {OF5 = 0;H5 = 1;LO5 = 0;INT5 = 0;DD5 = 0;}
result_adc6 = adc_data[14]<<8;
result_adc6 = result_adc6 + adc_data[15];//第 6 组开关
result_adc6& = 0x0fff;
if(result_adc6>0x0d88)                    //大于 3 500,即大于 2.14 V,就认为是高电平
    {OF6 = 1;PL6 = 0;LO6 = 0;INT6 = 0;PLL6 = 0;}
if((0x0af9<result_adc6)&&(result_adc6< = 0x0d88))
    {OF6 = 0;PL6 = 0;LO6 = 0;INT6 = 0;PLL6 = 1;}
if((0x078d<result_adc6)&&(result_adc6< = 0x0af9))
    {OF6 = 0;PL6 = 0;LO6 = 0;INT6 = 1;PLL6 = 0;}
if((0x02c8<result_adc6)&&(result_adc6< = 0x078d))
    {OF6 = 0;PL6 = 0;LO6 = 1;INT6 = 0;PLL6 = 0;}
if(result_adc6< = 0x02c8)
    {OF6 = 0;PL6 = 1;LO6 = 0;INT6 = 0;PLL6 = 0;}
}
/ * * * * * * * * * * * * * * * * * * * * * * * * * * * * * * * * * * * * * * * * * * * *
 * 函数原型:void adc_init(void)                                              *
    函数功能:ADC 初始化,用于配置 ADC 的采样频率,打开 ADC 的采样中断
  * * * * * * * * * * * * * * * * * * * * * * * * * * * * * * * * * * * * * * * * * * */
void adc_init(void)
{
    ADCCON1 = 0x66;                        //启动 ADC 并使用定时器 2 触发模式
    ADCCON2 = 0x00;                        //首先选择 ADC 通道 0
    RCAP2L = 0x0D2;                        //设置采样频率为 10K = 2 × T2
    RCAP2H = 0x0FF;                        //        = 2×(10000h - FFD2h)×1.085 μs
    TL2 = 0xD2;                            //        = 2×46×1.085 μs
    TH2 = 0xFF;                            //        = 99.8 μs
    EADC = 1;                              //打开 ADC 中断
    k = 2;
    }
/ * * * * * * * * * * * * * * * * * * * * * * * * * * * * * * * * * * * * * * * * * * *
 * 函数原型:bit  Sja_1000_Init(void)                                          *
```

```
      函数功能：SJA1000 初始化，用于建立通信、设置通信波特率、设置己方的 CAN 总线地址、
               设置时钟输出方式、设置 SJA1000 的中断控制。
 *  返回值说明：                                                              *
 *           0：表示 SJA1000 初始化成功                                       *
 *           1：表示 SJA1000 初始化失败                                       *
 *        说明：注意"建立通信、设置通信波特率、设置己方的 CAN 总线地址、
               设置时钟输出方式"之前，需要进入复位，设置完毕后退出复位
  *********************************************************/
bit Sja_1000_Init(void)
{
    if(enter_RST())                      //进入复位
      { return    1;}
    if(create_communication())           //检测 CAN 控制器的接口是否正常
      { return    1;}
    if(set_rate(0x06))                   //设置波特率 200 kbit/s
      { return    1;}
    if(set_ACR_AMR(0xac,0x00))           //设置地址 ID:560
      { return    1;}
    if(set_CLK(0xaa,0x48))               //设置输出方式，禁止 COLOCKOUT 输出
      { return    1;}
    if(quit_RST())                       //退出复位模式
      { return    1;}
    SJA1000_Address = CONTROL;           //地址指针指向控制寄存器
    * SJA1000_Address| = 0x1e;           //开放错误、接收、发送中断
    return      0;
}
/ * * * * * * * * * * * * * * * * * * * * * * * * * * * * * * * * * * * * * *
 * 函数原型：void Can_error()                                                *
   函数功能：该函数用于 CAN 总线错误中断处理
 * * * * * * * * * * * * * * * * * * * * * * * * * * * * * * * * * * * * * * */
void Can_error()
{ bit sja_status1;
do{
    Delay(6);                            //小延时
    sja_status1 = Sja_1000_Init();       //读取 SJA1000 初始化结果
  }while(sja_status1);                   //初始化 Sja1000,直到初始化成功
}
/ * * * * * * * * * * * * * * * * * * * * * * * * * * * * * * * * * * * * * *
 * 函数原型：void Can_DATA_OVER(void)                                        *
   函数功能：该函数用于 CAN 总线溢出中断处理
 * * * * * * * * * * * * * * * * * * * * * * * * * * * * * * * * * * * * * * */
void Can_DATA_OVER(void)
{
  SJA_command_control(CDO_order);        //清除数据溢出状态
  SJA_command_control(RRB_order);        //释放接收缓冲区
}
/ * * * * * * * * * * * * * * * * * * * * * * * * * * * * * * * * * * * * * *
```

```
    * 函数原型：void Can_DATA_Rcv(void)                                    *
      函数功能：该函数用于接收 CAN 总线数据到 rcv_data 数组
***************************************************************/
void Can_DATA_Rcv()
{
SJA_rcv_data(rcv_data);                    //接收 CAN 总线数据到 rcv_data 数组
SJA_command_control(0x04);                 //释放接收缓冲区
}
/***************************************************************
  * 函数原型：void Can_DATA_Send(void)                                    *
     函数功能：该函数用于通过 CAN 总线发送 can_send_date 数组中的数据
***************************************************************/
void Can_DATA_Send()
{
can_send_date[0] = 0xAA;
can_send_date[1] = 0x08;                    //填写发送 CAN 数据帧的描述符
SJA_send_data(can_send_date);              //把 can_send_date 数组中的数据写入到发送缓冲区
SJA_command_control(0x01);                 //调用发送请求
}
/***************************************************************
  * 函数原型：void InitCPU(void)                                          *
     函数功能：该函数用于初始化 CPU
***************************************************************/
void InitCPU(void)
{
 EA = 1;                                    //开放全局中断
 IT0 = 1;                                   //下降沿触发
 EX0 = 1;                                   //外部中断 0 开放
 PX0 = 1;                                   //外部中断 0 高优先级
 Init_T0();                                 //初始化 T0
}
/***************************************************************
   函数原型：void main(void)
   函数功能：主函数
***************************************************************/
void main(void)
{
   bit sja_status;
   Delay(1);                                //小延时
   CAN_RESET = 0;                           //SJA1000 退出硬件复位模式
    do{
         Delay(6);
         sja_status = Sja_1000_Init();
     }while(sja_status);                    //初始化 Sja1000

   adc_init();                              //初始化 ADC
   InitCPU();                               //初始化 CPU
```

```
Can_INT_DATA = 0x00;                    //CAN 中断变量清零
while(1)
{
    if(_testbit_(Over_Flag))            //是超载中断标志,判断并清零标志位
        { Can_DATA_OVER();}             //数据溢出处理
    if(_testbit_(rcv_flag))             //是接收中断标志,判断并清零标志位
        { Can_DATA_Rcv();}              //接收 CAN 总线数据
    if(_testbit_(finish_adc))
        {
        change_CANdate();               //采集 7 个通道的电压数值,并根据采集的
                                        //数值范围给标志位幅值 0 或 1
        Can_DATA_Send();                //发送 CAN 总线数据
        }
    if(_testbit_(err_flag))             //是错误中断标志,判断并清零标志位
        {Can_error(); }                 //错误中断处理
}
```

4.4.4　ADμC812 单片机 CAN 总线学习板串口下载程序

　　ADμC812 与其他单片机突出不同之处在于支持它的开发系统不同。Quick-Start 开发系统是支持 ADμC812 的开发工具包,功能完善,包括下载、调试和模拟等功能。

　　为了实现在线调试和下载功能,需要设计一个 RS-232 接口电路(图 4-13)来实现 PC 与 ADμC812 的串口通信,串口芯片可以选择 MAX202、ADM202 等。

图 4-13　串口电路

使用 ADμC812 单片机 CAN 总线学习板前,先要跳线选择好 RS-232、RS-

422、RS‑485 功能(默认串口功能),设置方法如下:

① 外接 RS‑422 或 RS‑485 时,将 J1、J4 短路选择到 TXD422 和 RXD422。

② 外接 RS‑232 时,将 J1、J4 短路选择到 TXD232 和 RXD232。

注意:

将 ADμC812 设置为 RS‑232 程序下载模式时,须选择跳线至 RS‑232 功能,通过短路端子将 $\overline{\text{PSEN}}$ 拉到低电平,即 S4 对地短路。程序下载完毕后,恢复 $\overline{\text{PSEN}}$ 高电平,以便程序运行。

用串口延长线把开发板和计算机连接起来,并给开发板供电。

在使用 ADμC812 时,应特别小心谨防静电造成的损伤。如焊接芯片时应将电烙铁接地,并戴上防静电手镯。经试验证明,在 $\overline{\text{PSEN}}$ 引脚损伤不严重时,可通过把 $\overline{\text{PSEN}}$ 直接对地短路将其拉至低电平;但若损伤严重,则即使直接接地,器件仍然不能工作。

由于 ADμC812 的调试器是在用户系统复位时检测 $\overline{\text{PSEN}}$ 引脚状态的,因此,为提高通信成功概率,可在用户系统复位瞬间将 $\overline{\text{PSEN}}$ 引脚直接对地短路。但在 ADμC812 芯片进入在线调试或下载状态之后,$\overline{\text{PSEN}}$ 引脚仍应通过 1 kΩ 电阻接地。下载程序后,应将 $\overline{\text{PSEN}}$ 引脚与 1 kΩ 下拉电阻断开,否则,ADμC812 将一直保持在线调试状态。

ADμC812 的开发软件包(包括程序下载软件)须到 ADI 公司网站下载或索要免费光盘。安装好后,选择"开始"\"所有程序"\"ADμC"\"WSD"命令,则弹出如图 4‑14 所示的界面。

图 4‑14 WSD 主界面

单击复位 Reset 按钮,则显示图 4‑15 所示的界面。

单击下载程序 Download 按钮,选择十六进制文件,下载程序如图 4‑16 所示。单击 Download 按钮下载十六进制程序(* .hex 文件)即可。

程序下载成功显示如图 4‑17 所示。

由于 RS‑232 接口电路是 PC 和用户开发系统的唯一通路,因此,它是实现在线

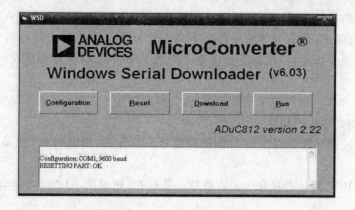

图 4 - 15　复位 Reset 界面

图 4 - 16　选择十六进制文件

图 4 - 17　成功下载显示界面

调试和下载功能的关键。在目标系统的开发研制过程中,有时会出现在线通信故障问题,原因有很多,最有可能的是接口电路工作异常所产生的。要判断 RS-232 接口电路工作是否正常,可按以下步骤逐一检查 RS-232 通信是否正常(以 ADM202 串口芯片为例):

① V+和 V-引脚电压是否足够高(分别超过+8 V 和-8 V)。若电压较低,则可能 ADM202 芯片已损坏。

② R1IN 脚是否存在±12 V 的脉冲信号。若存在,则说明 PC 方面通信发送信号正常。

③ R1OUT 脚是否存在+5 V 信号。若存在,则说明 ADM202 接收 PC 信号工作正常。

④ T1IN 脚是否存在+5 V 信号。若存在,则说明 ADμC812 对 PC 的通信产生响应;否则,是 ADμC812 通信存在问题,说明 ADμC812 工作不正常。

⑤ T1OUT 脚是否存在±12 V 的脉冲信号。若存在,但 ADμC812 还无法进入在线调试状态,则说明 DB9 与 PC 之间的串行接口电缆有问题。

ADμC812 具有 3 个 16 位定时/计数器:定时器 0、定时器 1 和定时器 2。由于 ADμC812 具备在线调试功能;芯片处于在线工作状态下定时器 1 的资源被占用。若用户在线调试的程序中使用了定时器 1,则无论是设断点调试,还是单步或连续运行,都会有程序无法执行的情况发生。在线调试程序时可以使用定时器 0 和定时器 2,因它们未被占用。可先将预定功能用定时器 0 或定时器 2 实现,调试通过之后再改用定时器 1 来实现。

4.5 带有 Flash 存储器的 CAN 总线采集控制电路

如何给带有 CAN 总线的 A/D 采集控制板加上存储器功能? ADμC812 内部的数据存储器容量有限,只有 640 字节的闪速/电擦除数据存储器。如果需要存储的数据量大,就要外接大容量数据存储器。本文采用 Flash 存储器芯片 28F320J5。

4.5.1 28F320J5 存储器简介

28F320J5 是 Intel 公司生产的存储容量为 4 MB(32 Mbit)的 Flash 存储器,供电电压范围为 4.75~5.25 V,采用单一的 5 V 电源,无论是编程还是擦除都使用同样的电源供电。

28F320J5 的访问速度为 110 ns,支持页读取模式,读取时间为 25 ns;支持单元块锁定及擦除操作,每个单元块可擦写 100 000 次;工作环境温度范围为-40~85℃,工业级标准;56 引脚 TSOP 贴片封装,外观尺寸为 14 mm×20 mm×2 mm;低功耗 COS 操作。

28F320J5 有独立的数据线和地址线,也有若干条控制线,用来控制芯片的读/写操作。这些I/O接口线包括：

- DQ0～DQ15：16条数据线，双向读/写，在芯片没有被选中时，处于高阻状态。28F320J5存储器支持8位和16位两种数据读写模式，编程时可以选择设置。
- A0～A24：25条地址线，寻址范围可以达到32 Mbit（2^{25}＝32 Mbit＝4 MB），以字节为单位进行寻址。
- $\overline{OE}$：输出允许控制端，低电平有效，允许从芯片中读出数据。
- $\overline{WE}$：写入允许控制端，低电平有效，允许对芯片进行编程和擦除等写入操作。
- STS：存储器状态指示端，高电平使能，表示存储器已经准备好操作了。
- $\overline{RP}$：复位使能端，低电平有效，对芯片进行复位操作。
- $\overline{BYTE}$：位使能端，低电平表示数据读/写为8位模式，数据的读/写经由地址线DQ0～DQ7，高电平表示数据读/写为16位模式，数据的读/写经由地址线DQ0～DQ15。
- VPEN：擦除、编程、块锁定使能端。高电平时，可以执行块擦除、块锁定以及编程操作。
- V_{CC}：芯片电源，供电电压为5 V。
- VCCQ：I/O口电源，I/O口输出驱动电压，可以连接到V_{CC}。
- GND：电源地。
- NC、RFU：空引脚，以后开发升级备用。
- CE0、CE1、CE2：芯片使能控制端（片选），功能表如表4－4所列。

芯片28F320J5的工作一方面受CPU送来的控制信号控制，另外也受写入到芯片的命令寄存器中的命令控制。芯片28F320J5中有一个命令寄存器，但是这个寄存器不使用单独的CPU地址，由命令的内容决定将要进行的操作。

表4－4　芯片28F320J5片选功能表

使能控制端			功　能
CE2	CE1	CE0	存储器状态
VIL	VIL	VIL	使能
VIL	VIL	VIH	未选中
VIL	VIH	VIL	未选中
VIL	VIH	VIH	未选中
VIH	VIL	VIL	使能
VIH	VIL	VIH	使能
VIH	VIH	VIL	使能
VIH	VIH	VIH	未选中

读操作：在片选信号CE0、CE1、CE2和输出控制信号$\overline{OE}$同时有效时，例如同时

为低电平的情况下,可以对存储器进行数据读出操作。芯片复位后,处于读出数据状态。因此,读数据不需要写入任何指令。只要控制信号状态正常,就可以进行读出操作。读出时,由 CPU 提供单元地址,在数据线上获得输出的数据。

写操作:进行写操作时,输出控制信号必须无效,也就是 CPU 给 $\overline{OE}$ 一个高电平。在 CE0、CE1、CE2 有效的前提下,例如,同时为低电平时,每当 $\overline{WE}$ 有效时,就可以进行写操作。写操作可以是编程操作,也可以是擦除操作。擦除实际也是一种写入操作。只不过是对每个单元都写入相同的内容:FFH。写操作也可以写入命令或命令序列,以决定以后进行的是何种操作。

等待状态:当 CE0、CE1、CE2 无效时,例如同时为高电平时,芯片就没有被选中,不能进行读/写操作,数据线上呈现高阻抗,相当于没有和 CPU 连接。等待状态是一种低功耗状态。存储器不进行读/写操作时都应该进入等待状态,以节省芯片所消耗的功率。

复位操作:当 CPU 给 $\overline{RP}$ 输入低电平时,芯片将进行复位操作。$\overline{RP}$ 为低电位时,存储器处于非选通状态,将输出置为高阻状态,关闭大量内部电路。低电平至少维持一个读周期时间。在复位期间,也就是 $\overline{RP}$ 为低电平期间,不能进行任何其他的读/写操作。

芯片 28F320J5 外部引脚分布如图 4-18 所示。

图 4-18   芯片 28F320J5 外部引脚分布图

4.5.2　存储器芯片与单片机 CPU 工作速度匹配问题

存储器有一个反映工作速度的重要指标:存取时间,选用存储器时必须考虑它的存取时间和 CPU 的工作速度的匹配问题。存取时间实际上应该分别考虑为读取时间和写入时间。存储器的读取时间是指从输入地址有效到读出的数据在数据线上稳定出现为止的一段时间间隔。读取时间反映了在读操作时存储器的工作延迟。微型计算机中常用存储器的读取时间约为 100 ns。存储器芯片 28F320J5 的读取时间为 25 ns。计算机对存储器访问的工作速度反映在它送出有效地址到 CPU 采样数据总线取得数据的这段时间,这段时间应该大于存储器的读取时间,才能保证数据的有效读出。存储器的写入时间是反映它写入操作时的速度,一般只要存储器的读取时间能和 CPU 速度相配合,写入时间也就能够满足匹配要求。在有 A/D 转换的单片机系统中,也要考虑存储器的存储时间和 ADC 采集周期的匹配问题。存储器的存储时间应该小于 ADC 采集周期。

4.5.3　单片机与 28F320J5 的连接

由于存储器 28F320J5 的容量为 4 Mbit,需要 22 条地址线才可以充分使用全部的存储单元。而 ADμC812 单片机的 P1 口作为 A/D 转换输入口,P3 口为特殊功能口,故只有 P0 口和 P2 口的 16 条地址线可用,采用加地址锁存器 74HC573 的办法来实现 P2 口的分时复用。这样,P0 口输出 8 位数据和低 8 位地址 A0~A7。P2 口用来输出地址的中 8 位 A8~A15 和高 8 位 A16~A23。具体的电路连接方法如下:

ADμC812 的 P0 口,经过地址锁存器加到存储器 28F320J5 的 A0~A7;

ADμC812 的 P2 口,其 8 条线直接接到存储器 28F320J5 的 A8~A15,同时经过地址锁存器加到存储器 28F320J5 的 A16~A21;

用 ALE 作为地址锁存器的片选信号,ADμC812 单片机的 $\overline{RD}$ 直接和 $\overline{OE}$ 连接,$\overline{WR}$ 直接和 $\overline{WE}$ 连接。ADμC812 单片机与 Flash 存储器 28F320J5 的具体连接如图 4-19 所示。

4.5.4　ADμC812 单片机构成的带有存储功能的振动测量控制板

1. 实现功能

实时监测机体振动过程中,当振动超过预设的阈值时,振动测量控制板采集此信号,并将采集的结果存储于 28F320J5。采集数值结果通过 CAN 总线上传给上位机。振动测量控制板具有计时功能,可以调整控制板上面的时钟,准确记录发生振动超过预设阈值时刻的时间。机体振动信号经电荷型加速度传感器采集,再由输出增益和滤波器的参数可调节的电荷放大器放大,经由 A/D 采集、微处理器处理,CAN 总线向主控系统传输测得数据,如图 4-20 所示。

图 4-19　存储器访问电路原理图

图 4-20　机体振动测量控制系统

2. 采用 28F320J5 作为 Flash 存储器的电路原理图

ADμC812 单片机作为主控制 CPU 负责采集机体的振动信号;CAN 通信功能电路由 CAN 控制芯片 MCP2515、CAN 收发器芯片 TJA1040 构成;光藕 6N137、DC-DC 电源隔离模块 B0505S-1W 实现了控制板电源和 CAN 通信部分电源的隔离,增强了抗干扰能力;芯片 28F320J5(TSOP)构成的电路用于存储 A/D 采集的结果;电压变换电路将采集信号由 -5~+5 V 变为 0~+5 V;ADμC812 单片机的 A/D 基准电压源采用外部基准,该基准由 MAX875 构成,输出 +5 V 基准电压,如图 4-21 所示。

3. 程序流程图

A/D 采集程序流程图如图 4-22 所示。

4. 源程序清单

```
# include ＜ADuC812.h＞        //ADμC812 头文件
# include ＜MCP2515.h＞        //MCP2515 头文件
# include ＜MCP2515.c＞        //MCP2515 控制器函数
# include ＜intrins.h＞
# include ＜ABSACC.h＞
```

图 4-22 A/D 采集程序流程图

//函数声明//

```
void T1_init(void);                      //T1 初始化
void treatment_uart(void);               //串口接收数据处理程序
void reset_320();                        //复位 Flash 芯片 E28f320 函数
void push_adc_time();                    //把 A/D 采集结果和对应的时间信息存入 Flash
void delayms(unsigned int num);          //延时函数
void clear_memory(void);                 //擦出 Flash 存储器
void FLASH_out(void);                    //上传采集的数据
void finish_adc(void);                   //A/D 采集完成
```

```
void treatment_uart(void);              //串口接收数据处理程序
void adc_init(void);                    //A/D 初始化
void CAN0_DATA_RECEIVE();               //CAN 接收数据处理函数
void InitSys(void);                     //系统初始化函数
/////////////////////////////////////////////////////////////////////////////
bit   rev_flag = 0;                     //CAN 缓冲器 0 接收中断标志位
bit   err_flag = 0;                     //CAN 错误中断标志位
bit   adc_finish_flag = 0;              //采集完毕标志
bit   adc_ing;                          //正在采集标志
bit stop_trans_order;                   //停止传输数据标志
bit   rcv_uart_flag;                    //串口接收数据标志
bit   adc_valid_flag;                   //A/D 采集有效标志
bit   rcv_store_time_flag;              //正在采集标志

sbit STS = P1^2;                        //存储器状态引脚

unsigned int time_change_i;
unsigned int data_in_i = 0;             //外部存储器存入计数
unsigned int FLASH_out_i = 0;           //外部存储器输出计数
unsigned char rcv_uart_data[8];         //接收串口数据缓存
unsigned char rcv_store_time_data[8];   //接收时间调整函数
unsigned char TX_DATA[8] = { 8, 9, 10, 11, 12, 13, 14, 15 };      //CAN 发送数据缓冲区
unsigned char RX_DATA[8] = { 7, 6, 5, 4, 3, 2, 1, 0 };            //CAN 接收数据缓冲区
unsigned char END_DATA [8] = {0xDD,0xDD,0xDD,0xDD,0xDD,0xDD,0xDD,0xDD};
                            //8 个 0xDD 表示上传数据结束
unsigned char HAND_DATA[8] = {0xEE,0xEE,0xEE,0xEE,0xEE,0xEE,0xEE,0xEE};
                            //8 个 0xEE 表示传输数据的中间握手信号
unsigned char OVER_ADC [8] = {0xDE,0xDE,0xDE,0xDE,0xDE,0xDE,0xDE,0xDE};
                            //8 个 0xDE 表示 ADC 采集完毕
unsigned char enter_adc[2] = {0xaf,0xaf};       //A/D 采集确认
unsigned char enter_stop[2] = {0xbf,0xbf};      //停止采集确认
unsigned char enter_trans[2] = {0xcf,0xcf};     //传输功能确认
unsigned char RST_enter_trans[2] = {0xcE,0xcE}; //复位功能确认
unsigned char enter_clrar[2] = {0xdf,0xdf};     //擦除 Flash 功能确认
unsigned char change_time[2] = {0xef,0xef};     //调整时间确认
unsigned char   data     adc_data[2];           //ADC 采集结果数组
/******************** 延时函数 ********************************/
void delayms(unsigned int num)
{
    unsigned int i,j;
    for(i = 0; i < num; i ++ )
    {
```

```
      for(j = 0; j < 619; j++);
    }
}
/****************** 擦除 Flash 存储器 *********************/
void clear_memory(void)
{unsigned char clear_i;                //模块擦除计数

DPP = 0;                               //页擦除,初始化页,从第 0 页开始
for(clear_i = 0;clear_i<32;clear_i++)  //擦除单元块 Flash,设置需擦除的单元块数
                                       //(1 - 32)
    {
    data_in_i = 0X0000;                //页范围内的存储器首地址
    XBYTE[data_in_i] = 0x20;           //块擦除命令
    _nop_();
    XBYTE[data_in_i] = 0x0D0;          //擦除确认命令
    while(STS == 0)
         {}
    DPP ++ ;
    DPP ++ ;                           //块地址变换
    }
DPP = 0;                               //块擦除完毕后页地址、页内存储器首址清零
data_in_i = 0X0000;
}
/********************* ADC 采集中断 *********************/
void adc_isr(void) interrupt 6
{unsigned int   result_adc;            //ADC 采集结果
adc_data[0] = ADCDATAH;                //ADC 采集结果的高 8 位
adc_data[1] = ADCDATAL;                //ADC 采集结果的低 8 位
result_adc = adc_data[0]<<8;
result_adc = result_adc + adc_data[1];
result_adc& = 0x0fff;                  //后 12 位是 ADC 采集结果

if(result_adc>0x0190)                  //大于 400,即大于 0.49 V,采集到有效数据
   {adc_valid_flag = 1;}
}
/********** 把 ADC 采集结果和对应的时间信息存入 Flash **********/
void push_adc_time()
{
unsigned char write_i;
if(_testbit_(adc_valid_flag))
    {
    TR2 = 0;                           //关闭 A/D 采集
```

```
EADC = 0;                           //关闭 A/D 中断
XBYTE[data_in_i] = 0x0E8;           //存储器写命令
while(STS == 0)
    {XBYTE[data_in_i] = 0x0E8;_nop_();_nop_();}
XBYTE[data_in_i] = 0x07;            //28F320 写命令要求;如果写入 N 个字节,则向
                                    //存储器地址内写数字 N-1
for(write_i = 2;write_i<8;write_i++)
    {
    XBYTE[data_in_i] = rcv_store_time_data[write_i];
                                    //rcv_store_time_data[2]  -rcv_store_
                                    //time_data[7] 秒 分 时 日 月 年
    data_in_i++;                    //存储器地址变换加 1
    if(data_in_i>65535)             //页容量 64 KB 写完后,指向下一页,页内存储器
                                    //首址清零
      {
      DPP++;
      data_in_i = 0X0000;
      }
    }
XBYTE[data_in_i] = adc_data[0];     //采集的高字节
data_in_i++;                        //存储器地址变换加 1
if(data_in_i>65535)                 //页容量 64 KB 写完后,指向下一页,页内存储器
                                    //首址清零
  {
  DPP++;
  data_in_i = 0X0000;
  }

XBYTE[data_in_i] = adc_data[1];     //采集的低字节
data_in_i++;
if(data_in_i>65535)                 //页容量 64 KB 写完后,指向下一页,页内存储器
                                    //首址清零
  {
  DPP++;
  data_in_i = 0X0000;
  }

XBYTE[data_in_i] = 0x0D0;           //存储器写确认命令
while(STS == 0)
      {}
if(DPP>63)                          //64 页容量,4096 KB 写完后,停止 A/D 采集,关闭中断
  {
```

```
        adc_finish_flag = 1;                    //A/D采集完毕标志
      }
    TR2 = 1;                                     //A/D采集
    EADC = 1;                                    //A/D中断
  }
}
```

```
// ****************** 上传采集的数据 ********************//
void FLASH_out(void)
{
  unsigned char out_i,out_j;
  for(out_j = 0;out_j<25;out_j++)  //每次接收到上传命令,上传 8×25 = 200 字节数据
    {
      for(out_i = 0;out_i<8;out_i++)  //将 Flash 中 8 字节写入 CAN 总线发送数组
        {
          TX_DATA[out_i] = XBYTE[FLASH_out_i];
          FLASH_out_i++;
          if(FLASH_out_i>65535)         //如果超过页地址,则指向下一页
            {
              DPP++;
              if(DPP>63)                 //如果大于 64 页,则表明传输完毕
                {
                  CAN_TX_D_Frame(0,8, &END_DATA[0]);      //发送结束标志数组
                  FLASH_out_i = 0X0000;
                }
            }
          delayms(10);
          CAN_TX_D_Frame(0, 8, &TX_DATA[0]);    //通过 CAN 发送缓冲区 0
          delayms(10);
        }
  CAN_TX_D_Frame(0, 8, &HAND_DATA[0]);   //通过 CAN 发送 8 个握手数据 0XEE

}
```

```
// ********************** T1 初始化 *******************//
void T1_init(void)
{
  TMOD = 0x20;                          //定时器 1 设为方式 2
  TL1 = 0xFD;                           //定时器初值
  TH1 = 0xFD;
  SCON = 0x50;                          //串口设为方式 1,REN = 1 允许接收
  TR1 = 1;                              //启动定时器 1
}
```

```
/ * * * * * * * * * * * * * * * * * * * * ADC 采集完成 * * * * * * * * * * * * * * * * * * * * * * * * /
void finish_adc(void)
{
    TR2 = 0;                              //关闭 A/D 采集
    EADC = 0;                             //关闭 A/D 中断
    DPP = 0;                              //采集完毕后页地址、页内存储器首址清零
    FLASH_out_i = 0;
}
///////////////////// * 串口中断接受数据 * ///////////////////////////
void UART_int(void) interrupt 4 using 3
{ unsigned char uart_k;
    rcv_uart_data[uart_k] = SBUF;         //写串口数据到发送数组
    RI = 0;                               //接收中断清零
    uart_k ++ ;
    if(uart_k == rcv_uart_data[0])        //接收到第一个字节代表本次一共要接收的
                                          //字节个数
    {
        uart_k = 0;
        rcv_uart_flag = 1;                //串口接收数据标志置位
    }


}
//////////////////串口接收数据处理程序/////////////////////////////////
void treatment_uart(void)
{unsigned char rcv_time_i;
if(rcv_uart_flag)
    {
    rcv_uart_flag = 0;
    switch(rcv_uart_data[1])
        {
            case 0x81:                    //A/D 采集命令
                    finish_adc();
                    reset_320();
                    clear_memory();       //擦除存储器模块
                    delayms(10);
                    TR2 = 1;              //启动 t2 开始 A/D 采集
                    EADC = 1;             //打开 A/D 中断
                    adc_ing = 1;
                    CAN_TX_D_Frame(0, 2, &enter_adc[0]);
                    break;
            case 0x82:                    //A/D 停止采集命令
                    finish_adc();
```

```
                    reset_320();
                    adc_ing = 0;
                    CAN_TX_D_Frame(0, 2, &enter_stop[0]);
                    break;

            case 0x83:                      //Flash 上传采集的数据命令
                    if(_testbit_(adc_ing))  //如果正在 A/D 采集
                      {
                        finish_adc();
                         reset_320();
                      }
                       CAN_TX_D_Frame(0, 2, &enter_trans[0]);
                    FLASH_out();         //上传数据
                    break;

            case 0x84:                      //Flash 重新上传复位
                    finish_adc();
                    reset_320();
                    adc_ing = 0;
                    CAN_TX_D_Frame(0, 2, &RST_enter_trans[0]);
                    break;
            case 0x61:                      //调整时间

                    for(rcv_time_i = 2;rcv_time_i<8;rcv_time_i++)   //接收时间
                        {
                          rcv_store_time_data[rcv_time_i] = rcv_uart_data[rcv_time_i];
                        }
                    break;
            default:break;
          }

     }


}
// * * * * * * * * * * * * * * * * * ADC 初始化 * * * * * * * * * * * * * * * * * * * * * * * * * * * *
void adc_init(void)
{
ADCCON1 = 0x66;                          //启动 ADC,A/D 时钟 4 分频,使用定时器 2 触发
                                         //模式,注意:A/D 时钟必须为 400 kHz～4 MHz
ADCCON2 = 0x01;                          //选择 A/D 通道 1,采集振动信号
RCAP2L = 0x1A;                           //设置采样频率为 2K = 2 × T2 reload prd
RCAP2H = 0xFF ;                          //   = 2 × (10000h - FF1Ah) × 1.085 μs
TL2 = 0x1A;                              //   = 2 × 230 × 1.085 μs
```

```
    TH2 = 0xFF;                                    //    = 499.1 μs
    }
/******************* CAN 接收数据处理函数 *************************/
void CAN0_DATA_RECEIVE()
{   unsigned char num2,num3;
    unsigned char data_long;
    unsigned char rev_i;
        num2 = CAN_Read(RXB0SIDL);
        num3 = CAN_Read(RXB0DLC);
        data_long = num3 & 0x0f;               //求数据长度
        if(num2 & IDE)                          //收到扩展帧
        {
            //-------------------- Buffer 0 received extended remote frame
            if(num3 & RTR)                      //远程帧,则读取标识符,按照此标识符发送
                                                //要求的数据
            {
                ;
            }
            else                                //数据帧,接收处理数据
            {
                //--------------------------- Buffer 0 received extended
    data frame,data length is num
                for(rev_i = 0; rev_i < data_long; rev_i ++ )
                {
                    RX_DATA[ rev_i ] = CAN_Read(RXB0D_BASE + rev_i);
                }
            }
        }
        else                                    //收到标准帧
        {
            //-------------------- Buffer 0 received stand remote frame
            if(num2 & SRR)                      //远程帧,则读取标识符,按照此标识符发送
                                                //要求的数据
            {
                ;
            }
            else                                //数据帧,接收处理数据
            {
                //--------------------------- Buffer 0 received stand
    data frame,data length is num
                for(rev_i = 0;rev_i < data_long;rev_i ++ )
                {
```

```
                        RX_DATA[ rev_i ] = CAN_Read(RXB0D_BASE + rev_i);
                    }
                }
            }
}
/******************CAN 中断函数******************************/
void CAN_ISR(void) interrupt 0
{
    unsigned char can_int_flag,can_sts;

    can_int_flag = CAN_Read(CANINTF);     //读中断标志寄存器,根据中断类型,分别处理
    //-------------------------- 报文错误中断
    if(can_int_flag & MERRF)
    {
        CAN_Write(CANINTF, can_int_flag & ~MERRF);   //清中断标志
    }
    //-------------------------- 唤醒中断
    if(can_int_flag & WAKIF)
    {
        CAN_Write(CANINTF, can_int_flag & ~WAKIF);   //清中断标志
        CAN_Write(CANCTRL, CAN_Normal_Mode);//唤醒后,在仅监听模式,须设置进入正常工
                                            //作模式
        //-------------------------- 判断是否进入正常工作模式
        do
        {
            can_sts = CAN_Read(CANSTAT);
        }
        while(can_sts != CAN_Normal_Mode);
    }
    //-------------------------- Error interrupt
    if(can_int_flag & ERRIF)                       //错误中断
    {
        CAN_Write(CANINTF, can_int_flag & ~ERRIF);   //清中断标志
        err_flag = 1;                              //错误标志位置位
    }
    //-------------------------- TX2 success
    if(can_int_flag & TX2IF)                       //发送 2 成功中断
    {
        CAN_Write(CANINTF, can_int_flag & ~TX2IF);   //清中断标志
    }
    //-------------------------- TX1 success
    if(can_int_flag & TX1IF)                       //发送 1 成功中断
```

```
    {
        CAN_Write(CANINTF, can_int_flag & ~TX1IF);    //清中断标志
    }
    //-------------------------------- TX0 success
    if(can_int_flag & TX0IF)                          //发送 0 成功中断
    {
        CAN_Write(CANINTF, can_int_flag & ~TX0IF);    //清中断标志
    }
    //-------------------------------- RX1 interrupt
    if(can_int_flag & RX1IF)                          //接收 1 成功中断
    {
        CAN_Write(CANINTF, can_int_flag & ~RX1IF);    //清中断标志
    }
    //-------------------------------- RX0 interrupt
    if(can_int_flag & RX0IF)                          //接收 0 成功中断
    {
        rev_flag = 1;                                 //接收数据标志
        CAN_Write(CANINTF, can_int_flag & ~RX0IF);    //清中断标志

    }
}
/*************** 系统初始化函数 ****************************/
void InitSys(void)
{

    ES = 1;                        //串口中断允许,以便接收信息
    PS = 1;                        //串口中断高优先级
    EX0 = 1;                       //外部中断 0 用于 CAN 中断
    EA = 1 ;
    P1 = 0xfb;                     //设置 P1.2 为数字输入,其余为模拟输入
}
/************* 复位 Flash 芯片 E28f320 函数 ********************/
void reset_320()
{
I2CCON = 0xA8;
MDE = 1;
MDO = 0;
delayms(10);
MDO = 1;
}
/*********************************************************/
void main(void)
```

```
{
    InitSys();
    CAN_Init();                                    //CAN 初始化
    adc_init();                                    //初始化 A/D
    Set_CAN_Baudrate(100);                         //设置 CAN 波特率为 100 kbit/s
    CAN_Write(CANCTRL,CAN_Normal_Mode);
    delayms(100);
    reset_320();
    T1_init();
while (1)
  {
    if(_testbit_(err_flag))                        //错误中断处理
      { Pro_CAN_ERROR();}


    if(_testbit_(rev_flag))                        //接收中断处理
      {
          CAN0_DATA_RECEIVE();                     //接收缓冲 0 接收数据
          if(RX_DATA[0] == 0XAA)                   //A/D 采集命令:收到的 CAN 一帧数
                                                   //据中的第一个字节为 0XAA

            {
              finish_adc();
              reset_320();
              clear_memory();                      //擦除存储器模块
              delayms(10);
              TR2 = 1;                             //启动 t2 开始 A/D 采集
              EADC = 1;                            //打开 A/D 中断
              adc_ing = 1;
              CAN_TX_D_Frame(0, 2, &enter_adc[0]);
            }
              else if(RX_DATA[0] == 0XBB)          //A/D 停止采集命令:收到的 CAN 一帧
                                                   //数据中的第一个字节为 0XBB
            {
              finish_adc();
              reset_320();
              adc_ing = 0;
              CAN_TX_D_Frame(0, 2, &enter_stop[0]);
            }
          else if(RX_DATA[0] == 0XCC)              //Flash 上传采集的数据命令:收到的
                                                   //CAN 一帧数据中的第一个字节为 0XCC

            {
              if(_testbit_(adc_ing))               //如果正在 A/D 采集
                {
```

```
            finish_adc();
             reset_320();
          }
       CAN_TX_D_Frame(0, 2, &enter_trans[0]);
       FLASH_out();                         //上传数据
     }
    else if(RX_DATA[0] == 0XCD)             //Flash重新上传复位:收到的 CAN 一帧
                                            //数据中的第一个字节为 0XCD
     {
        finish_adc();
        reset_320();
        adc_ing = 0;
        CAN_TX_D_Frame(0, 2, &RST_enter_trans[0]);
     }
    else if(RX_DATA[0] == 0XDD)             //擦除命令:收到的 CAN 一帧数据中的第
                                            //一个字节为 0XDD
     {
        finish_adc();
        reset_320();
        clear_memory();                     //擦除存储器模块
        CAN_TX_D_Frame(0, 2, &enter_clrar[0]);
     }
    else if(RX_DATA[0] == 0X08)             //校对时间命令:收到的 CAN 一帧数据
                                            //中的第一个字节为 0X08
     {
        EA = 0;
        ES = 0;
        for(time_change_i = 0;time_change_i<8;time_change_i++)
           {
           SBUF = RX_DATA[time_change_i];
           while(TI == 0)
               {}
           TI = 0;
           }
        ES = 1;                             //串口中断允许,以便接收信息
        EA = 1;

        CAN_TX_D_Frame(0, 2, &change_time[0]);
     }
  }

  if(_testbit_(adc_finish_flag))            //如果 A/D 采集完毕
   {
```

```
        finish_adc();
        CAN_TX_D_Frame(0, 6, &OVER_ADC[0]);  //通过 CAN 发送 6 个完成采集数据 0XDE
    }
    treatment_uart();
    push_adc_time();
}
}
```

第 **5** 章

基于 LPC11Cxx 系列微控制器的 CAN 应用设计

5.1 LPC11Cxx 系列微控制器

5.1.1 简 介

NXP 半导体推出的兼容 CAN2.0B 的 LPC11Cxx 系列微控制器(包括 LPC11C1x/301 系列、LPC11C2x/301 系列,详见表 5-1),包含了 C_CAN 控制器、CANopen 驱动、片上高速 CAN 物理层收发器(仅 LPC11C2x 系列有),是业界首款片上直接支持 CAN 控制器、CANopen 协议、片上高速 CAN 物理层收发器的 Cortex - M0 微控制器,特点如下:

- 片内的 CAN 控制器兼容 CAN2.0A/B 协议。
- 内部 ROM 集成供 CAN 和 CANOpen 标准使用的初始化 API 函数和通信 API 函数,用户可直接调用,令 CAN 应用的开发大大简化。
- 集成的 CAN 收发器,支持最高 1 Mbit/s 的高速 CAN 网络。总线引脚具有极高的 ESD 保护能力,提高了系统的可靠性和质量,减少了电气互连和兼容性的问题,节省 50% 以上的电路板空间。

综上所述,LPC11Cxx 系列微控制器在一个封装内,为工业和嵌入式网络中的 CAN 通信应用提供了低成本、简单易用、高度优化的完整 CAN 解决方案。

5.1.2 器件信息

器件信息如表 5-1 所列。

表 5 - 1　器件信息

型　号	Flash /KB	SRAM /KB	UART RS-485	I²C /Fast+	SPI	片上 CAN 收发器	C_CAN 控制器	ADC 通道	封　装
LPC11C12FBD48/301	16	8	1	1	2	—	1	8	LQFP48
LPC11C14FBD48/301	32	8	1	1	2	—	1	8	LQFP48
LPC11C22FBD48/301	16	8	1	1	2	1	1	8	LQFP48
LPC11C24FBD48/301	32	8	1	1	2	1	1	8	LQFP48

5.1.3　功能介绍

LPC11Cxx 系列 Cortex - M0 微控制器的主要功能特点如下所述：

- 50 MHz Cortex - M0 处理器,配有 SWD/调试功能(4 个中断点)。
- 32 KB/16 KB Flash,8 KB SRAM。
- 32 个向量中断,4 个优先级,最多 13 个拥有专用中断的 GPIO。
- CAN 2.0B CAN 控制器。
- CANopen 驱动集成在片内 ROM 之中,同时提供简单易用的 API 接口,从而使用户可以基于 CANopen 标准将 LPC11Cxx 系列 Cortex - M0 微控制器快速集成到嵌入式网络应用中。在片内 ROM 中嵌入 CANopen 驱动,既有利于降低整体风险和复杂度,还为设计工程师带来了低功耗的优势。
- 集成低电磁辐射(EME)和高电磁抗扰度(EMI)CAN 收发器。通常地,CAN 收发器的成本与微控制器相当或者更高;集成 CAN 收发器可提高系统的可靠性和质量、减少电气互连和兼容的问题、节省 50% 以上的电路板空间,而其成本还不到 MCU 的 20%(仅限 LPC11C22、LPC11C24)。
- UART、2 个 SPI、I²C (FM+)。
- 16 位和 32 位定时器计数器各 2 个,带 PWM 输出/匹配/捕捉功能,一个 24 位系统定时器计数器。
- 12 MHz 内部 RC 振荡器,全温度及电压范围内精度可达 1%。
- 上电复位(POR)。
- 多级掉电检测(BOD)。
- 10～50 MHz 锁相环(PLL)。
- 具备±1 LSB DNL 的 8 通道高精度 10 位 ADC。
- 36 个高速、可承受 5 V 电压的 GPIO 引脚,引脚可驱动能力可高达 20 mA。
- 高 ESD 性能:8 kV(收发器)/6.5 kV(微控制器)。

5.1.4　引脚描述

这里仅给出与 CAN 应用相关的引脚的功能描述,其他引脚的功能描述可参考用户手册。

① LPC11C12/C14 的 CAN 相关引脚如表 5-2 所列。

表 5-2 引脚描述

符号	引脚	类型	描述
CAN_RXD	19	I	CAN_RXD:C_CAN 接收数据输入
CAN_TXD	20	O	CAN_TXD:C_CAN 发送数据输入

② LPC11C22/C24 的 CAN 相关引脚如表 5-3 所列。

表 5-3 LPC11C22/C24 引脚描述

符号	引脚	类型	描述
CANL	18	I	低电平 CAN 总线
CANH	19	O	高电平 CAN 总线
STB	22	I	CAN 收发器的静默模式控制引脚
VDD_CAN	17	—	CAN 收发器 I/O 引脚电压的供电电源
V_{CC}	20	—	CAN 收发器的供电电源
GND	21	—	CAN 收发器的地

5.2 CAN 寄存器

LPC11Cxx 系列微控制器相关寄存器汇总如表 5-4 所列。

表 5-4 CAN 寄存器汇总(基址 0x4005 0000)

名称	访问	地址偏移量	描述	复位值
CANCNTL		0x000	CAN 控制	0x0001
CANSTAT		0x004	状态寄存器	0x0000
CANEC	RO	0x008	错误计数器	0x0000
CANBT		0x00C	位定时寄存器	0x2301
CANINT	RO	0x010	中断寄存器	0x0000
CANTEST		0x014	测试寄存器	—
CANBRPE		0x018	波特率预分频器扩展寄存器	0x0000
—	—	0x01C	保留	—
CANIF1_CMDREQ		0x020	报文接口 1 命令请求	0x0001
CANIF1_CMDMSK		0x024	报文接口 1 命令屏蔽	0x0000
CANIF1_MSK1		0x028	报文接口 1 屏蔽 1	0xFFFF

续表 5 - 4

名　称	访　问	地址偏移量	描　述	复位值
CANIF1_MSK2		0x02C	报文接口 1 屏蔽 2	0xFFFF
CANIF1_ARB1		0x030	报文接口 1 仲裁 1	0x0000
CANIF1_ARB2		0x034	报文接口 1 仲裁 2	0x0000
CANIF1_MCTRL		0x038	报文接口 1 报文控制	0x0000
CANIF1_DA1		0x03C	报文接口 1 数据 A1	0x0000
CANIF1_DA2		0x040	报文接口 1 数据 A2	0x0000
CANIF1_DB1		0x044	报文接口 1 数据 B1	0x0000
CANIF1_DB2		0x048	报文接口 1 数据 B2	0x0000
—		0x04C～0x07C	保留	
CANIF2_CMDREQ		0x080	报文接口 2 命令请求	0x0001
CANIF2_CMDMSK		0x084	报文接口 2 命令屏蔽	0x0000
CANIF2_MSK1		0x088	报文接口 2 屏蔽 1	0xFFFF
CANIF2_MSK2		0x08C	报文接口 2 屏蔽 2	0xFFFF
CANIF2_ARB1		0x090	报文接口 2 仲裁 1	0x0000
CANIF2_ARB2		0x094	报文接口 2 仲裁 2	0x0000
CANIF2_MCTRL		0x098	报文接口 2 报文控制	0x0000
CANIF2_DA1		0x09C	报文接口 2 数据 A1	0x0000
CANIF2_DA2		0x0A0	报文接口 2 数据 A2	0x0000
CANIF2_DB1		0x0A4	报文接口 2 数据 B1	0x0000
CANIF2_DB2		0x0A8	报文接口 2 数据 B2	0x0000
—	—	0x0AC～0x0FC		
CANTXREQ1	RO	0x100	发送请求 1	0x0000
CANTXREQ2	RO	0x104	发送请求 2	0x0000
—	—	0x108～0x11C	保留	—
CANND1	RO	0x120	新数据 1	0x0000
CANND2	RO	0x124	新数据 2	0x0000
—	—	0x128～0x13C	保留	—
CANIR1	RO	0x140	中断挂起 1	0x0000
CANIR2	RO	0x144	中断挂起 2	0x0000
—	—	0x148～0x15C	保留	—
CANMSGV1	RO	0x160	报文有效 1	0x0000
CANMSGV2	RO	0x164	报文有效 2	0x0000
—	—	0x168～0x17C	保留	—
CANCLKDIV	R/W	0x180	CAN 时钟分频器寄存器	0x0001

5.2.1 CAN 寄存器汇总

1. CAN 控制寄存器

控制寄存器用于改变 CAN 控制器的功能行为,通过置位或者清除这些位可以控制 CAN 控制器对应位的功能。微控制器可以对该寄存器进行读/写操作,控制器各位的功能描述如表 5-5 所列。

表 5-5 CAN 控制寄存器(CANCNTL,地址 0x4005 0000)位功能描述

位	符 号	值	描 述	复位值	访 问
0	INIT		初始化	1	R/W
		0	正常操作		
		1	启动初始化。复位时,软件需要初始化 CAN 控制器		
1	IE		模块中断使能	0	R/W
		0	禁能 CAN 中断。中断线总是为高电平		
		1	使能 CAN 中断。中断线被设为低电平,并保持为低电平,直到所有挂起的中断被清除		
2	SIE		状态更改中断使能	0	R/W
		0	禁能状态更改中断。不会产生状态更改中断		
		1	使能状态更改中断。当成功完成报文传输或检测到 CAN 总线错误时,产生状态更改中断		
3	EIE		错误中断使能	0	R/W
		0	禁能错误中断。不会产生错误状态中断		
		1	使能错误中断。CANSTAT 寄存器的 BOFF 或 EWARN 位发生改变时会产生中断		
4	—	—	保留	0	—
5	DAR		禁能自动重发	0	R/W
		0	使能被干扰报文的自动重发		
		1	禁能自动重发		
6	CCE		配置更改使能	0	R/W
		0	CPU 不对位定时寄存器进行写访问		
		1	CPU 会在 INIT 位为 1 时对 CANBT 寄存器进行写访问		
7	TEST		测试模式使能	0	R/W
		0	正常操作		
		1	测试模式		
31:8		—	保留	—	—

注:总线关闭恢复序列(见 2.0 版本的 CAN 规范)不可以通过设置或复位 INIT 位来变短。如果设备进入总线关闭状态,它将会设置 INIT,停止所有的总线活动。一旦 CPU 清除了 INIT,设备将会先等待 129 个总线空闲发生(129×11 个连续高电

平/隐性位),然后再恢复正常操作。在结束总线关闭恢复序列时,错误管理计数器将会复位。

在复位 INT 后的等待时间内,每次都监控到 11 个高电平/隐性位的序列,而 Bit0Error 代码被写入到状态寄存器 CANSTAT 中,使得 CPU 可以监控总线关闭恢复序列的过程,从而决定是否令 CAN 总线一直处于低电平/显性或连续被干扰。

2. CAN 状态寄存器

BOFF、EWARN、RXOK、TXOK 或 LEC 位可以产生状态中断。BOFF 和 EWARN 产生错误中断,RXOK、TXOK 和 LEC 产生状态更改中断,如果 CANCTRL 寄存器里 EIE 和 SIE 位使能,则 EPASS 位发生改变,写 RXOK、TXOK 或 LEC 将永不会产生状态中断。如表 5-6 所列,读 CANSTAT 寄存器将会在 CANIR 寄存器中清除状态中断值(0x8000)。

表 5-6　CAN 状态寄存器(CANSTAT,地址 0x4005 0004)位功能描述

位	符　号	值	描　述	复位值	访　问
2:0	LEC		**最近错误代码** 出现在 CAN 总线上的最近错误类型。LEC 域保存着表示最近出现在 CAN 总线上的错误类型的代码。当无错误地完成报文传输时,该域将会被清零。未用到的代码为 111,CPU 可以写入这个代码来检查更新	000	R/W
		000	无错误		
		001	**Stuff error**:在接收到报文里,序列中存在着超过 5 个相同的位,在这里是不允许发生的		
		010	**Form error**:接收帧的固定格式部分的格式错误		
		011	**AckError**:该 CAN 内核传送的报文不被应答		
		100	**Bit1Error**:在报文传送期间(仲裁除外),设备想要发送高电平/隐性电平(位逻辑值为 1),但是监控到的总线为低电平/显性电平		
		101	**Bit0Error**:在报文的传送期间(或应答位、或有效错误标志、或过载标志),设备想要发送低电平/显性电平(数据或标识符位逻辑值为 0),但是监控到的总线值是高电平/隐性电平。在总线关闭恢复期间,在每次监控到 11 个高电平/隐性位的序列时,要将该状态进行设置。这可令 CPU 监控总线关闭恢复序列的进程(表示总线不处于低电平/显性电平或连续被干扰)		
		110	**CRCError**:所接到的报文中的 CRC 校验和不正确		
		111	**Unused**:不检测到 CAN 总线事件(由 CPU 写入)		

位	符 号	值	描　　述	复位值	访 问
3	TXOK		成功发送报文 该位由 CPU 复位。CAN 控制器不能将它复位	0	R/W
		0	由于该位由 CPU 复位,因此报文没有成功发送		
		1	由于该位由 CPU 最后复位,因此报文成功发送(无错误和至少被另一个节点进行应答)		
4	RXOK		成功接收报文 该位由 CPU 复位。CAN 控制器不能将它复位	0	R/W
		0	由于该位由 CPU 最后复位,因此报文没有成功发送		
		1	由于该位由 CPU 最后设置为 0,因此报文接收成功,与接收过滤的结果无关		
5	EPASS		错误消极	0	RO
		0	CAN 控制器处于错误有效状态		
		1	CAN 控制器处于 CAN2.0 规范中所定义的错误消极状态		
6	EWARN		警告状态	0	RO
		0	两个错误计数器的错误警告数低于 96 这个限数		
		1	EML 中至少有一个错误计数器的数值达到了 96 个错误警告上限		
7	BOFF		总线关闭状态	0	RO
		0	CAN 模块不处于总线关闭状态		
		1	CAN 控制器处于总线关闭状态		
31:8	—	—	保留		

3. CAN 错误计数器(表 5 - 7)

表 5 - 7　CAN 错误计数器(CANEC,地址 0x4005 0008)位功能描述

位	符 号	值	描　　述	复位值	访 问
7:0	TEC[7:0]		发送错误计数器 发送错误计数器的当前值(最大值为 127)	0	RO
14:8	REC[14:8]		接收错误计数器 接收错误计数器的当前值(最大值为 255)	—	RO
15	RP		接收错误消极	—	RO
		0	接收计数器没有达到错误消极状态		
		1	接收计数器达到了在 CAN2.0 规范中所定义的错误消极状态		
31:16	—	—	保留	—	—

4. CAN 位定时寄存器(表 5－8)

例如,将模块时钟 CAN_CLK LPC11Cxx 系列微控制器系统时钟设为 8 MHz,0x2301 的复位值将 C_CAN 配置,以进行位速率为 500 kbit/s 的操作。

如果 CANCTRL 中的配置更改使能,且软件初始化了控制器(CAN 控制寄存器中的 CCE 和 INIT 位被置位),则寄存器都为只写寄存器。

波特率预分频器的位时间份额 t_q 由 BRP 值决定:

$t_q = \mathrm{BRP}/f_{sys}$($f_{sys}$ 是 C_CAN 模块的 LPC11Cxx 系列微控制器的系统时钟)

时间段 TSEG1 和 TSEG2 决定每位时间的时间份额数量和采样点的位置:

$$t_{\mathrm{TSEG1/2}} = t_q \times (\mathrm{TSEG1/2} + 1)$$

表 5－8　CAN 位定时寄存器(CANBT,地址 0x4005 000C)位功能描述

位	符 号	值	描 述	复位值	访 问
5:0	BRP	0x01～0x3F[1]	波特率预分频器 振荡器频率被分频的值是用于产生位时间份额。位时间值是该份额的整数倍,波特率预分频的有效值为 0～63	000001	R/W
7:6	SJW	0x0～0x3[1]	(重新)同步跳转宽度 有效的编程值为 0～3	11'	R/W
11:8	TSEG1	0x0～0x7[1]	采样点之后的时间段 有效值为 0～7	0010	R/W
14:12	TSEG2	0x01～0x0F[1]	采样点之前的时间段 有效值为 1～15	0'	R/W
31:15	—	—	保留	—	—

注:[1] 硬件把往这些位编写入的值理解为位值＋1。

为了补偿不同总线控制器的时钟振荡器之间的相位漂移,任何总线控制器必须在当前传送的相关信号边沿上重新同步。同步跳转宽度 t_{SJW} 定义了时钟周期的最大数目,执行一次重新同步操作时,某位的周期可能变短或变长:

$$t_{\mathrm{SJW}} = t_q \times (\mathrm{SJW} + 1)$$

5. CAN 中断寄存器(表 5－9)

如果有几个中断被挂起,CAN 中断寄存器则会指向具有最高优先级的挂起中断,而忽略它们的时间排序。中断仍保持挂起状态,直至 CPU 将其清除。如果 INTID 不同于 0x0000,且 IE 被置位,则到 CPU 的中断线有效。中断线保持有效直至 INTID 返回到 0x0000 值(原因是中断被复位)或直至 IE 被复位。

状态中断具有最高的优先级。在这些报文中断里,报文对象的中断优先级是随着报文编号的增加而递减。

表 5 - 9　CAN 中断寄存器(CANINT,地址 0x4005 0010)位功能描述

位	符　号	值	描　　述	复位值	访　问
15:0	INTID[15:0]	0x0000	无中断挂起		R
		0x0001～0x0020	引发中断的报文对象编号		
		0x0021～0x7FFF	未使用		
		0x8000	状态中断		
		0x8001～0xFFFF	未使用		
31:16			保留		

通过清除报文对象的 INTPND 位即可以清除报文中断,而状态中断的清除则通过读取状态寄存器来完成。

6. CAN 测试寄存器

通过设置 CAN 控制寄存器的测试位即可使能对测试寄存器的写访问。

用户可以组合出不同的测试功能,但是,当选择了 TX[1:0]＝00 时,报文传输被干扰,如表 5 - 10 所列。

表 5 - 10　CAN 测试寄存器(CANTEST,地址 0x4005 0014)位功能描述

位	符　号	值	描　　述	复位值	访　问
1:0	—	—			—
2	BASIC		基本模式	0	R/W
		0	基本模式禁能		
		1	IF1 寄存器用作 TX 缓存区,IF2 寄存器用作 RX 缓存区		
3	SILENT		安静模式	0	R/W
		0	正常操作		
		1	模块处于静默模式		
4	LBACK		环回模式	0	R/W
		0	禁能环回模式		
		1	使能环回模式		
6:5	TX[1:0]		TD 引脚的控制	00	R/W
		00	TD 引脚上的电平由 CAN 控制器控制。这是复位时的值		
		01	可在 TD 引脚上监控采样点		
		10	TD 引脚被驱动为低电平/显性		
		11	TD 引脚被驱动为高电平/隐性		

位	符　号	值	描　述	复位值	访　问
7	RX	0	CAN 总线为隐性电平(CAN_RXD='1')	0	R
		0	TD 引脚被驱动为低电平/显性		
		1	CAN 总线为显性(CAN_RXD='0')		
31:8	—	—	R/W	—	—

7. CAN 波特率预分频器扩展寄存器(表 5 - 11)

表 5 - 11　CAN 波特率预分频器扩展寄存器(CANBRP,地址 0x4005 8018)位功能描述

位	符　号	值	描　述	复位值	访　问
3:0	BRPE	0x00~0x0F	波特率预分频器扩展 通过编程 BRPE,波特率预分频器的值可以扩展至 1 023。 硬件将这个值理解为 BRPE(高位)和 BRP(低位)的值加 1	0x0000	R/W
31:4	—	—	保留	—	—

5.2.2　报文接口寄存器

　　两组接口寄存器用于控制 CPU 对报文 RAM 的访问。如表 5 - 12 所列,接口寄存器通过将传送的数据进行缓冲,以避免 CPU 对报文 RAM 和 CAN 报文收发之间的访问造成冲突。在单次传输中,完整的报文对象或部分报文对象可以在报文 RAM 和 IFx 报文缓存区寄存器之间传送。

表 5 - 12　报文接口寄存器

IF1 寄存器名称	IF1 寄存器组	IF2 寄存器名称	IF2 寄存器组
CANIF1_CMDREQ	IF1 命令请求	CANIF2_CMDREQ	IF2 命令请求
CANIF1_CMDMASK	IF1 命令屏蔽	CANIF2_CMDMASK	IF2 命令屏蔽
CANIF1_MASK1	IF1 屏蔽 1	CANIF2_MSK1	IF2 屏蔽 1
CANIF1_MASK2	IF1 屏蔽 2	CANIF2_MSK2	IF2 屏蔽 2
CANIF1_ARB1	IF1 仲裁 1	CANIF2_ARB1	IF2 仲裁 1
CANIF1_ARB2	IF1 仲裁 2	CANIF2_ARB2	IF2 仲裁 2
CANIF1_MCTRL	IF1 报文控制	CANIF2_MCTRL	IF2 报文控制
CANIF1_DA1	IF1 数据 A1	CANIF2_DA1	IF2 数据 A1
CANIF1_DA2	IF1 数据 A2	CANIF2_DA2	IF2 数据 A2
CANIF1_DB1	IF1 数据 B1	CANIF2_DB1	IF1 数据 B1
CANIF1_DB2	IF1 数据 B2	CANIF2_DB2	IF1 数据 B2

　　两组接口寄存器的功能相同(测试模式基本配置除外)。一组寄存器用于将数据传送到报文 RAM 中,另一组寄存器报文 RAM 中的数据进行传送,从而允许这两个进程可由对方中断。

　　每组接口寄存器由报文缓存区寄存器组成,报文缓存区寄存器由各自的命令寄存器控制。命令屏蔽寄存器指定数据传送的方向和要传送哪一部分报文对象。命令请求寄存器在报文 RAM 选择一个报文对象,以作为传输的目标对象或源对象,同时它也可以启动在命令屏蔽寄存器中指定的操作。

　　在报文 RAM 中有 32 个报文对象。为了避免 CPU 对报文 RAM、CAN 接收和发送之间的访问造成冲突,CPU 不可以直接访问报文对象。通过 IFx 接口寄存器可以访问报文对象。

1. 报文对象

　　报文对象包含着来自于报文接口寄存器中各位的信息。图 5-1 是报文对象的结构。报文对象和相关接口寄存器的位里显示了位被设置或清零的情况。有关位功能的描述可参考相关的接口寄存器。

UMASK	MSK[28:0]	MXTD	MDIR	EOB	NEWDAT	MSGLST	RXIE	TXIE	INTPND
IF1/2_MCTRL	IF1/2_MSK1/2			IF1/2_MCTRL					
RMTEN	TXRQST	MSGVAL	ID[28:0]	XTD	DIR	DLC3	DLC2	DLC1	DLC0
IF1/2_MCTRL		IF1/2_ARB1/2				IF1/2_MCTRL			
DATA0	DATA1	DATA2	DATA3	DATA4	DATA5	DATA6	DATA7		
IF1/2_DA1		IF1/2_DA2		IF1/2_DB1		IF1/2_DB2			

图 5-1　报文 RAM 中报文对象的结构

2. CAN 报文接口命令请求寄存器

　　一旦 CPU 将报文编号写入到命令请求寄存器,报文传输启动。如表 5-13 所列,随着写操作的进行,BUSY 位被自动设置为 1,信号 CAN_WAIT_B 被拉低来向 CPU 通告正在处理传输。在等待 3～6 个 CAN_CLK 周期后,接口寄存器和报文 RAM 之间的传输完成。BUSY 位被设回为 0,且信号 CAN_WAIT_B 也被设回原状态。

3. CAN 报文接口命令屏蔽寄存器

　　IFx 命令屏蔽寄存器的控制位指定传输的方向,并选择出将哪一个 IFx 报文缓存区寄存器用作数据传输的源寄存器或是目标寄存器。如表 5-14、表 5-15 所列,寄存器位的功能由传输的方向(读或写)决定,方向由该命令屏蔽寄存器的 WR/RD 位(位 7)选择。WR/RD 的选择情况如下:

● 如果为 1,则为写传输方向(写报文 RAM)。

● 如果为 0,则为读传输方向(读报文 RAM)。

表 5 - 13　CAN 报文接口命令请求寄存器

（CANIF1_CMDREQ 和 CANIF2_CMDREQ，地址 0x4005 0020 和 0x4005 0080）位功能描述

位	符　号	值	描　　述	复位值	访　问
5:0	Message Number		报文编号	0x00	R/W
		0x01~0x20	有效的报文编号 报文 RAM 中的报文对象，被选用于执行数据传输		
		0x00	无效的报文编号。该值被置为 0x20[1]		
		0x21~0x3F	无效的报文编号。该值被置为 0x01~0x1F [1]		
14:6	—		保留	—	—
15	BUSY		BUSY 标志	0	RO
		0	当对该命令请求寄存器的读/写操作完成时，硬件将其置为 0		
		1	当写该命令请求寄存器时，硬件将其置为 1		
31:16	—		保留	—	—

注：[1] 当向命令请求寄存器写入无效的报文编号时，报文编号将会变为一个有效的值，并传送此报文对象。

表 5 - 14　CAN 报文接口命令屏蔽寄存器写方向

（CANIF1_CMDMASK 和 CANIF2_CMDMASK，地址 0x4005 0024 和 0x4005 0084）位功能描述

位	符　号	值	描　　述	复位值	访　问
0	DATA_B		访问数据字节 4~7	0	R/W
		0	数据字节 4~7 不变		
		1	将数据字节 4~7 传送到报文对象		
1	DATA_A		访问数据字节 0~3	0	R/W
		0	数据字节 0~3 不变		
		1	将数据字节 0~3 传送到报文对象		
2	TXRQST		访问传送请求位	0	R/W
		0	无传送请求。IF1/2_ MCTRL 中的 TXRQSRT 位不变 注：如果是通过编程该位来请求进行传送，则要忽略 CANIFn_MCTRL 寄存器中的 TXRQST 位		
		1	请求传送。将 IF1/2_MCTRL 的 TXRQST 位置位		
3	CLRINTPND	—	该位在写方向的操作里被忽略	0	R/W

位	符 号	值	描 述	复位值	访 问
4	CTRL		访问控制位	0	R/W
		0	控制位不改变		
		1	将控制位传送到报文对象		
5	ARB		访问仲裁位	0	R/W
		0	仲裁位不改变		
		1	将标识符、DIR、XTD、和 MSGVAL 位传送到报文对象里		
6	MASK		访问屏蔽位	0	R/W
		0	屏蔽位不改变		
		1	将 MASK+MDIR+MXTD 标识符传送到报文对象		
7	WR/RD	1	写传输 将所选报文缓存区寄存器的数据传送到命令请求寄存器 CANIFn_CMDREQ 所寻址的报文对象	0	R/W
31:8	—	—	保留	0	—

表 5 - 15 CAN 报文接口命令屏蔽寄存器读方向

(CANIF1_CMDMASK 和 CANIF2_CMDMASK,地址 0x4005 0024 和 0x4005 0084)位功能描述

位	符 号	值	描 述	复位值	访 问
0	DATA_B		访问数据字节 4~7	0	R/W
		0	数据字节 4~7 不变		
		1	将数据字节 4~7 传送到 IFx 报文缓存区寄存器		
1	DATA_A		访问数据字节 0~3	0	R/W
		0	数据字节 0~3 不变		
		1	将数据字节 0~3 传送到 IFx 报文缓存区		
2	NEWDAT	0	访问新数据位 NEWDAT 位保持不变 注:读访问报文对象时可以将 IF1/2_MCTRL 寄存器的 INTPND 和 NEWDAT 控制位复位操作整合起来。这些位被传送到 IFx 报文控制寄存器的位值总是反映着这些位被复位之前的状态	0	R/W
		1	清除报文对象里的 NEWDAT 位		

位	符　号	值	描　述	复位值	访问
3	CLRINTPND		清除中断挂起位	0	R/W
		0	INTPND 位保持不变		
		1	清除报文对象的 INTPND 位		
4	CTRL		访问控制位	0	R/W
		0	控制位不改变		
		1	将控制位传送到 IFx 报文缓存区		
5	ARB		访问仲裁位	0	R/W
		0	仲裁位不改变		
		1	将标识符、DIR、XTD、和 MSGVAL 位传送到 IFx 报文缓存区寄存器		
6	MASK		访问屏蔽位	0	R/W
		0	屏蔽位不改变		
		1	将 MASK＋MDIR＋MXTD 标识符传送到 IFx 报文缓存区寄存器		
7	WR/RD	0	读传输 将命令请求寄存器所寻址的报文对象的数据传送到所选的报文缓存区寄存器 CANIFn_CMDREQ	0	R/W
31:8	—	—	保留	0	—

4. IF1 和 IF2 报文缓存寄存器

报文缓存区寄存器的位反映报文 RAM 中的报文对象。

(1) CAN 接口屏蔽 1 寄存器(表 5 - 16)

表 5 - 16　CAN 报文缓存寄存器 1

(CANIF1_MASK1 和 CANIF2_MASK1,地址 0x4005 0028 和 0x4005 0088)位功能描述

位	符　号	值	描　述	复位值	访　问
15:0	MSK[15:0]		标识符屏蔽	0xFF	R/W
		0	报文标识符的相应位不能禁止接收过滤里的匹配操作		
		1	相应的标识符位用于接收过滤操作		
31:16	—	—	保留	0	—

(2) CAN 接口屏蔽 2 寄存器(表 5 - 17)

表 5 - 17　CAN 报文缓存寄存器 2

(CANIF1_MASK2 和 CANIF2_MASK2,地址 0x4005 002C 和 0x4005 008C)位功能描述

位	符　号	值	描　　述	复位值	访　问
12:0	MSK[28:16]		标识符屏蔽	0xFF	R/W
		0	报文标识符的相应位不能禁止接收滤里的匹配操作		
		1	相应的标识符位用于接收过滤操作		
—	—	—	保留	—	—
14	MDIR		屏蔽报文方向	1	R/W
		0	报文方向位(DIR)不会影响接收过滤操作		
		1	报文方向位(DIR)用于接收过滤操作		
15	MXTD		屏蔽扩展标识符	1	R/W
		0	扩展的标识符位(IDE)不会影响接收过滤操作		
		1	扩展的标识符位(IDE)用于接收过滤操作		
31:16	—	—	保留	0	—

(3) CAN 报文接口命令仲裁 1 寄存器(表 5 - 18)

表 5 - 18　CAN 报文接口命令仲裁 1 寄存器

(CANIF1_ARB1 和 CANIF2_ARB1,地址 0x4005 0030 和 0x4005 0090)位功能描述

位	符　号	值	描　　述	复位值	访　问
15:0	ID[15:0]		报文标识符 29 位标识符("扩展的帧") 11 位标识符("标准的帧")	0x00	R/W
31:16	—	—	保留	0	

(4) CAN 报文接口命令仲裁 2 寄存器(表 5 - 19)

表 5 - 19　CAN 报文接口命令仲裁 2 寄存器

(CANIF1_ARB2 和 CANIF2_ARB2,地址 0x4005 0034 和 0x4005 0094)位功能描述

位	符　号	值	描　　述	复位值	访　问
12:0	ID[28:16]		报文标识符 29 位标识符("扩展的帧") 11 位标识符("标准的帧")	0x00	R/W

续表 5 - 19

位	符　号	值	描　述	复位值	访　问
13	DIR		报文方向	0x00	R/W
		0	方向＝接收 在 TXRQST 里,把带该报文对象标识符的远程帧发送出去。在接收到带匹配标识符的数据帧时,将此寄存器存放在该报文对象里		
		1	方向＝发送 在 TXRQST 里,相应的报文对象作为数据帧发送出去。在接收到带匹配标识符的远程帧时,该报文对象的 TXRQST 位被置位(如果 RMTEN＝1)		
14	XTD		扩展标识符	0x00	R/W
		0	11 位标准标识符用于该报文对象		
		1	29 位扩展标识符用于该报文对象		
15	MSGVAL		报文有效 注:CPU 在复位 CAN 控制寄存器的 INIT 位之前的初始化进程中,必须复位所有未被使用的报文对象的 MSGVAL 位。在修改标识符 ID28:0、控制位 XTD、DIR 或数据长度代码 DLC3:0之前,或不再要求使用报文对象时,必须也要将该位复位	0	R/W
		0	报文处理程序忽略报文对象		
		1	报文对象被配置,且由报文处理程序进行识别		
31:16	—	—	保留	0	—

(5) CAN 报文接口报文控制寄存器(表 5 - 20)

表 5 - 20　CAN 报文接口报文控制寄存器

(CANIF1_MCTRL 和 CANIF2_MCTRL,地址 0x4005 0038 和 0x4005 0098)位功能描述

位	符　号	值	描　述	复位值	访　问
3:0	DLC[3:0]		数据长度代码 注:报文对象的数据长度代码的定义必须要与所有相应的对象相同,在其他的节上具有相同的标识符。当报文处理程序存放数据帧时,它将会把 DLC 写入接收到的报文所给定的值	0000	R/W
		0000～0100	数据帧具有 0~8 个数据字节		
		0101～1111	数据帧具有 8 个数据字节		
6:4	—		保留	—	—

续表 5-20

位	符 号	值	描 述	复位值	访 问
7	EOB		缓存区结束	0	R/W
		0	报文对象属于 FIFO 缓存区,且不会是 FIFO 缓存区的最后一个报文对象		
		1	FIFO 缓存区的单个报文对象或最后一个报文对象		
8	TXRQST		发送请求	0	R/W
		0	该报文对象不是在等待着被传送		
		1	请求发送该报文对象,但还没有完成发送		
9	RMTEN		远程使能	0	R/W
		0	在接收到远程帧时,不会更改 TXRQST		
		1	在接收到远程帧时,置位 TXRQST		
10	RXIE		接收中断使能	0	R/W
		0	在成功接收帧后,INTPND 不改变		
		1	在成功接收帧后,INTPND 将置位		
11	TXIE		发送中断使能	0	R/W
		0	在成功接收帧后,INTPND 位不改变		
		1	在成功接收帧后,INTPND 位将置位		
12	UMASK		使用接收屏蔽 注:如果用户将 UMASK 设置为 1,那么就要在将 MAGVAL 设为 1 之前的初始化进程中,要对报文对象的屏蔽位进行编写	0	R/W
		0	忽略屏蔽		
		1	使用屏蔽(MSK[28:0]、MXTD 和 MDIR)进行接收过滤操作		
13	INTPND		中断挂起	0	R/W
		0	该报文对象不是中断源		
		1	该报文对象是中断源。中断寄存器的中断标识符将会指向该报文对象,如果不存在更高优先级的中断源		
14	MSGLST		报文丢失(只对接收方向的报文对象有效)	0	R/W
		0	无报文丢失,因为 CPU 将该位最后复位		
		1	在 NEWDAT 仍保持置位时报文处理程序将一个新的报文存放在该对象中,现 CPU 将报文丢失		
15	NEWDAT		新数据	0	R/W
		0	报文处理程序没有把新数据被写入到该报文对象的数据部分,因为该标志由 CPU 最后清零		
		1	报文处理程序或 CPU 已将新数据写入到该报文对象的数据部分		
31:16	—	—	保留	0	—

(6) CAN 报文接口数据 A1 寄存器

如表 5-21 所列,在 CAN 数据帧中,DATA0 是首先被发送或接收的字节,而 DATA7(在 CAN_IF1B2 和 CAN_IF2B2)则是最后被发送或接收的字节。在 CAN 的串行位流中,首先发送的是每个字节的最高位。

注:在接收进程中,字节 DATA0 是最先被移送到 CAN 内核的移位寄存器的数据字节,字节 DATA7 最后发送。当报文处理程序存放数据帧时,它将会把所有 8 个数据字节写入到报文对象中。如果数据长度代码少于 8,则剩余在报文对象的字节将会被非指定的值覆盖。

表 5-21 CAN 报文接口数据 A1 寄存器
(CANIF1_DA1 和 CANIF2_DA1,地址 0x4005 003C 和 0x4005 009C)位功能描述

位	符 号	描 述	复位值	访 问
7:0	DATA0	数据字节 0	0x00	R/W
15:8	DATA1	数据字节 1	0x00	R/W
31:16	—	保留	—	—

(7) CAN 报文接口数据 A2 寄存器(表 5-22)

表 5-22 CAN 报文接口数据 A2 寄存器
(CANIF1_DA2 和 CANIF2_DA2,地址 0x4005 0040 和 0x4005 00A0)位功能描述

位	符 号	描 述	复位值	访 问
7:0	DATA2	数据字节 2	0x00	R/W
15:8	DATA3	数据字节 3	0x00	R/W
31:16	—	保留	—	—

(8) CAN 报文接口数据 B1 寄存器(表 5-23)

表 5-23 CAN 报文接口数据 B1 寄存器
(CANIF1_DB1 和 CANIF2_DB1,地址 0x4005 0044 和 0x4005 00A4)位功能描述

位	符 号	描 述	复位值	访 问
7:0	DATA4	数据字节 4	0x00	R/W
15:8	DATA5	数据字节 5	0x00	R/W
31:16	—	保留	—	—

(9) CAN 报文接口数据 B2 寄存器(表 5-24)

表 5-24 CAN 报文接口数据 B2 寄存器
(CANIF1_DB2 和 CANIF2_DB2,地址 0x4005 0048 和 0x4005 00A8)位功能描述

位	符 号	描 述	复位值	访 问
7:0	DATA6	数据字节 6	0x00	R/W
15:8	DATA7	数据字节 7	0x00	R/W
31:16	—	保留	—	—

5.2.3　报文处理程序寄存器

　　所有报文处理程序寄存器都是只读寄存器。它们的内容(每一个报文对象的 TXRQST、NEWDAT、INTPND 和 MSGVAL 位和中断标识符)是由报文处理程序 FSM 提供的状态信息。

1. CAN 发送请求 1 寄存器

　　该寄存器包含报文对象(1~16)的 TXRQST 位。通过读出 TXRQST 位,CPU 可以查看出哪一个报文对象的发送请求被挂起。在接收远程帧或成功发送后,特定报文对象的 TXRQST 位可由 CPU 通过 IFx 报文接口寄存器来设置/复位,或可由报文处理程序进行设置/复位,如表 5－25 所列。

表 5－25　CAN 发送请求 1 寄存器(CANTXREQ1,地址 0x4005 0100)位功能描述

位	符　号	值	描　　述	复位值	访　问
15:0	TXRQST[16:1]		报文对象 16~1 的发送请求	0x00	R
		0	该报文对象不是在等待着被发送		
		1	请求发送该报文对象,但发送仍未完成		
31:16	—	—	保留		

2. CAN 发送请求 2 寄存器

　　如表 5－26 所列,该寄存器包含报文对象(32~17)的 TXRQST 位。通过读出 TXRQST 位,CPU 可以查看出哪一个报文对象的发送请求被挂起。在接收远程帧或成功发送后,特定报文对象的 TXRQST 位可由 CPU 通过 IFx 报文接口寄存器来进行设置/复位,或可由报文处理程序进行设置/复位。

表 5－26　CAN 发送请求 2 寄存器(CANTXREQ2,地址 0x4005 0104)位功能描述

位	符　号	值	描　　述	复位值	访　问
15:0	TXRQST[32:17]		报文对象 32~17 的发送请求	0x00	R
		0	该报文对象不是在等待着被发送		
		1	请求发送该报文对象,但发送仍未完成		
31:16	—	—	保留		

3. CAN 新数据 1 寄存器

　　如表 5－27 所列,该寄存器包含报文对象(16~1)的 NEWDAT 位。通过读出 NEWDAT 位,CPU 可以查看出哪一个报文对象的数据部分被更新。在接收完数据帧或成功发送后,特定报文对象的 NEWDAT 位可由 CPU 通过 IFx 报文接口寄存器来进行设置/复位,或可由报文处理程序进行设置/复位。

表 5 - 27　CAN 新数据 1 寄存器(CANND1,地址 0x4005 0120)位功能描述

位	符　号	值	描　　　述	复位值	访　问
15:0	NEWDAT[16:1]		报文对象 16~1 的新数据位	0x00	R
		0	报文处理程序没有把新数据写入该报文对象的数据部分,因为 CPU 之前已把该标志清零		
		1	报文处理程序或 CPU 已把新数据写入该报文对象的数据部分		
31:16	—	—	保留	—	—

4. CAN 新数据 2 寄存器

如表 5 - 28 所列,该寄存器包含报文对象(32~17)的 NEWDAT 位。通过读出 NEWDAT 位,CPU 可以查看出哪一个报文对象的数据部分被更新。在接收完数据帧或成功发送完后,特定报文对象的 NEWDAT 位可由 CPU 通过 IFx 报文接口寄存器来进行设置/复位,或可由报文处理程序进行设置/复位。

表 5 - 28　CAN 新数据 2 寄存器(CANND2,地址 0x4005 0124)位功能描述

位	符　号	值	描　　　述	复位值	访　问
15:0	NEWDAT[32:17]		报文对象 32~17 的新数据位	0x00	R
		0	报文处理程序没有把新数据写入该报文对象的数据部分,因为 CPU 之前已把该标志清零		
		1	报文处理程序或 CPU 已把新数据写入该报文对象的数据部分		
31:16	—	—	保留	—	—

5. CAN 中断挂起 1 寄存器

如表 5 - 29 所列,该寄存器包含报文对象(16~1)的 INTPND 位。通过读出 INTPND 位,CPU 可以查看出哪一个报文对象的中断被挂起。在接收完帧或成功发送完帧后,特定报文对象的 INTPND 位可由 CPU 通过 IFx 报文接口寄存器来进行设置/复位,或可由报文处理程序进行设置/复位。这将还会影响中断寄存器中 INTPND位的值。

表 5 - 29　CAN 中断挂起 1 寄存器(CANIR1,地址 0x4005 0140)位功能描述

位	符　号	值	描　　　述	复位值	访　问
15:0	INTPND[16:1]		报文对象 16~1 的中断挂起位	0x00	R
		0	报文处理程序忽略该报文对象		
		1	该报文对象是中断源		
31:16	—	—	保留	—	—

6. CAN 中断挂起 2 寄存器

如表 5-30 所列,该寄存器包含报文对象(32～17)的 INTPND 位。通过读出 INTPND 位,CPU 可以查看出哪一个报文对象的中断被挂起。在接收完帧或成功发送完帧后,特定报文对象的 INTPND 位可由 CPU 通过 IFx 报文接口寄存器来进行设置/复位,或者可由报文处理程序进行设置/复位。这将还会影响中断寄存器中 INTPND 位的值。

表 5-30 CAN 中断挂起 2 寄存器(CANIR2,地址 0x4005 0144)位功能描述

位	符 号	值	描 述	复位值	访 问
15:0	INTPND[32:17]		报文对象 32～17 的中断挂起位	0x00	R
		0	报文处理程序忽略该报文对象		
		1	该报文对象是中断源		
31:16	—	—	保留	—	—

7. CAN 报文有效 1 寄存器

如表 5-31 所列,该寄存器包含报文对象(16～1)的 MSGVAL 位。通过读出 MSGVAL 位,CPU 可以查看出哪一个报文对象有效。特定报文对象的 MSGVAL 位可由 CPU 通过 IFx 报文接口寄存器来进行设置/复位。

表 5-31 CAN 报文有效 1 寄存器(CANMSGV1,地址 0x4005 0160)位功能描述

位	符 号	值	描 述	复位值	访 问
15:0	MSGVAL[16:1]		报文对象 16～1 的报文有效位	0x00	R
		0	报文处理程序忽略该报文对象		
		1	该报文对象被配置,且应被报文处理程序识别		
31:16	—	—	保留	—	—

8. CAN 报文有效 2 寄存器

如表 5-32 所列,该寄存器包含报文对象(32～17)的 MSGVAL 位。通过读出 MSGVAL 位,CPU 可以查看出哪一个报文对象有效。特定报文对象的 MSGVAL 位可由 CPU 通过 IFx 报文接口寄存器来进行设置/复位。

表 5-32 CAN 报文有效 2 寄存器(CANMSGV2,地址 0x4005 0164)位功能描述

位	符 号	值	描 述	复位值	访 问
15:0	MSGVAL[32:17]		报文对象 32～17 的报文有效位	0x00	R
		0	报文处理程序忽略该报文对象		
		1	该报文对象被配置,且应被报文处理程序识别		
31:16	—	—	保留	—	—

5.2.4　CAN 时钟分频器寄存器

如表 5-33 所列,该寄存器决定 CAN 时钟信号。以该寄存器的值对外设时钟 PCLK 进行分频,可得到 CAN_CLK。

表 5-33　CAN 时钟分频器寄存器(CANCLKDIV,地址 0x4005 0180)位功能描述

位	符　号	值	描　　述	复位值	访　问
2:0	CLKDIVVAL		时钟分频器值	001	R/W
		000	CAN_CLK=对 PCLK 进行 1 分频		
		001	CAN_CLK=对 PCLK 进行 2 分频		
		010	CAN_CLK=对 PCLK 进行 4 分频		
		011	CAN_CLK=对 PCLK 进行 8 分频		
		100	CAN_CLK=对 PCLK 进行 16 分频		
		101	CAN_CLK=对 PCLK 进行 32 分频		
		110	CAN_CLK=无效(默认为进行 2 分频)		
		111	CAN_CLK=无效(默认为进行 2 分频)		
31:3	—	—	保留	—	—

5.3　LPC11Cxx 系列微控制器的片上 CAN 控制器的结构

C_CAN 控制器是 LPC11Cxx 系列微控制器的片上 CAN 控制器,严格遵循 CAN 规范 2.0B 版的规定进行 CAN 通信。C_CAN 控制器的结构如图 5-2 所示。

图 5-2　C_CAN 控制器的结构

如图 5-2 所示，C_CAN 控制器由 CAN 内核、报文 RAM、报文处理器、寄存器接口和 APB 接口组成：

- CAN 内核从 CAN 总线传输和接收数据，并将数据传递到报文处理器。
- 报文 RAM 存储每个报文对象当前的配置信息、状态信息、标识符掩码、实际数据等。
- 报文处理器完成所有和报文处理相关的功能，诸如验收滤波、CAN 内核和报文 RAM 之间的报文传输、根据 CAN 总线上的事件产生中断等。
- CPU 内核通过 APB 接口来直接访问 CAN 控制器的寄存器和报文 RAM。

5.4　基于微控制器和非隔离 CAN 收发器的电路

这里以 TJA1051 和 LPC11C14 组成的不带隔离功能的 CAN 通信接口电路为例来介绍。

5.4.1　器件简介

TJA1051 是一款高速 CAN 收发器，是高速 CAN 收发器 TJA1050 的升级版本，相对 TJA1050，它在电磁兼容性（EMC）和静电放电（ESD）性能方面有很大改进，专为汽车行业的高速 CAN 应用设计，传输速率高达 1 Mbit/s：

- TJA1051 收发器在断电或处于低功耗模式时，在总线上不可见。
- 型号 TJA1051T/3 和 TJA1051TK/3 的 I/O 口可直接与 3～5 V 的微控制器接口连接。

TJA1051 有 TJA1051T、TJA1051T/3 和 TJA1051TK/3 这 3 种型号，其中 TJA1051T/3 和 TJA1051TK/3 的 I/O 口可直接与 3～5 V 的微控制器接口连接。TJA1051 的引脚功能如表 5-34 所列和图 5-3 所示。

表 5-34　TJA1051 引脚说明

标　号	引　脚	描　　述
TXD	1	微控制器须发送到 CAN 总线上的数据从此引脚输入
GND	2	地
Vcc	3	电源
RXD	4	将从 CAN 总线上接收的数据读出并返回到微控制器
n. c	5	无效引脚（TJA1051T）
V₁₀	5	为 I/O 引脚电平的适配功能模块供电（TJA1051T/3 和 TJA1051TK/3）
CANL	6	低电平 CAN 总线通道
CANH	7	高电平 CAN 总线通道
S	8	静默模式控制

图 5－3　TJA1051 引脚

5.4.2　接口电路设计

TJA1051 和 LPC11C14 CAN 接口电路示意图如图 5－4 所示。

图 5－4　TJA1051 和 LPC11C14 CAN 接口电路示意图

针对图 5－4 说明如下：

● TJA1051 的 TXD 和 RXD 引脚通过 470 Ω 电阻直接连接到 LPC11C14 的 CAN 发送和接收引脚。

● TJA1051 的静默模式端直接接地，因此 TJA1051 始终工作在高速模式。用户也可以用微控制器的 I/O 引脚来控制 TJA1051 的静默模式端。

● TJA1051 的 VIO 端接 3.3 V 电源后可与 3.3 V 的 LPC11C14 直接连接。

● TJA1051 的 CANH 和 CANL 端可直接连接到 CAN 总线网络上，但是为了增强通信的可靠性，还需要连接保护器件：
器件 U2 是 NXP 半导体的 PESD1CAN，是 CAN 总线专用 ESD 元件。
器件 U3 是 EPCOS 半导体的 B82793，是 CAN 总线的专用共模扼流圈，可以大大增强 CAN 总线节点设备的 EMI 能力。

5.5 基于微控制器和隔离 CAN 收发器的电路

这里以 CTM8251T 和 LPC11C14 组成的具有隔离功能的 CAN 通信接口电路为例来介绍。

5.5.1 器件简介

CTM8251 是一款带隔离的通用 CAN 收发器芯片,可把 CAN 控制器与 CAN 总线之间隔离开来。CTM8251 可以连接任何一款 CAN 协议控制器,实现 CAN 节点的收发与隔离功能。在以往的设计方案中需要光耦、DC/DC 隔离、CAN 收发器等其他元器件才能实现带隔离的 CAN 收发电路,但现在利用一片 CTM8251 接口芯片就可以实现带隔离的 CAN 收发电路。隔离电压可以达到 DC 2 500 V,其接口简单,使用方便。CTM8251 引脚定义如表 5 - 35 所列,特点如下:

表 5 - 35 CTM8251 引脚定义

引脚号	引脚名称	引脚含义
1	V_{in}	+5 V 输入
2	GND	电源地
3	TXD	CAN 控制器发送端
4	RXD	CAN 控制器接收端
6	CANH	CANH 信号线连接端
7	CANL	CANL 信号线连接端
8	CANG	隔离电源输出地

注:用户未使用引脚 8 时,需要悬空此引脚。如果使用带有 TVS 管防总线过压的 CTM8251T,就无须外接 TVS 管。

- 具有 DC 2 500 V 隔离功能。
- 完全符合 ISO 11898—24 V 标准。
- 速率最高达 1 Mbit/s。
- 在 24 V 系统中防止电池对地的短路。
- 具有热保护功能。
- 很高的抗电磁干扰性能。
- 至少可连接 110 个节点。

CTM8251 有两个型号:CTM8251 和 CTM8251T。CTM8251T 是在 CTM8251 基础上设计的,具有 CAN 总线起过电压保护作用;此外该型号内部还集成了 ESD 保护器件,省略了外部的 ESD 保护器件。

5.5.2　接口电路设计

TJA1051 和 LPC11C14 CAN 接口电路示意图如图 5-5 所示。

图 5-5　CAN 隔离收发器 CAN 接口电路示意图

针对图 5-5 说明如下：

- CAN 总线接口电路可采用＋5 V 或＋3.3 V 供电，此时要选择对应型号的 CTM 隔离 CAN 收发器。
- RXD 连接 CAN 控制器的发送脚，TXD 连接 CAN 控制器的接收脚。
- CTM 隔离 CAN 收发器可选择集成 ESD 保护功能的 T 系列，从而省略外扩的 ESD 保护器件。
- 如果选用 ESD 保护器件，则必须选择 CAN 总线专用 ESD 元件，以避免 ESD 器件等效电容影响高通信波特率时的 CAN 总线通信。推荐型号有 NXP PESD1CAN 或 Onsemi NUP2105L 等 ESD 元件。
- 共模扼流圈 U2 起着 EMI 增强的功能，用于提高设备的 EMI 能力。共模扼流圈的电感参数很重要，必须选择 CAN 总线专用器件，这里选用的是 EPCOS 的 B82793 扼流圈。
- CGND 是 CAN 收发器的地。

5.6　无须扩展外部 CAN 控制器与 CAN 收发器的 CAN 接口电路

LPC11C2x 系列微控制器集成了 CAN 控制器、CAN 收发器、CANopen 驱动，图 5-6 是基于 LPC11C2x 系列微控制器的 CAN 接口电路示意图。

可以看到，LPC11C2x 系列微控制器可直接连接到 CAN 总线网络中；但是为了

图 5 - 6　**LPC11C2x** 系列微控制器 **CAN** 接口电路

保证通信的可靠性,仍建议用户在设计时使用专用的 CAN 总线保护器件(如专用的 CAN 总线 ESD 保护器件 NXP PESD1CAN 或 Onsemi NUP2105L、共模扼流圈 EPCOS 的 B82793 等)。

5.7　基于通用驱动库的 CAN 应用编程

　　基于 LPC11Cxx 系列微控制器的 ZLG_CAN 通用驱动库(以下简称通用驱动库)为使用 LPC11Cxx 系列微控制器 CAN 控制器(以下简称 CAN 控制器)进行 CAN 应用开发的用户提供了完整、可靠的 CAN 操作 API,用户无须深入了解 CAN 控制器的寄存器功能,通过调用 API 即可高效地完成 CAN 控制器配置、报文对象配置及 CAN 中断管理、CAN 通信等工作。通用驱动库本身包含的内容比较多,这里只对其做一个概要性的介绍,着重讲解基于通用驱动库进行 CAN 应用编程的方法。

5.7.1　通用驱动库简介

1. 概　述

　　通用驱动库涉及的数据结构及底层接口函数较多。其中涉及的数据结构如表 5 - 36 所列,包括了结构体类型和枚举类型。底层接口函数如表 5 - 37 所列。表中省略了细节,以便读者更好地把握通用驱动库的概貌。如果需要了解细节信息,可以参考例程里的通用驱动库源码和通用驱动库说明文档。

表 5 - 36　通用驱动库涉及的数据结构

通用驱动库中的数据结构		
名　称	定　义	说　明
CAN_BIT_CLK_PARM	typedef struct{…} CAN_BIT_CLK_PARM	该类型封装了 CAN 位时钟设置相关的各个参数
CAN_MSG_OBJ	typedef struct{…} CAN_MSG_OBJ	该类型封装了一个报文对象的主要参数
CAN_OBJ_FLG	typedef enum{…} CAN_OBJ_FLG	用于标识报文对象的配置信息
CAN_INT_STS_REG	typedef enum{…} CAN_INT_STS_REG	该类型定义的常量将在处理 CAN 中断时使用
CAN_STS_REG	typedef enum{…}CAN_STS_REG	该类型定义的常量在调用 CAN 状态读取函数 CANStatusGet() 时用到
CAN_INT_FLAGS	typedef enum{…}CAN_INT_FLAGS	该类型所定义的常量在调用 CAN 中断使能与禁止函数时用到
MSG_OBJ_TYPE	typedef enum{…} MSG_OBJ_TYPE	该类型定义了表示 CAN 报文类型的常量
CAN_STS_CTRL	typedef enum{…} CAN_STS_CTRL	该类型所定义的常量为错误类型及总线状态
CANFRAME	typedef struct {…}CANFRAME	定义 CAN 的帧缓存区
CANCIRBUF	typedef struct {…} CANCIRBUF	定义 CAN 的循环队列缓存区

表 5 - 37　底层接口函数

分类	函数名称	函数说明
CAN 控制器操作	CANStatusGet()	获取 CAN 控制器的状态
	CANInit()	初始化 CAN 控制器
	CANEnable()	使能 CAN 控制器
	CANDisable()	停止 CAN 控制器的报文处理
波特率设置	CANBitTimingSet()	设置 CAN 通信波特率及位时钟设置
	CANBitTimingGet()	读取位时钟配置信息
CAN 中断操作相关底层接口函数	CANIntRegister()	注册 CAN 的中断服务函数
	CANIntEnable()	使能对应的 CAN 控制器中断
	CANIntDisable()	禁用对应的 CAN 控制器中断
	CANIntClear()	清除相应的中断标志
	CANIntStatus()	可以获取当前的 CAN 中断状态
	CANIntUnregister()	卸载已注册的中断服务函数

续表 5 - 37

分类	函数名称	函数说明
错误计数器值的读取	CANErrCntrGet()	通过调用 CANErrCntrGet()函数可以读取 CAN 控制器当前的发送错误计数器值及接收错误计数器值
CAN 报文操作	CANMessageGet()	读取某个报文对象的信息
	CANMessageSet()	配置指定的报文对象
	CANMessageClear()	停用某个报文对象
CAN 报文重发送配置	CANRetrySet()	设置是否对发送失败的报文重新发送
	CANRetryGet()	读取重新发送的设置
循环队列缓存区管理	canCirBufInit()	初始化循环队列缓存区
	canCirBufMalloc()	向循环队列缓存区申请帧缓存区
CAN 帧发送	canFrameSend()	发送一帧 CAN 报文至总线
接收数据帧、远程帧报文对象的设置	canReMsgObjSet()	设置接收数据帧及远程帧的报文对象
验收滤波设置	canAcceptFilterSet()	设置验收滤波

2. 数据结构

(1) CAN_BIT_CLK_PARM

CAN_BIT_CLK_PARM 是 CAN 位时钟设置参数的结构类型,其原型定义如程序清单 5.1 所示。

程序清单 5.1 CAN_BIT_CLK_PARM 结构原型

```
typedef struct
{
    unsigned int uSyncPropPhase1Seg;   //这个成员用于保存位时间中的传输段及相位缓
                                        //冲段 1
                                        //的和,取值范围为 2～16
    unsigned int uPhase2Seg;           //这个成员用于保存位时间中的相位缓冲段 2
                                        //的值
                                        //取值范围为 1～8
    unsigned int uSJW;                 //用于保存同步跳转宽度,取值范围 1～4
    unsigned int uQuantumPrescaler;    //CAN 波特率预分频值,取值范围为 1～1023
} CAN_BIT_CLK_PARM;
```

(2) CAN_MSG_OBJ

CAN_MSG_OBJ 结构用于组织配置报文对象的所有参数,其原型定义如程序清单 5.2 所示。

程序清单 5.2　CAN_MSG_OBJ 结构原型

```
typedef struct
{
    unsigned long ulMsgID;              //11 或 29 位的 CAN 报文标识符
    unsigned long ulMsgIDMask;          //报文滤波器使能后的标识符掩码
    unsigned long ulFlags;              //由 CAN_OBJ_FLG 列举的配置参数
    unsigned long ulMsgLen;             //报文数据域长度
    unsigned char * pucMsgData;         //指向配置报文对象数据域数据的指针
} CAN_MSG_OBJ;
```

(3) CAN_OBJ_FLG

枚举类型 CAN_OBJ_FLG 中定义的常量将在调用 CANMessageSet() 和 CAN-MessageGet() 函数时的 CAN_MSG_OBJ 型变量中用到，CAN_OBJ_FLG 的原型定义如程序清单 5.3 所示。

程序清单 5.3　CAN_OBJ_FLG 枚举类型

```
typedef enum
{
    MSG_OBJ_TX_INT_ENABLE = 0x00000001, //表示将使能或已使能发送中断

    MSG_OBJ_RX_INT_ENABLE = 0x00000002, //表示将使能或已使能接收中断

    MSG_OBJ_EXTENDED_ID = 0x00000004,   //表示报文对象将使用或已使用扩展标识符

    MSG_OBJ_USE_ID_FILTER = 0x00000008, //表示将使用或已使用报文标识符滤波

    MSG_OBJ_NEW_DATA = 0x00000080,      //表示报文对象中有可用的新数据

    MSG_OBJ_DATA_LOST = 0x00000100,     //表示自上次读取数据后报文对象丢失了数据

    MSG_OBJ_USE_DIR_FILTER = (0x00000010 | MSG_OBJ_USE_ID_FILTER),
                                        //表示报文对象将使用或已使用传输方向滤波,
                                        //如果使用方向滤波,则必须同时使用报文标
                                        //识符滤波

    MSG_OBJ_USE_EXT_FILTER = (0x00000020 | MSG_OBJ_USE_ID_FILTER),
                                        //表示报文对象将使用或已使用扩展标识符滤波
                                        //如果使用扩展标识符滤波,则必须同时
                                        //使用报文标识符滤波

    MSG_OBJ_REMOTE_FRAME = 0x00000040,  //表示这个报文对象是一个远程帧

    MSG_OBJ_NO_FLAGS = 0x00000000       //表示这个报文对象不设置任何标志位
} CAN_OBJ_FLG;
```

(4) CAN_INT_STS_REG

CAN_INT_STS_REG 所列举的类型在调用函数 CANIntStatus() 时用到，CAN_INT_STS_REG 的原型定义如程序清单 5.4 所示。

程序清单 5.4   CAN_INT_STS_REG 枚举类型

```
typedef enum
{
    CAN_INT_STS_CAUSE,              //读取 CAN 中断寄存器
    CAN_INT_STS_OBJECT             //读取 CAN 报文中断挂起标志
} CAN_INT_STS_REG;
```

(5) CAN_STS_REG

CAN_STS_REG 所列举的类型在调用函数 CANStatusGet()时用到,CAN_STS_REG 的原型定义如程序清单 5.5 所示。

程序清单 5.5   CAN_STS_REG 枚举类型

```
typedef enum
{
    CAN_STS_CONTROL,               //读取 CAN 控制器状态
    CAN_STS_TXREQUEST,             //读取 32 个报文对象的发送请求位
    CAN_STS_NEWDAT,                //读取 32 个报文对象的 NewDat 位
    CAN_STS_MSGVAL                 //读取 32 个报文对象的 MsgVal 位
} CAN_STS_REG;
```

(6) CAN_INT_FLAGS

CAN_INT_FLAGS 所列举的类型在调用函数 CANIntEnable()和 CANIntDisable()时用到,CAN_INT_FLAGS 的原型定义如程序清单 5.6 所示。

程序清单 5.6   CAN_INT_FLAGS 枚举类型

```
typedef enum
{
    CAN_INT_ERROR = 0x00000008,    //表示 CAN 控制器允许产生错误中断
    CAN_INT_STATUS = 0x00000004,   //表示 CAB 控制器允许产生状态中断
    CAN_INT_MASTER = 0x00000002    //表示允许产生 CAN 中断,若这位没设置
                                   //则不会产生任何中断
} CAN_INT_FLAGS;
```

(7) MSG_OBJ_TYPE

MSG_OBJ_TYPE 所列举的类型在调用 API 函数 CANMessageSet()时用到,用于确定报文对象将被配置的类型,MSG_OBJ_TYPE 的原型定义如程序清单 5.7 所示。

程序清单 5.7   MSG_OBJ_TYPE 枚举类型

```
typedef enum
{
    MSG_OBJ_TYPE_TX,               //发送报文对象
    MSG_OBJ_TYPE_TX_REMOTE,        //发送远程帧报文对象
```

```
    MSG_OBJ_TYPE_RX,                    //接收数据帧报文对象
    MSG_OBJ_TYPE_RX_REMOTE,             //接收远程帧报文对象
    MSG_OBJ_TYPE_RXTX_REMOTE            //自动应答远程帧报文对象
} MSG_OBJ_TYPE;
```

(8) CAN_STS_CTRL

CAN_STS_CTRL 所列举的类型为调用函数 CANStatusGet()时的返回值的可能情况,包含所有的错误类型及总线状态,CAN_STS_CTRL 的原型定义如程序清单 5.8 所示。

程序清单 5.8　CAN_STS_CTRL 枚举类型

```
typedef enum
{
    CAN_STATUS_BUS_OFF = 0x00000080,     //脱离总线状态
    CAN_STATUS_EWARN = 0x00000040,       //错误计数器已达到警告值
    CAN_STATUS_EPASS = 0x00000020,       //错误计数器已达到被动错误值
    CAN_STATUS_RXOK = 0x00000010,        //自上次读此状态后,成功收到一帧 CAN 数据
    CAN_STATUS_TXOK = 0x00000008,        //自上次读此状态后,成功发送一帧 CAN 数据
    CAN_STATUS_LEC_MSK = 0x00000007,     //the last error code 域的掩码
    CAN_STATUS_LEC_NONE = 0x00000000,    //没有任何错误
    CAN_STATUS_LEC_STUFF = 0x00000001,   //位填充错误
    CAN_STATUS_LEC_FORM = 0x00000002,    //格式错误
    CAN_STATUS_LEC_ACK = 0x00000003,     //应答错误
    CAN_STATUS_LEC_BIT1 = 0x00000004,    //总线 1 错误
    CAN_STATUS_LEC_BIT0 = 0x00000005,    //总线 0 错误
    CAN_STATUS_LEC_CRC = 0x00000006,     //CRC 效验错误
    CAN_STATUS_LEC_MASK = 0x00000007     //CAN 的 Last Error Code 的掩码
}CAN_STS_CTRL;
```

(9) 帧缓存区——CANFRAME

帧缓存区的数据结构如程序清单 5.9 所示。

程序清单 5.9　帧数据存储结构 CANFRAME

```
typedef struct {
    unsigned char ucTtypeFormat;        //帧类型
    unsigned char ucDLC;                //数据区长度
    unsigned long ulID;                 //CAN 报文 ID
    unsigned char ucDatBuf[8];          //报文数据域
}CANFRAME;
```

例如,zlg_can 程序模块里提供了一个 CANFRAME 类型的变量 GtCan-FrameInit,该变量的值被用作 CAN 帧缓存区的初始化值,如程序清单 5.10 所示。

程序清单 5.10　CAN 帧缓存区的初始值配置

```
/***************************************************************
* *  用于初始化 CAN 帧缓存区块的数据
***************************************************************/
const CANFRAME GtCanFrameInit = {
    BUF_BLANK,                                    //空白帧
    0,                                            //数据域长度为 0
    0,                                            //报文 ID 为 0
    {0x00,0x00,0x00,0x00,0x00,0x00,0x00,0x00}     //数据域内容为 0
};
```

(10) 循环队列缓存区数据结构——CANCIRBUF

在 CAN 通信中常常出现接收数据累积、来不及处理的情况。为避免这种情形,zlg_can 程序模块采用循环队列缓存区来存储 CAN 通信数据,如图 5-6 所示。

- 当缓存区有可用数据时,读/写指针值不同或缓存区满标志置位。
- 缓存区为空(没有可用数据)时,读指针和写指针的值相等。

循环队列缓存区的数据结构定义如程序清单 5.11 所示。

图 5-6　循环队列缓存区

程序清单 5.11　循环队列缓存区结构

```
typedef struct {
    INT32U        ulWriteIndex;           //写指针
    INT32U        ulReadIndex;            //读指针
    INT16U        ulLength;               //记录缓存深度
    BOOLEAN       bIsFull;                //缓存区满标志
    CANFRAME      * ptCanFramBuf;         //指向帧缓存区首地址
}CANCIRBUF;
```

3. CAN 控制器寄存器的访问

(1) CAN 控制器寄存器结构体

在通用驱动库里,访问 CAN 控制器的寄存器主要是通过 CAN 控制器寄存器结构体来进行的,其定义如程序清单 5.12 所示。

程序清单 5.12　CAN 控制器寄存器结构体

```
#define    __I    volatile const      //定义寄存器的"只读"权限
#define    __O    volatile            //定义寄存器的"只写"权限
```

```
#define      __IO    volatile           //定义寄存器的"读/写"权限

typedef unsigned int uint32_t;
/*
*   LPC11Cxx 系列微控制器 CAN 控制器控制结构体,可通过该结构体访问 CAN 寄存器
*/
typedef struct
{
    __IO uint32_t CNTL;            //CANCNTL 寄存器,地址 0x4005 0000
    __IO uint32_t STAT;            //CANSTAT 寄存器,地址 0x4005 0004
    __IO uint32_t EC;              //CANEC 寄存器,地址 0x4005 0008
    __IO uint32_t BT;              //CANBT 寄存器,地址 0x4005 000C
    __IO uint32_t INT;             //CANINT 寄存器,地址 0x4005 0010
    __IO uint32_t TEST;            //CANTEST 寄存器,地址 0x4005 0014
    __IO uint32_t BRPE;            //CANBRP 寄存器,地址 0x40058018

        uint32_t RESERVED0;        //保留变量,用于调整结构体成员变量的地址偏移量

    __IO uint32_t IF1_CMDREQ;      //CANIF1_CMDREQ 寄存器,地址 0x4005 0020
    __IO uint32_t IF1_CMDMSK;      //CANIF1_CMDMASK 寄存器,地址 0x4005 0024)

    __IO uint32_t IF1_MSK1;        //CANIF1_MSK1 寄存器,地址 0x4005 0028
    __IO uint32_t IF1_MSK2;        //CANIF1_MSK2 寄存器,地址 0x4005 002C
    __IO uint32_t IF1_ARB1;        //CANIF1_ARB1 寄存器,地址 0x40050030
    __IO uint32_t IF1_ARB2;        //CANIF1_ARB2 寄存器,地址 0x40050034
    __IO uint32_t IF1_MCTRL;       //CANIF1_MCTRL 寄存器,地址 0x40050038
    __IO uint32_t IF1_DA1;         //CANIF1_DA1 寄存器,地址 0x4005 003C
    __IO uint32_t IF1_DA2;         //CANIF1_DA2 寄存器,地址 0x4005 0040
    __IO uint32_t IF1_DB1;         //CANIF1_DB1 寄存器,地址 0x4005 0044
    __IO uint32_t IF1_DB2;         //CANIF1_DB2 寄存器,地址 0x4005 0048

        uint32_t RESERVED1[13];    //保留变量,用于调整结构体成员变量的地址偏移量

    __IO uint32_t IF2_CMDREQ;      //CANIF2_CMDREQ 寄存器,地址 0x4005 0080
    __IO uint32_t IF2_CMDMSK;      //CANIF2_CMDMASK 寄存器,地址 0x4005 0084
    __IO uint32_t IF2_MSK1;        //CANIF2_MASK1 寄存器,地址 0x4005 0088
    __IO uint32_t IF2_MSK2;        //CANIF2_MASK2 寄存器,地址 0x4005 008C

    __IO uint32_t IF2_ARB1;        //CANIF2_ARB1 寄存器,地址 0x4005 0090
    __IO uint32_t IF2_ARB2;        //CANIF2_ARB2 寄存器,地址 0x4005 0094
    __IO uint32_t IF2_MCTRL;       //CANIF2_MCTRL 寄存器,地址 0x4005 0098
    __IO uint32_t IF2_DA1;         //CANIF2_DA1 寄存器,地址 0x4005 009C
    __IO uint32_t IF2_DA2;         //CANIF2_DA2 寄存器,地址 0x4005 00A0
    __IO uint32_t IF2_DB1;         //CANIF2_DB1 寄存器,地址 0x4005 00A4
    __IO uint32_t IF2_DB2;         //CANIF2_DB2 寄存器,地址 0x4005 00A8
```

```
    uint32_t RESERVED2[21];        //保留变量,用于调整结构体成员变量的地址偏移量
 __I uint32_t TXREQ1;             //CANTXREQ1 寄存器,地址 0x4005 0100
 __I uint32_t TXREQ2;             //CANTXREQ2 寄存器,地址 0x4005 0104
    uint32_t RESERVED3[6];
 __I uint32_t ND1;                //CANND1 寄存器,地址 0x4005 0120
 __I uint32_t ND2;                //CANND2 寄存器,地址 0x4005 0124

    uint32_t RESERVED4[6];        //保留变量,用于调整结构体成员变量的地址偏移量

 __I uint32_t IR1;                //CANIR1 寄存器,地址 0x4005 0140
 __I uint32_t IR2;                //CANIR2 寄存器,地址 0x4005 0144
    uint32_t RESERVED5[6];       //保留变量,用于调整结构体成员变量的地址偏移量
 __I uint32_t MSGV1;             //CANMSGV1 寄存器,地址 0x4005 0160
 __I uint32_t MSGV2;             //CANMSGV2 寄存器,地址 0x4005 0164
    uint32_t RESERVED6[6];       //保留变量,用于调整结构体成员变量的地址偏移量
 __IO uint32_t CLKDIV;            //CANCLKDIV 寄存器,地址 0x4005 0180
} LPC_CAN_TypeDef;
```

这里给出通用驱动库里使用 CAN 控制器寄存器结构体访问 CAN 寄存器的例子,如程序清单 5.13 所示。

程序清单 5.13 访问 CAN 寄存器

```
#define LPC_CAN            ((LPC_CAN_TypeDef * ) LPC_CAN_BASE)          ①
LPC_CAN - >CLKDIV = 0x00;      //将分频值 6 写入 CAN 时钟分频寄存器
```

程序清单 5.13 中的标注①处的 LPC_CAN_BASE 的定义如程序清单 5.14 所示。

程序清单 5.14 LPC_CAN_BASE 宏定义

```
#define LPC_CAN_BASE (0x40000000UL + 0x50000)        //CAN 控制器的基地址
```

(2) CAN 控制器寄存器访问函数

通用驱动库里的函数通常通过 CAN 控制器寄存器访问函数来读/写 CAN 控制器寄存器。

读访问函数的代码如程序清单 5.15 所示。

程序清单 5.15 读访问函数代码

```
/* *********************************************************
 * * Function name:     __canRegRead
 * * Descriptions:      CAN 寄存器读操作
 * * input parameters: ulRegAddress:CAN 寄存器地址
 * * output parameters:无
 * * Returned value:    寄存器值
 * *********************************************************/
unsigned long __canRegRead(unsigned long ulRegAddress)
```

```
{
    volatile int iDelay;
    unsigned long ulRetVal;
    unsigned char ucEnable;
    ucEnable = __ENTER_CIRTICAL();                //关闭 CPU 的总中断
    HWREG(ulRegAddress);                                               ①
    for (iDelay = 0; iDelay < 5; iDelay ++ )
    {
    }

    ulRetVal = HWREG(ulRegAddress);
    __EXIT_CIRTICAL(ucEnable);                     //打开 CPU 的总中断
    return (ulRetVal);
}
```

在通用驱动库里通常使用 canRegRead()宏来调用读访问函数,如程序清单 5.16 所示。

程序清单 5.16　canRegRead 宏

```
# define canRegRead (ulRegAddress)          __canRegRead(ulRegAddress)
```

程序清单 5.15 中的标注①处的 HWREG 是一个宏,其实现代码如程序清单 5.17 所示。

程序清单 5.17　HWREG 宏

```
# define HWREG(x)                    ( * ((volatile unsigned long * )(x)))
```

写访问函数的代码如程序清单 5.18 所示。

程序清单 5.18　写访问函数代码

```
/ * * * * * * * * * * * * * * * * * * * * * * * * * * * * * * * * * * * * * * * * * * * * * * *
* * Function name:      __canRegWrite
* * Descriptions:       CAN 寄存器写操作
* * input parameters:ulRegAddress:CAN 寄存器地址
* *       ulRegValue: 需要写的数据
* * output parameters:无
* * Returned value:     无
* * * * * * * * * * * * * * * * * * * * * * * * * * * * * * * * * * * * * * * * * * * * * * * */
void __canRegWrite(unsigned long ulRegAddress, unsigned long ulRegValue)
{
    volatile int iDelay;
    HWREG(ulRegAddress) = ulRegValue;
    for (iDelay = 0; iDelay < 5; iDelay ++ )
    {
    }
}
```

在通用驱动库里通常使用 canRegWrite() 宏来调用写访问函数,如程序清单 5.19 所示。

程序清单 5.19 canRegWrite 宏

```
#define canRegWrite(ulRegAddress, ulRegValue) __canRegWrite(ulRegAddress, ul-
RegValue)
```

4. 底层接口函数

(1) CANStatusGet 函数

1) 函数接口描述

调用 CANStatusGet() 函数可以读取 CAN 控制器的状态信息,CANStatusGet() 函数描述如表 5 - 38 所列。

表 5 - 38 CANStatusGet( )函数

函数名称	CANStatusGet	
函数原型	unsigned long CANStatusGet(unsigned long ulBase, CAN_STS_REG eStatusReg)	
功能描述	获取 CAN 控制器的状态	
参　　数	ulBase　CAN 控制器基址 eStatusReg: 　　CAN_STS_CONTROL　　读取主控制器状态,即 CANSTS 寄存器 　　CAN_STS_TXREQUEST　读取报文对象的发送请求位,即 CANTXRQn 寄存器 　　CAN_STS_NEWDAT　　读取报文对象的"新数据"位,即 CANNWDAn 寄存器 　　CAN_STS_MSGVAL　　读取报文对象的"有效"位,即 CANMSGnVAL 寄存器	
返 回 值	当读取主控制器状态时,返回值位域如下: 　　CAN_STATUS_BUS_OFF　　脱离总线 　　CAN_STATUS_EWARN　　至少一个错误计数器达到 96 　　CAN_STATUS_EPASS　　CAN 控制器处于消极错误状态 　　CAN_STATUS_RXOK　　成功接收到一帧报文(与报文滤波设置无关) 　　CAN_STATUS_TXOK　　成功发送一帧报文 　　CAN_STATUS_LEC_MSK　错误类型掩码(低 3 位有效) 　　CAN_STATUS_LEC_NONE　无错 　　CAN_STATUS_LEC_STUFF　位填充错误 　　CAN_STATUS_LEC_FORM　报文格式错误 　　CAN_STATUS_LEC_ACK　应答错误 　　CAN_STATUS_LEC_BIT1　位 0 错误 　　CAN_STATUS_LEC_BIT0　位 1 错误 　　CAN_STATUS_LEC_CRC　CRC 效验错误 当读取报文对象状态时,返回值为 32 位 long 型数据,对应的报文对象编号映射为返回值的位域,即[31:0]对应报文对象 32～报文对象 1	
范　例	unsigned long ulNewData=CANStatusGet(CAN0_BASE, CAN_STS_NEWDAT); 　　　　　　　　　　　　　　/*读取 CAN0 的所有报文对象的 NewDat 位*/	

2）函数代码

函数代码见程序清单 5.20 所示。

程序清单 5.20　函数代码

```
unsigned long CANStatusGet(unsigned long ulBaseAddr, CAN_STS_REG eStatusReg)
{
    unsigned long ulStatus;
    LPC_CAN_TypeDef * ptBase = (LPC_CAN_TypeDef * )ulBaseAddr;

    switch (eStatusReg) {
        /*
         * 当需要时返回全局 CAN 状态寄存器的值
         */
        case CAN_STS_CONTROL:{
            ulStatus = canRegRead((unsigned long)&ptBase->STAT);
            canRegWrite((unsigned long)&ptBase->STAT,
            ~(CAN_STS_RXOK | CAN_STS_TXOK | CAN_STS_LEC_M));
            break;
        }
        /*
         * 将发送状态位组合成为一个 32 位的值
         */
        case CAN_STS_TXREQUEST:{
            ulStatus = canRegRead((unsigned long)&ptBase->TXREQ1);
            ulStatus |= canRegRead((unsigned long)&ptBase->TXREQ2) << 16;
            break;
        }
        /*
         * 将新数据状态位组合成为一个 32 位的值
         */
        case CAN_STS_NEWDAT:{
            ulStatus = canRegRead((unsigned long)&ptBase->ND1);
            ulStatus |= canRegRead((unsigned long)&ptBase->ND2) << 16;
            break;
        }
        /*
         * 将报文有效状态位组合成为一个 32 位的值
         */
        case CAN_STS_MSGVAL:{
            ulStatus = canRegRead((unsigned long)&ptBase->MSGV1);
```

```
        ulStatus | = canRegRead((unsigned long)&ptBase - >MSGV2) << 16;
        break;
    }

    default:{
        ulStatus = 0;
        break;
    }
    }
    return (ulStatus);
}
```

(2) CANInit( )函数

1）函数接口描述

CAN 模块应用之前先要对 32 个报文对象存储器进行初始化,调用 CANInit( ) 即可完成报文对象 RAM 的初始化工作。CANInit( )函数描述如表 5 - 39 所列。

表 5 - 39   CANInit( )函数

函数名称	CANInit
函数原型	void CANInit(unsigned long ulBase)
功能描述	初始化 CAN 控制器,在使能 CAN 控制器前必须先进行初始化
参　　数	ulBase CAN 控制器基址
返 回 值	无
范　　例	CANInit(CAN0_BASE);　　　　　　　　//初始化 CAN0

2）函数代码

函数体的代码清单见程序清单 5.21 所示。

程序清单 5.21   函数代码

```
void CANInit(unsigned long ulBaseAddr)
{
    int iMsg;
    LPC_CAN_TypeDef * ptBase = (LPC_CAN_TypeDef * )ulBaseAddr;
    /*
    * 无论之前是何状态,CAN 控制器现在都会立即进入初始化状态。初始化后,CAN 控制
    *   器会处于空闲状态,其报文对象 RAM 也可编程了
    */
    canRegWrite((unsigned long)&ptBase - >CNTL, CAN_CTL_INIT);
    /*
    * 等待 busy 位被清除
```

```
*/
while (canRegRead((unsigned long)&ptBase - >IF1_CMDREQ) & CAN_IF1CRQ_BUSY) {
}
/*
```

* 清除仲裁寄存器里的报文数值位。这指示报文现在无效,并且可以可靠地丢弃报文
   对象

```
*/
canRegWrite((unsigned long)&ptBase - > IF1_CMDMSK, CAN_IF1CMSK_WRNRD | CAN_
IF1CMSK_ARB | CAN_IF1CMSK_CONTROL);
canRegWrite((unsigned long)&ptBase - >IF1_ARB2, 0);
canRegWrite((unsigned long)&ptBase - >IF1_MCTRL, 0);
/*
```

* 循环编程所有的 32 个报文对象

```
*/
for (iMsg = 1; iMsg < = 32; iMsg ++) {
      /*
```

* 等待 busy 位被清除

```
      */
      while (canRegRead((unsigned long)&ptBase - >IF1_CMDREQ) & CAN_IF1CRQ_BUSY) {
      }
      /*
```

* 初始化报文对象编程

```
      */
      canRegWrite((unsigned long)&ptBase - >IF1_CMDREQ, iMsg);
}
/*
```

* 等待 busy 位被清除

```
*/
canRegWrite((unsigned long)&ptBase - >IF1_CMDMSK, CAN_IF1CMSK_NEWDAT |
CAN_IF1CMSK_CLRINTPND);
/*
```

* 循环编程所有的 32 个报文对象

```
*/
for (iMsg = 1; iMsg < = 32; iMsg ++) {
   /*
```

* 等待 busy 位被清除

```
   */
   while (canRegRead((unsigned long)&ptBase - >IF1_CMDREQ) & CAN_IF1CRQ_BUSY) {
   }
   /*
```

* 初始化报文对象编程

```
   */
```

```
    canRegWrite((unsigned long)&ptBase->IF1_CMDREQ, iMsg);
}
/*
 * 读取挂起的状态中断信息
 */
canRegRead((unsigned long)&ptBase->STAT);
}
```

(3) CANEnable( ) 函数

1) 函数接口描述

配置好通信波特率后,可以调用 CANEnable()函数使能 CAN 控制器。CAN 控制器被使能后自动接入总线并开始处理报文,如发送应答信号、从总线上接收报文等。CANEnable()函数描述如表 5-40 所列。

表 5-40　CANEnable( ) 函数

函数名称	CANEnable
函数原型	void CANEnable(unsigned long ulBase)
功能描述	使能 CAN 控制器
参　　数	ulBase　CAN 控制器基址
返 回 值	无
范　　例	CANEnable(CAN0_BASE);　　　　/* 启动 CAN0 控制器 */

2) 函数代码

函数体的代码清单如程序清单 5.22 所示。

程序清单 5.22　函数代码

```
void CANEnable(unsigned long ulBaseAddr)
{
    LPC_CAN_TypeDef * ptBase = (LPC_CAN_TypeDef * )ulBaseAddr;

    /*
     * 清除控制寄存器中的初始化位
     */
    canRegWrite((unsigned long)&ptBase->CNTL,
    canRegRead((unsigned long)&ptBase->CNTL) & ~CAN_CTL_INIT);
}
```

(4) CANDisable( ) 函数

1) 函数接口描述

调用 CANDisable()函数将使 CAN 控制器停止报文处理,但对应报文对象中的配置信息及状态信息将不会因此改变,CANDisable()函数描述如表 5 - 41 所列。

表 5 - 41　CANDisable()函数

函数名称	CANDisable
函数原型	void CANDisable(unsigned long ulBase)
功能描述	禁能 CAN 控制器
参　　数	ulBase　　CAN 控制器基址
返 回 值	无
范　　例	CANDisable (CAN0_BASE);　　　　　　//关闭 CAN0 控制器

2)函数代码

函数的代码如程序清单 5.23 所示。

程序清单 5.23　函数代码

```
void CANDisable(unsigned long ulBaseAddr)
{
    LPC_CAN_TypeDef * ptBase = (LPC_CAN_TypeDef * )ulBaseAddr;

    / *
    *  设置控制寄存器中的初始化位
    * /
    canRegWrite((unsigned long)&ptBase - >CNTL,
    canRegRead((unsigned long)&ptBase - >CNTL) | CAN_CTL_INIT);
}
```

(5) CANBitTimingSet()函数

1)函数接口描述

在 CAN 控制器接入 CAN 网络之前先要设定好通信的波特率,调用 CANBit-TimingSet()函数可以完成设置 CAN 通信波特率及位时钟等参数的工作。CANBit-TimingSet()函数接口描述如表 5 - 42 所列。

表 5 - 42　CANBitTimingSet()函数

函数名称	CANBitTimingSet
函数原型	void CANBitTimingSet(unsigned long ulBase, CAN_BIT_CLK_PARM * pClkParms)
功能描述	设置 CAN 通信波特率及位时钟设置
参　　数	ulBase　　　　CAN 控制器基址 pClkParms　　指向位时钟设置参数的指针
返 回 值	无

范 例	`# define CANBAUD_500K    1`
	`CAN_BIT_CLK_PARM CANBitClkSettings[]=`
	<div align="right">//位时钟参数列表 $f_{CAN}=50$ MHz</div>
	`{`
	`{5, 4, 3, 5},` `//CANBAUD_1M`
	`{5, 4, 3, 10},` `//CANBAUD_500K`
	`{5, 4, 3, 20},` `//CANBAUD_250K`
	`{5, 4, 3, 40},` `//CANBAUD_125K`
	`{5, 4, 3, 50},` `//CANBAUD_100k`
	
	`{5, 4, 3, 100},` `//CANBAUD_50k`
	`{11, 8, 4, 100},` `//CANBAUD_25k`
	`{11, 8, 4, 125},` `//CANBAUD_20k`
	`{11, 8, 4, 250},` `//CANBAUD_10k`
	`{11, 8, 4, 500},` `//CANBAUD_5k`
	`{11, 8, 4, 1000},` `//CANBAUD_2k5`
	`}`
	`CANBitTimingSet(CAN0_BASE, &CANBitClkSettings[CANBAUD_500K]);`
	<div align="right">//设置节点波特率</div>

2) 函数代码

函数的代码如程序清单 5.24 所示。

程序清单 5.24 函数代码

```
void CANBitTimingSet(unsigned long ulBaseAddr, CAN_BIT_CLK_PARM * pClkParms)
{
    unsigned int uBitReg;
    unsigned int uSavedInit;
    LPC_CAN_TypeDef * ptBase = (LPC_CAN_TypeDef * )ulBaseAddr;
    /*
```

* 为设置位定时寄存器,控制器必须处于初始化模式,并且"配置修改使能位"须使能。初始化位的状态应被保存以便在最后还可恢复

```
    */
    uSavedInit = canRegRead((unsigned long)&ptBase->CNTL);
    canRegWrite((unsigned long)&ptBase->CNTL, uSavedInit | CAN_CTL_INIT | CAN_CTL_CCE);
    /*
```

* 根据参数设置位定时寄存器的各个位

```
    */
    uBitReg = ((pClkParms->uPhase2Seg - 1) << 12) & CAN_BIT_TSEG2_M;
    uBitReg |= ((pClkParms->uSyncPropPhase1Seg - 1) << 8) & CAN_BIT_TSEG1_M;
    uBitReg |= ((pClkParms->uSJW - 1) << 6) & CAN_BIT_SJW_M;
    uBitReg |= (pClkParms->uQuantumPrescaler - 1) & CAN_BIT_BRP_M;
```

```
canRegWrite((unsigned long)&ptBase->BT, uBitReg);
/*
 * 在扩展寄存器里设置分频系数的高端位
 */
canRegWrite((unsigned long)&ptBase->BRPE,
((pClkParms->uQuantumPrescaler - 1) >> 6) & CAN_BRPE_BRPE_M);
/*
 * 清除配置修改使能位,并恢复初始化位的状态
 */
uSavedInit &= ~CAN_CTL_CCE;

/*
 * 若初始化位之前没设置,现在清除它
 */
if (uSavedInit & CAN_CTL_INIT) {
    uSavedInit &= ~CAN_CTL_INIT;
}
canRegWrite((unsigned long)&ptBase->CNTL, uSavedInit);
}
```

(6) CANBitTimingGet( )函数

1) 函数接口描述

调用 CANBitTimingGet()函数可以得到当前的位时钟配置信息,CANBitTimingGet()函数描述如表 5 - 43 所列。

表 5 - 43　CANBitTimingGet( )函数

函数名称	CANBitTimingGet
函数原型	void CANBitTimingGet(unsigned long ulBase, CAN_BIT_CLK_PARM * pClkParms)
功能描述	读取位时钟配置信息
参　数	ulBase　　CAN 控制器基址 pClkParms　指向保存位时钟配置参数的缓存地址
返 回 值	无
输　出	pClkParms　指向读取到的位时钟配置参数

2) 函数代码

代码如程序清单 5.25 所示。

程序清单 5.25　函数代码

```
void CANBitTimingGet(unsigned long ulBaseAddr, CAN_BIT_CLK_PARM * pClkParms)
{
    unsigned int uBitReg;
    LPC_CAN_TypeDef * ptBase = (LPC_CAN_TypeDef * )ulBaseAddr;
```

```
/*
 * 读出 CAN 控制器中所有位定时的值
 */
uBitReg = canRegRead((unsigned long)&ptBase - >BT);
/*
 * 设置 TSEG2
 */
pClkParms - >uPhase2Seg = ((uBitReg & CAN_BIT_TSEG2_M) >> 12) + 1;
/*
 * 设置 TSEG1
 */
pClkParms - >uSyncPropPhase1Seg = ((uBitReg & CAN_BIT_TSEG1_M) >> 8) + 1;
/*
 * 设置同步跳转宽度
 */
pClkParms - >uSJW = ((uBitReg & CAN_BIT_SJW_M) >> 6) + 1;
/*
 * 设置 CAN 总线位时钟的预分频系数
 */
pClkParms - >uQuantumPrescaler =
((uBitReg & CAN_BIT_BRP_M) |
((canRegRead((unsigned long)&ptBase - >BRPE) & CAN_BRPE_BRPE_M) << 6)) + 1;
}
```

(7) CANIntRegister( )函数

1) 函数接口描述

CAN 中断服务函数的设置也相当简单,通过调用 CANIntRegister( )函数可以将普通的 C 函数注册为 CAN 的中断服务函数,而不用去理会 ROM 中断向量表的配置。CANIntRegister( )函数描述如表 5 - 44 所列。

表 5 - 44 CANIntRegister( )函数

函数名称	CANIntRegister
函数原型	void CANIntRegister(unsigned long ulBase, void (* pfnHandler)(void))
功能描述	将 C 函数注册为 CAN 的中断服务函数
参　　数	ulBase　CAN 控制器基址 pfnHandler　要注册为 CAN 中断服务函数的 C 函数名
返 回 值	无
范　　例	CANIntRegister(CAN0_BASE, CAN0Handler); 　　　　　　　//将函数 CAN0Handler 注册为中断服务函数

2）函数代码

代码见程序清单 5.26 所示。

程序清单 5.26　函数代码

```
void CANIntRegister(unsigned long ulBaseAddr, void ( * pfnHandler)(void))
{
    unsigned long ulIntNumber;
    /*
     * 获取 CAN 控制器的实际中断数目
     */
    ulIntNumber = __canIntNumberGet(ulBaseAddr);
    /*
     * 注册中断句柄
     */
    IntRegister(ulIntNumber, pfnHandler);
    /*
     * 使能中断
     */
    IntEnable(ulIntNumber);
}
```

（8）CANIntEnable（）函数

使能 CAN 中断可以调用 canIntEnable（）函数。在 canApplyInit（）函数中设置完接收滤波条件后，则通过调用 canIntEnable（）函数来向 CPU 开放 CAN 模块的中断信号。要想让 CPU 可以响应 CAN 中断事件，除使能 CAN 模块中断外还需使能 CPU 总中断。其代码如程序清单 5.27 所示。

程序清单 5.27　函数代码

```
void canIntEnable(CANNODEINFO * pCanNode, void ( * pfun)(void))
{
    CANIntRegister(ptCanNode->ulBaseAddr, pfun);          //注册中断服务函数
    CANIntEnable(ptCanNode->ulBaseAddr, CAN_INT_MASTER | CAN_INT_ERROR);
                                                 //允许挂起中断及错误中断
}
```

（9）CANIntDisable（）函数

1）函数接口描述

调用 CANIntDisable（）函数可以禁能对应的 CAN 控制器中断，CANIntDisable（）函数描述如表 5 - 45 所列。

2）函数代码

代码如程序清单 5.28 所示。

程序清单 5.28 函数代码

```
void CANIntDisable(unsigned long ulBaseAddr, unsigned long ulIntFlags)
{
    LPC_CAN_TypeDef * ptBase = (LPC_CAN_TypeDef *)ulBaseAddr;
    /*
    * 禁止指定的中断
    */
    canRegWrite((unsigned long)&ptBase->CNTL,
    canRegRead((unsigned long)&ptBase->CNTL) & ~(ulIntFlags));
}
```

表 5-45 CANIntDisable()函数

函数名称	CANIntDisable
函数原型	void CANIntDisable(unsigned long ulBase, unsigned long ulIntFlags)
功能描述	禁能对应的 CAN 控制器中断
参　　数	ulBase　　　CAN 控制器基址 ulIntFlags　需要开放的中断类型,由 CAN_INT_ERROR、CAN_INT_STA-TUS、CAN_INT_MASTER 单独或它们的逻辑或组合构成
返 回 值	无
范　　例	CANIntDisable(CAN0_BASE, CAN_INT_MASTER | CAN_INT_STATUS); //禁能 CAN 控制器挂起中断及状态中断

(10) CANIntClear()函数

1) 函数接口描述

通过调用 CANIntClear()函数可以清除相应的中断标志,CANIntClear()函数描述如表 5-46 所列。

表 5-46 CANIntClear()函数

函数名称	CANIntClear
函数原型	void CANIntClear(unsigned long ulBase, unsigned long ulIntClr)
功能描述	清除相应的中断标志
参　　数	ulBase　　CAN 控制器基址 ulIntClr　用于指示应清除中断挂起标志的中断源,为 1～32 时用于清除对应的报文对象挂起的中断标志,为 CAN_INT_INTID_STATUS 时则清除状态中断标志
返 回 值	无
范　　例	CANIntClear(CAN0_BASE, CAN_INT_INTID_STATUS); //清除状态中断标志

2）函数代码

代码如程序清单 5.29 所示。

程序清单 5.29　函数代码

```
void CANIntClear(unsigned long ulBaseAddr, unsigned long ulIntClr)
{
    LPC_CAN_TypeDef * ptBase = (LPC_CAN_TypeDef * )ulBaseAddr;
    ((ulIntClr > = 1) && (ulIntClr < = 32)));
    if (ulIntClr == CAN_INT_INTID_STATUS) {
        /*
        * 通过读中断标志来清除中断
        */
        canRegRead((unsigned long)&ptBase - >STAT);
    }
    else {
        /*
        * 等待 CAN 控制器空闲
        */
        while (canRegRead((unsigned long)&ptBase - >IF1_CMDREQ) & CAN_IF1CRQ_BUSY) {
        }
        /*
        * 通过设置 CAN_IF1CMSK_CLRINTPND 位来改变挂起中断的状态
        */
        canRegWrite((unsigned long)&ptBase - >IF1_CMDMSK, CAN_IF1CMSK_CLRINTPND);
        /*
        * 发送清除挂起中断的指令到 CAN 控制器
        */
        canRegWrite((unsigned long)&ptBase - >IF1_CMDREQ, ulIntClr & CAN_IF1CRQ_MNUM_M);
        /*
        * 等待 CAN 控制器空闲
        */
        while (canRegRead((unsigned long)&ptBase - >IF1_CMDREQ) & CAN_IF1CRQ_BUSY) {
        }
    }
}
```

(11) CANIntStatus( )函数

1）函数接口描述

调用 CANIntStatus( )函数可以获取当前的 CAN 中断状态，CANIntStatus( )函数描述如表 5 - 47 所列。

表 5-47 CANIntStatus( )函数

函数名称	CANIntStatus
函数原型	unsigned long CANIntStatus(unsigned long ulBase，CAN_INT_STS_REG eIntStsReg)
功能描述	读取当前的 CAN 中断相关状态标志
参　数	ulBase　　　CAN 控制器基址 eIntStsReg：CAN_INT_STS_CAUSE 读取 CANMSGnINT 寄存器的值 　　　　　　　CAN_INT_STS_OBJECT 读取 CANINT 寄存器的值
返 回 值	当前的 CAN 中断相关状态
范　例	int ulMsgObjID=CANIntStatus(CAN0_BASE，CAN_INT_STS_CAUSE)； 　　　　　　　　　　/＊ 取得挂起中断的报文对象,若返 　　　　　　　　　　＊ 回值位 0 为 1,则表示报文对象 1 　　　　　　　　　　＊ 有挂起中断,否则该报文对象没 　　　　　　　　　　＊ 有挂起中断＊/

2）函数代码

函数代码如程序清单 5.30 所示。

程序清单 5.30　函数代码

```
unsigned long CANIntStatus(unsigned long ulBaseAddr, CAN_INT_STS_REG eIntStsReg)
{
    unsigned long ulStatus;
    LPC_CAN_TypeDef * ptBase = (LPC_CAN_TypeDef * )ulBaseAddr;
    /*
     * 判断是需要查询哪一类状态
     */
    switch (eIntStsReg) {
        /*
         * 需要查询该 CAN 控制器全局中断的状态
         */
        case CAN_INT_STS_CAUSE: {
            ulStatus = canRegRead((unsigned long)&ptBase - >INT);
            break;
        }
        /*
         * 需要查询当前所有报文的报文状态中断
         */
        case CAN_INT_STS_OBJECT: {
            /*
             * 读取两个 16 位的值并将二者组合成一个 32 位的状态
             */
```

```
        ulStatus = (canRegRead((unsigned long)&ptBase - >IR1) &
        CAN_MSG1INT_INTPND_M);
        ulStatus | = (canRegRead((unsigned long)&ptBase - >IR2) << 16);
        break;
    }
    default: {
        ulStatus = 0;
        break;
    }
}
/*
 * 返回中断状态的值
 */
return (ulStatus);
}
```

（12） CANErrCntrGet( )函数

1） 函数接口描述

通过调用 CANErrCntrGet()函数可以读取 CAN 控制器当前的发送错误计数器值及接收错误计数器值，CANErrCntrGet()函数描述如表 5 - 48 所列。

表 5 - 48　CANErrCntrGet( )函数

函数名称	CANErrCntrGet
函数原型	tBoolean CANErrCntrGet(unsigned long ulBaseAddr, unsigned long * pulRxCount, 　　　　　　　　　　　　unsigned long * pulTxCount)
功能描述	读取 CAN 控制器当前的发送错误计数器值及接收错误计数器值
参　　数	ulBase　　CAN 控制器基址 pulRxCount　　指向存储接收错误计数值的缓存地址 pulTxCount　　指向存储发送错误计数值的缓存地址
返　回　值	true　　接收错误计数器的计数值已达到消极错误的极限值 false　　接收错误计数器的计数值低于消极错误的极限值

2） 函数代码

代码如程序清单 5.31 所示。

程序清单 5.31　函数代码

```
tBoolean CANErrCntrGet(unsigned long ulBaseAddr, unsigned long * pulRxCount, unsigned
long * pulTxCount)
{
    unsigned long ulCANError;
    LPC_CAN_TypeDef * ptBase = (LPC_CAN_TypeDef * )ulBaseAddr;
```

```
/ *
 *  读取当前发送/接收错误的数目
 */
ulCANError = canRegRead((unsigned long)&ptBase - >EC);
/ *
 *  从寄存器值中抽取错误的数目
 */
 * pulRxCount = (ulCANError & CAN_ERR_REC_M) >> CAN_ERR_REC_S;
 * pulTxCount = (ulCANError & CAN_ERR_TEC_M) >> CAN_ERR_TEC_S;
if (ulCANError & CAN_ERR_RP) {
    return (true);
}
return (false);
}
```

(13) CANMessageGet( )函数

1)函数接口描述

要读取某个报文对象的信息,则可以通过调用 CANMessageGet( )函数实现,
CANMessageGet( )函数描述如表 5 - 49 所列。

表 5 - 49 CANMessageGet( )函数

函数名称	CANMessageGet
函数原型	void CANMessageGet(unsigned long ulBaseAddr, unsigned long ulObjID, CAN_MSG_OBJ * pMsgObj, tBoolean bClrPendingInt)
功能描述	读取某个报文对象的信息
参　　数	ulBase CAN 控制器基址 ulObjID 报文对象编号,1~32 pMsgObject 指向存储报文对象设置参数的结构体 bClrPendingInt 指示是否清除相应的中断标志。1,清除;0,不清除
返 回 值	无
范　　例	CANMessageGet(CAN0_BASE, ulMsgObjID, &tMsgObj, 1); 　　　　　　　　　　　　　　　　　　//读取 CAN 报文并清除中断标志

2)函数代码

代码如程序清单 5.32 所示。

程序清单 5.32 函数代码

```
void CANMessageGet(unsigned long ulBaseAddr, unsigned long ulObjID, CAN_MSG_OBJ * pt-
MsgObj, tBoolean bClrPendingInt)
{
    unsigned short usCmdMaskReg;
```

```
unsigned short usMaskReg[2];
unsigned short usArbReg[2];
unsigned short usMsgCtrl;
LPC_CAN_TypeDef * ptBase = (LPC_CAN_TypeDef * )ulBaseAddr;
usCmdMaskReg = (CAN_IF1CMSK_DATAA | CAN_IF1CMSK_DATAB |
CAN_IF1CMSK_CONTROL | CAN_IF1CMSK_MASK | CAN_IF1CMSK_ARB);
/*
 * 清除挂起中断、报文对象内的新数据
 */
if (bClrPendingInt) {
    usCmdMaskReg |= CAN_IF1CMSK_CLRINTPND;
}
/*
 * 发出对报文对象内数据的读取请求
 */
canRegWrite((unsigned long)&ptBase - >IF2_CMDMSK, usCmdMaskReg);
/*
 * 将报文对象的内容传输到由 uiobjID 指定的报文对象
 */
canRegWrite((unsigned long)&ptBase - >IF2_CMDREQ, ulObjID & CAN_IF1CRQ_MNUM_M);
/*
 * 等待 busy 位被清零
 */
while (canRegRead((unsigned long)&ptBase - >IF2_CMDREQ) & CAN_IF1CRQ_BUSY) {
}
/*
 * 读取 IF 寄存器的值
 */
usMaskReg[0] = canRegRead((unsigned long)&ptBase - >IF2_MSK1);
usMaskReg[1] = canRegRead((unsigned long)&ptBase - >IF2_MSK2);
usArbReg[0] = canRegRead((unsigned long)&ptBase - >IF2_ARB1);
usArbReg[1] = canRegRead((unsigned long)&ptBase - >IF2_ARB2);
usMsgCtrl = canRegRead((unsigned long)&ptBase - >IF2_MCTRL);
ptMsgObj - >ulFlags = MSG_OBJ_NO_FLAGS;
/*
 * 通过查询 TXRQST 和 DIR 位判断这是否一个远程帧
 */
if ((!(usMsgCtrl & CAN_IF1MCTL_TXRQST) && (usArbReg[1] & CAN_IF1ARB2_DIR)) ||
((usMsgCtrl & CAN_IF1MCTL_TXRQST) && (! (usArbReg[1] & CAN_IF1ARB2_DIR)))) {
    ptMsgObj - >ulFlags |= MSG_OBJ_REMOTE_FRAME;
}
/*
```

```
    * 将标识符从寄存器里读出,读出标识符的格式取决于掩码的大小
    */
    if (usArbReg[1] & CAN_IF1ARB2_XTD) {
        /*
         * 对于这个报文对象,标识符设置为 29 位的类型
         */
        ptMsgObj->ulMsgID = ((usArbReg[1] & CAN_IF1ARB2_ID_M) << 16) | usArbReg[0];
        ptMsgObj->ulFlags |= MSG_OBJ_EXTENDED_ID;
    }
    else {
        /*
         * 标识符是一个 11 位的值
         */
        ptMsgObj->ulMsgID = (usArbReg[1] & CAN_IF1ARB2_ID_M) >> 2;
    }
    /*
     * 指示有部分数据丢失
     */
    if (usMsgCtrl & CAN_IF1MCTL_MSGLST) {
        ptMsgObj->ulFlags |= MSG_OBJ_DATA_LOST;
    }
    /*
     * 设置标志位以指示是否使用了 ID 掩码
     */
    if (usMsgCtrl & CAN_IF1MCTL_UMASK) {
        if (usArbReg[1] & CAN_IF1ARB2_XTD)
        {
            /*
             * 这里认为标识符掩码是一个 29 位的值
             */
            ptMsgObj->ulMsgIDMask =
            ((usMaskReg[1] & CAN_IF1MSK2_IDMSK_M) << 16) | usMaskReg[0];
            /*
             * 若这是一个完全指定的掩码和一个远程帧,那么就不用设置 MSG_OBJ_USE_
             * ID_FILTER
             * 因为该 ID 实际上不会被过滤
             */
            if ((ptMsgObj->ulMsgIDMask != 0x1fffffff) ||
            ((ptMsgObj->ulFlags & MSG_OBJ_REMOTE_FRAME) == 0)) {
                ptMsgObj->ulFlags |= MSG_OBJ_USE_ID_FILTER;
            }
        }
```

```
else {
    /*
     *  这里认为标识符掩码是一个 11 位的值
     */
    ptMsgObj->ulMsgIDMask = ((usMaskReg[1] & CAN_IF1MSK2_IDMSK_M) >> 2);
    /*
     *  若这是一个完全指定的掩码和一个远程帧,那么就不用设置 MSG_OBJ_USE_ID_FILTER
     *  因为该 ID 实际上不会被过滤
     */
    if ((ptMsgObj->ulMsgIDMask != 0x7ff) ||
    ((ptMsgObj->ulFlags & MSG_OBJ_REMOTE_FRAME) == 0)) {
        ptMsgObj->ulFlags |= MSG_OBJ_USE_ID_FILTER;
    }
}
/*
 *  指示扩展位是否在过滤中使用
 */
if (usMaskReg[1] & CAN_IF1MSK2_MXTD) {
    ptMsgObj->ulFlags |= MSG_OBJ_USE_EXT_FILTER;
}
/*
 *  指示方向过滤是否使能
 */
if (usMaskReg[1] & CAN_IF1MSK2_MDIR) {
    ptMsgObj->ulFlags |= MSG_OBJ_USE_DIR_FILTER;
}
}
/*
 *  设置中断标志
 */
if (usMsgCtrl & CAN_IF1MCTL_TXIE) {
    ptMsgObj->ulFlags |= MSG_OBJ_TX_INT_ENABLE;
}
if (usMsgCtrl & CAN_IF1MCTL_RXIE) {
    ptMsgObj->ulFlags |= MSG_OBJ_RX_INT_ENABLE;
}
/*
 *  看是否有可用的新数据
 */
if (usMsgCtrl & CAN_IF1MCTL_NEWDAT) {
    /*
     *  获取需读取数据的数量
```

```
        * /
        ptMsgObj - >ulMsgLen = (usMsgCtrl & CAN_IF1MCTL_DLC_M);
        / *
        *  不要从远程帧里读取数据,因为那里没有有效信息
        * /
        if ((ptMsgObj - >ulFlags & MSG_OBJ_REMOTE_FRAME) == 0) {
            / *
            *  从 CAN 寄存器里读出数据
            * /
            CANDataRegRead(ptMsgObj - >pucMsgData,
            (unsigned long *)(&(ptBase - >IF2_DA1)),
            ptMsgObj - >ulMsgLen);
        }
        / *
        *  清除新数据标志
        * /
        canRegWrite((unsigned long)&ptBase - >IF2_CMDMSK, CAN_IF1CMSK_NEWDAT);
        / *
        *  将报文对象的内容传输到由 uiobjID 指定的报文对象
        * /
        canRegWrite((unsigned long)&ptBase - >IF2_CMDREQ, ulObjID & CAN_IF1CRQ_MNUM_M);
        / *
        *  等待 Busy 位清除
        * /
        while (canRegRead((unsigned long)&ptBase - >IF2_CMDREQ) & CAN_IF1CRQ_BUSY) {
        }
        / *
        *  指示该报文内有新数据
        * /
        ptMsgObj - >ulFlags | = MSG_OBJ_NEW_DATA;
    }
    else {
        / *
        *  如果没有可用的数据,可用数据数应被清零
        * /
        ptMsgObj - >ulMsgLen = 0;
    }
}
```

(14) CANMessageSet( )函数

1)函数接口描述

CAN 控制器具有 32 个报文对象,每个报文对象都可以通过调用 CANMessage-

Set()函数独立配置,CANMessageSet()函数描述如表 5 - 50 所列。

表 5 - 50　CANMessageSet()函数

函数名称	CANMessageSet
函数原型	void CANMessageSet(unsigned long ulBase, unsigned long ulObjID, CAN_MSG_OBJ * pMsgObject, MSG_OBJ_TYPE eMsgType)
功能描述	配置指定的报文对象
参　数	ulBase　CAN 控制器基址 ulObjID　报文对象编号,1~32 pMsgObject　指向包含报文对象设置参数的结构体 eMsgType　这个报文对象的类型
返回值	无
范　例	unsigned char ucBufferIn[8]={0}; CAN_MSG_OBJ tMsgObj; tMsgObj. ulFlags=(MSG_OBJ_RX_INT_ENABLE |　　//过滤设置 　　　　　　　　MSG_OBJ_EXTENDED_ID |　　//扩展帧 ID 　　　　　　　　MSG_OBJ_USE_ID_FILTER); tMsgObj. ulMsgID=ulFrameID;　　　　　　　　//设置报文 ID tMsgObj. ulMsgIDMask=ulFrameIDMsk;　　　　//ID 掩码 tMsgObj. pucMsgData=ucBufferIn;　　　　　　//指向数据存储空间 tMsgObj. ulMsgLen=8;　　　　　　　　　　//设置数据域长度 CANMessageSet(CAN0_BASE, 1, &tMsgObj, MSG_OBJ_TYPE_RX); 　　　　　　　　　　　　　　　　//配置报文对象

2) 函数代码

代码如程序清单 5.33 所示。

程序清单 5.33　函数代码

```
void CANMessageSet(unsigned long ulBaseAddr, unsigned long ulObjID,CAN_MSG_OBJ * pt-
MsgObj, MSG_OBJ_TYPE eMsgType)
{
    unsigned short usCmdMaskReg;
    unsigned short usMaskReg[2];
    unsigned short usArbReg[2];
    unsigned short usMsgCtrl;
    tBoolean bTransferData;
    tBoolean bUseExtendedID;
    LPC_CAN_TypeDef * ptBase = (LPC_CAN_TypeDef *)ulBaseAddr;
    bTransferData = 0;
    / *
```

```
*  等待 busy 位清零
*/
while (canRegRead((unsigned long)&ptBase->IF1_CMDREQ) & CAN_IF1CRQ_BUSY) {
}
/*
*  判断是否需要扩展标识符
*/
if ((ptMsgObj->ulMsgID > CAN_MAX_11BIT_MSG_ID) ||
(ptMsgObj->ulFlags & MSG_OBJ_EXTENDED_ID)) {
    bUseExtendedID = 1;
}
else {
    bUseExtendedID = 0;
}
usCmdMaskReg = (CAN_IF1CMSK_WRNRD | CAN_IF1CMSK_DATAA | CAN_IF1CMSK_DATAB |
CAN_IF1CMSK_CONTROL);
/*
*  用户需要根据待配置报文对象的类型,将下面的这些值初始化为已知状态
*/
usArbReg[0]   = 0;
usMsgCtrl     = 0;
usMaskReg[0]  = 0;
usMaskReg[1]  = 0;
switch (eMsgType) {
     /*
     *  发送报文对象
     */
     case MSG_OBJ_TYPE_TX: {
        /*
        *  设置 TXRQST 位,并复位其他寄存器
        */
        usMsgCtrl |= CAN_IF1MCTL_TXRQST;
        usArbReg[1] = CAN_IF1ARB2_DIR;
        bTransferData = 1;
        break;
     }
     /*
     *  发送远程请求报文对象
     */
     case MSG_OBJ_TYPE_TX_REMOTE: {
        /*
```

```
        * 设置发送请求位并且复位其他寄存器
    */
    usMsgCtrl |= CAN_IF1MCTL_TXRQST;
    usArbReg[1] = 0;
    break;
}
/*
* 接收报文对象
*/
case MSG_OBJ_TYPE_RX:{
    usArbReg[1] = 0;
    break;
}
/*
* 接收远程请求报文对象
*/
case MSG_OBJ_TYPE_RX_REMOTE:{
    /*
    * DIR 位被设置为 1,TXRQST 位被清除
    */
    usArbReg[1] = CAN_IF1ARB2_DIR;
    /*
    * 设置这个对象,以使它只能指示接收到了远程帧,并允许通过软件方式处
        理(通过返回一个数据帧)
    */
    usMsgCtrl = CAN_IF1MCTL_UMASK;
    /*
    * 默认使用完整标识符
    */
    usMaskReg[0] = 0xffff;
    usMaskReg[1] = 0x1fff;
    /*
    * 必须将掩码发送至报文对象
    */
    usCmdMaskReg |= CAN_IF1CMSK_MASK;
    break;
}
/*
* 通过"自动发送"报文对象远程接收远程帧
*/
case MSG_OBJ_TYPE_RXTX_REMOTE:{
```

```
            /*
             * 将 DIR 位设置为 1,以进行远程接收
             */
            usArbReg[1] = CAN_IF1ARB2_DIR;
            /*
             * 设置当标识符匹配时,对象自动应答
             */
            usMsgCtrl = CAN_IF1MCTL_RMTEN | CAN_IF1MCTL_UMASK;
            /*
             * 返回的数据需要被装载
             */
            bTransferData = 1;
            break;
        }
        default: {
            return;
        }
    }
    /*
     * 配置屏蔽寄存器
     */
    if (ptMsgObj - >ulFlags & MSG_OBJ_USE_ID_FILTER) {
        if (bUseExtendedID) {
            /*
             * 设置所需的 29 位标识符掩码
             */
            usMaskReg[0] = ptMsgObj - >ulMsgIDMask & CAN_IF1MSK1_IDMSK_M;
            usMaskReg[1] = ((ptMsgObj - >ulMsgIDMask >> 16) &
            CAN_IF1MSK2_IDMSK_M);
        }
        else {
         /*
          * 低 16 位未使用,设置为零
          */
         usMaskReg[0] = 0;
            /*
             * 将 11 位的标识符掩码放到寄存器的高端位区域
             */
            usMaskReg[1] = ((ptMsgObj - >ulMsgIDMask << 2) &
            CAN_IF1MSK2_IDMSK_M);
        }
```

```
}
/*
 * 如果要按扩展 ID 位进行过滤,那么需要进行设置
 */
if ((ptMsgObj->ulFlags & MSG_OBJ_USE_EXT_FILTER) == MSG_OBJ_USE_EXT_FILTER) {
    usMaskReg[1] |= CAN_IF1MSK2_MXTD;
}
/*
 * 按报文方向域进行过滤
 */
if ((ptMsgObj->ulFlags & MSG_OBJ_USE_DIR_FILTER) == MSG_OBJ_USE_DIR_FILTER) {
    usMaskReg[1] |= CAN_IF1MSK2_MDIR;
}

if (ptMsgObj->ulFlags & (MSG_OBJ_USE_ID_FILTER | MSG_OBJ_USE_DIR_FILTER |
MSG_OBJ_USE_EXT_FILTER)) {
    /*
     * 设置 UMASK 位以使能屏蔽寄存器
     */
    usMsgCtrl |= CAN_IF1MCTL_UMASK;
    /*
     * 设置 MASK 位,使其可被传输到报文对象
     */
    usCmdMaskReg |= CAN_IF1CMSK_MASK;
}
/*
 * 设置 Arb 位,使其可被传输到报文对象
 */
usCmdMaskReg |= CAN_IF1CMSK_ARB;
/*
 * 配置仲裁寄存器
 */
if (bUseExtendedID) {
    /*
     * 这个报文对象的标识符设置为 29 位类型的标识符
     */
    usArbReg[0] |= ptMsgObj->ulMsgID & CAN_IF1ARB1_ID_M;
    usArbReg[1] |= (ptMsgObj->ulMsgID >> 16) & CAN_IF1ARB2_ID_M;
    /*
     * 标志报文为有效,并设置扩展位
     */
    usArbReg[1] |= CAN_IF1ARB2_MSGVAL | CAN_IF1ARB2_XTD;
```

```
    }
    else {
        /*
         * 这个报文对象的标识符设置为 11 位类型的标识符,低 18 位被设置为 0
         */
        usArbReg[1] |= (ptMsgObj->ulMsgID << 2) & CAN_IF1ARB2_ID_M;
        /*
         * 将报文标记为有效
         */
        usArbReg[1] |= CAN_IF1ARB2_MSGVAL;
    }
    /*
     * 设置数据长度。这也是一个单独传输,而不是一个 FIFO 传输,所以需要设置 EOB 位
     */
    usMsgCtrl |= (ptMsgObj->ulMsgLen & CAN_IF1MCTL_DLC_M) | CAN_IF1MCTL_EOB;
    /*
     * 如果需要,使能发送中断
     */
    if (ptMsgObj->ulFlags & MSG_OBJ_TX_INT_ENABLE) {
        usMsgCtrl |= CAN_IF1MCTL_TXIE;
    }
    /*
     * 如果需要,使能接收中断
     */
    if (ptMsgObj->ulFlags & MSG_OBJ_RX_INT_ENABLE) {
        usMsgCtrl |= CAN_IF1MCTL_RXIE;
    }
    /*
     * 若需要,将数据写到 CAN 数据寄存器里
     */
    if (bTransferData) {
        CANDataRegWrite(ptMsgObj->pucMsgData, (unsigned long *)(&ptBase->IF1_
DA1), ptMsgObj->ulMsgLen);
    }
    /*
     * 写寄存器以编程报文对象
     */
    canRegWrite((unsigned long)&ptBase->IF1_CMDMSK, usCmdMaskReg);
    canRegWrite((unsigned long)&ptBase->IF1_MSK1, usMaskReg[0]);
    canRegWrite((unsigned long)&ptBase->IF1_MSK2, usMaskReg[1]);
    canRegWrite((unsigned long)&ptBase->IF1_ARB1, usArbReg[0]);
```

```
canRegWrite((unsigned long)&ptBase->IF1_ARB2, usArbReg[1]);
canRegWrite((unsigned long)&ptBase->IF1_MCTRL, usMsgCtrl);
/*
 * 发送报文对象到由 ulobjID 确定的报文对象里
 */
canRegWrite((unsigned long)&ptBase->IF1_CMDREQ, ulObjID & CAN_IF1CRQ_MNUM_M);
return;
}
```

（15）CANMessageClear( )

1）函数接口描述

如果想停用某个报文对象，也可通过调用 CANMessageClear( )函数来实现，被停用的报文对象将不再参与 CAN 控制器的报文处理，也将不再产生任何中断信号。CANMessageClear( )函数描述如表 5 - 51 所列。

表 5 - 51　CANMessageClear( )函数

函数名称	CANMessageClear
函数原型	void CANMessageClear(unsigned long ulBase, unsigned long ulObjID)
功能描述	停用指定的某个报文对象
参　　数	ulBase　　CAN 控制器基址 ulObjID　　报文对象编号,1～32
返 回 值	无
范　　例	CANMessageClear(CAN0_BASE, 1);　　　/* 停用 CAN0 的报文对象 1 */

2）函数代码

代码如程序清单 5.34 所示。

程序清单 5.34　函数代码

```
void CANMessageClear(unsigned long ulBaseAddr, unsigned long ulObjID)
{
    LPC_CAN_TypeDef * ptBase = (LPC_CAN_TypeDef * )ulBaseAddr;
    /*
     * 等待 busy 位被清除
     */
    while (canRegRead((unsigned long)&ptBase->IF1_CMDREQ) & CAN_IF1CRQ_BUSY) {
    }
    /*
     * 清除仲裁寄存器里的报文数值位,并指示了报文无效
     */
    canRegWrite((unsigned long)&ptBase->IF1_CMDMSK, CAN_IF1CMSK_WRNRD | CAN_
```

```
IF1CMSK_ARB);
    canRegWrite((unsigned long)&ptBase ->IF1_ARB1, 0);
    canRegWrite((unsigned long)&ptBase ->IF1_ARB2, 0);
    /*
    * 初始化报文对象的编程
    */
    canRegWrite((unsigned long)&ptBase ->IF1_CMDREQ, ulObjID & CAN_IF1CRQ_MNUM_M);
}
```

(16) CANRetrySet()函数

1) 函数接口描述

通过调用 CANRetrySet()函数可以设置 CAN 控制器是否对发送失败的报文进行重新发送,CANRetrySet()函数描述如表 5 - 52 所列。

表 5 - 52 CANRetrySet()函数

函数名称	CANRetrySet
函数原型	void CANRetrySet(unsigned long ulBase, tBoolean bAutoRetry)
功能描述	设置自动重发功能
参 数	ulBase CAN 控制器基址 bAutoRetry 0:禁能自动重发功能;1:使能自动重发功能
返 回 值	无
范 例	CANRetrySet(CAN0_BASE, 1); //使能自动重发功能

2) 函数代码

代码如程序清单 5.35 所示。

程序清单 5.35 函数代码

```
void CANRetrySet(unsigned long ulBaseAddr, tBoolean bAutoRetry)
{
    unsigned long ulCtlReg;
    LPC_CAN_TypeDef * ptBase = (LPC_CAN_TypeDef * )ulBaseAddr;
    ulCtlReg = canRegRead((unsigned long)&ptBase ->CNTL);
    /*
    * 根据不同条件设置 DAR 位为使能/禁能自动重试
    */
    if (bAutoRetry) {
        /*
        * 清除 DAR 位,使控制器不会禁能对收发出错报文的自动重发
        */
        ulCtlReg & = ~CAN_CTL_DAR;
    }
```

```
else {
    /*
     *  设置 DAR 位,使控制器禁能对收发出错报文的自动重发
     */
    ulCtlReg | = CAN_CTL_DAR;
}

canRegWrite((unsigned long)&ptBase - >CNTL, ulCtlReg);
}
```

(17) CANRetryGet( )函数

1) 函数接口描述

调用 CANRetryGet( )函数则可以查询 CAN 控制器自动重发的设置情况,CAN-RetryGet( )函数描述如表 5 - 53 所列。

表 5 - 53　CANRetryGet( )函数

函数名称	CANRetryGet
函数原型	tBoolean CANRetryGet(unsigned long ulBase)
功能描述	读取重新发送设置情况
参　　数	ulBase　CAN 控制器基址
返 回 值	true:已设置自动重发 false:未设置自动重发
范　　例	tBoolean isRetry＝CANRetryGet(CAN0_BASE);　//读取自动重发配置状态

2) 函数代码

代码如程序清单 5.36 所示。

程序清单 5.36　函数代码

```
tBoolean CANRetryGet(unsigned long ulBaseAddr)
{
    LPC_CAN_TypeDef * ptBase = (LPC_CAN_TypeDef * )ulBaseAddr;
    /*
     *  从 CAN 控制器读取禁能自动重试的设置值
     */
    if (canRegRead((unsigned long)&ptBase - >CNTL) & CAN_CTL_DAR) {
        /*
         *  自动数据重传输未使能
         */
        return (false);
    }
    /*
```

```
    * 自动数据重传使能了
    */
    return (true);
}
```

(18) canCirBufInit( )函数

1) 函数接口描述

调用 canCirBufInit( )函数可以初始化指定的循环队列缓存区,canCirBufInit( )
函数描述如表 5 - 54 所列。

表 5 - 54   canCirBufInit( )函数描述

功能描述	循环队列缓存区初始化	
函数原型	void canCirBufInit(CANCIRBUF * ptCanCirBuf, 　　　　　　　　CANFRAME * ptCanFrameBuf, INT8U ucLength)	
参　　数	ptCanCirBuf	要初始化的循环队列缓存区首地址
	ptCanFrameBuf	报文存储区首地址
	ucLength	报文存储区深度(以帧为单位)
返 回 值	无	

2) 函数代码

函数代码如程序清单 5.37 所示。

程序清单 5.37   函数代码

```
void canCirBufInit (CANCIRBUF * ptCanCirBuf, CANFRAME * ptCanFrameBuf, INT8U uc-
Length)
{
    unsigned int i;
    ptCanCirBuf - >ulWriteIndex = 0;                    //Buffer[]写下标清零
    ptCanCirBuf - >ulReadIndex = 0;                     //Buffer[]读下标清零
    ptCanCirBuf - >bIsFull = false;                     //循环队列不满
    ptCanCirBuf - >ulLength = ucLength;                 //记录长度,此值不允许再许更改
    ptCanCirBuf - >ptCanFramBuf = ptCanFrameBuf;        //指向数据缓存区首地址
    for (i = 0; i < ucLength; i ++ ) {
        ptCanCirBuf - >ptCanFramBuf[i] = GtCanFrameInit;    //初始化为空帧
    }
}
```

(19) canCirBufMalloc( )函数

1) 函数接口描述

调用 canCirBufMalloc( )函数,则可以从指定的循环队列申请一帧报文的存储空

间。若循环队列不满,则调用此函数后将自动调整循环队列的写指针,并判断缓存区满条件,当满足条件时置位满标志。canCirBufMalloc( )函数描述如表 5-55 所列。

表 5-55　canCirBufMalloc( )函数描述

功能描述	从循环队列缓存区分配一帧报文的存储空间	
函数原型	CANFRAME * canCirBufMalloc(CANCIRBUF * ptCanCirBuf)	
参　　数	ptCanCirBuf　　指向循环队列缓存区首地址的指针	
返 回 值	0　　　　　　缓存区满,分配失败	
	不为 0　　　分配到的帧存储空间首地址	

2) 函数代码

函数代码如程序清单 5.38 所示。

程序清单 5.38　函数代码

```
static CANFRAME * canCirBufMalloc(CANCIRBUF * ptCanCirBuf)
{
    CANFRAME    * ptCanFrame;
    unsigned char ucEnable = 0;
    if (ptCanCirBuf == (CANCIRBUF * )0) {
        return 0;                               //队列错误
    }
    if (ptCanCirBuf - >bIsFull == true) {
        return 0;                               //队列满,则返回 0
    }
    ucEnable = __ENTER_CIRTICAL();              //关闭 CPU 总中断
    ptCanFrame = &(ptCanCirBuf - >ptCanFramBuf[ptCanCirBuf - >ulWriteIndex ++ ]);
                                                //取得需要返回的地址
    if (ptCanCirBuf - >ulWriteIndex == ptCanCirBuf - >ulLength) {
        ptCanCirBuf - >ulWriteIndex = 0;        //构成循环队列
    }
    if (ptCanCirBuf - >ulWriteIndex == ptCanCirBuf - >ulReadIndex) {
                                                //写指针赶上读指针,队列满
        ptCanCirBuf - >bIsFull = true;          //置位队列满标志
    }
    __EXIT_CIRTICAL(ucEnable);                  //退出临界区

    * ptCanFrame = GtCanFrameInit;              //打开 CPU 总中断
    return ptCanFrame;
}
```

(20) canFrameSend( ) 函数

1) 函数接口描述

调用 canFrameSend( ) 函数可以触发 CAN 控制器,将一帧报文(标准帧或扩展帧)发送出去(或进入发送循环队列),canFrameSend( ) 函数的接口描述如表 5 - 56 所列。

表 5 - 56   canFrameSend( ) 函数描述

功能描述	触发 CAN 控制器将一帧报文发送出去,或进入发送队列	
函数原型	void canFrameSend(CANNODEINFO * ptCanNode, CANFRAME * ptCANFrame)	
参　数	ptCanNode	指向软件 CAN 节点的指针
	ptCANFrame	指向要发送的报文的缓存首地址的指针
返 回 值	无	

需要注意的是,调用 canFrameSend( ) 函数将会对报文对象进行写操作。如果发送报文对象中的报文尚在发送队列,那么这时调用 canFrameSend( ) 函数将会使得要发送的报文数据丢失。所以,发送数据时推荐先调用 canCirBufWrite( ) 函数将要发送的报文填充到发送缓存区,再调用 canCirBufSend( ) 函数触发报文的发送。

2) 函数代码

函数代码如程序清单 5.39 所示。

程序清单 5.39　函数代码

```
void canFrameSend(CANNODEINFO * ptCanNode, CANFRAME * ptCANFrame)
{
    CAN_MSG_OBJ tMsgObjectTx;
    unsigned char ucEnable = 0;
    if (ptCanNode == 0) {                                   //检查节点的有效性
        return;
    }
    ucEnable = __ENTER_CIRTICAL();                          //关闭 CPU 总中断
    tMsgObjectTx.ulMsgID = ptCANFrame->ulID;               //取得报文标识符
    if ((ptCANFrame->ucTtypeFormat & XTD_MASK) != 0){
        tMsgObjectTx.ulFlags = MSG_OBJ_EXTENDED_ID;        //扩展格式帧
    } else {
        tMsgObjectTx.ulFlags = MSG_OBJ_NO_FLAGS;           //标准格式帧
    }
    tMsgObjectTx.ulFlags |= MSG_OBJ_TX_INT_ENABLE;         //标记发送中断使能
    tMsgObjectTx.ulMsgLen = (unsigned long)ptCANFrame->ucDLC;  //标记数据域长度
    tMsgObjectTx.pucMsgData = ptCANFrame->ucDatBuf;        //传递数据存放指针
    CANRetrySet(ptCanNode->ulBaseAddr, true);             //启动发送失败重发
    if ((ptCANFrame->ucTtypeFormat & RMRQS_MASK) != 0) {
        CANMessageSet(ptCanNode->ulBaseAddr,              //CAN 控制器基址
```

```
        ptCanNode->ulTxMsgObjNr,               //发送报文对象编号
        &tMsgObjectTx, MSG_OBJ_TYPE_TX_REMOTE);  //配置远程帧发送报文对象
    } else {
        CANMessageSet(ptCanNode->ulBaseAddr,   //CAN 控制器基址
        ptCanNode->ulTxMsgObjNr,               //发送报文对象编号
        &tMsgObjectTx, MSG_OBJ_TYPE_TX);       //配置数据帧发送报文对象
    }
    __EXIT_CIRTICAL(ucEnable);                 //打开 CPU 总中断
}
```

(21) canReMsgObjSet( )函数

1) 函数接口描述

调用 canReMsgObjSet( )函数可以实现对接收数据帧及远程帧的报文对象进行配置,而在 canAcceptFilterSet( )函数中也正是通过调用此函数来完成对接收滤波条件的设置的。canReMsgObjSet( )函数描述如表 5 - 57 所列。

表 5 - 57　canReMsgObjSet( )函数

函数名称	canReMsgObjSet
函数原型	void canReMsgObjSet(unsigned long ulBaseAddr, unsigned long ulMsgObjMask, unsigned long ulFrameID, unsigned long ulFrameIDMsk, unsigned char ucFramType, unsigned char ucMsgType)
功能描述	配置报文对象
参　　数	ulBaseAddr　　 CAN 模块基址 ulMsgObjMask 报文对象选择掩码,对应的位置 1 则表示对对应的报文对象进行配置操作, 　　　　　　　若多位置 1 则将所有选中的报文串连成 FIFO 缓冲器,如 　　　　　　　ulMsgObjMask　=0b0111111111111111111111111111111,则将 1～31 号 　　　　　　　报文对象串连成 FIFO 缓冲器 ulFrameID　　 验收帧 ID ulFrameIDMsk 接收帧屏蔽码,对应位为 1 则,ulFrameID 的相应位参与验收滤波, 　　　　　　　对应位为 0,则 ulFrameID 的相应位不参与验收滤波 ucFramType　　 STD_ID_FILTER:过滤接收标准帧 　　　　　　　EXT_ID_FILTER:过滤接收扩展帧 　　　　　　　STD_EXT_FILTER[a]:验收标准帧及扩展帧 ucMsgType　　 MSG_OBJ_TYPE_RX:接收数据帧报文对象 　　　　　　　MSG_OBJ_TYPE_RX_REMOTE:接收远程帧报文对象 注:当选择 STD_EXT_FILTER(验收标准帧及扩展帧)时,ulFrameIDMsk 自动切换为采用 UNMASK 掩码,这时将接收所有类型及格式的报文
返 回 值	无
范　　例	canReMsgObjSet(CAN0_BASE, 0x00FFFFFF,0x123, MASK, EXT_ID_FILTER, 　　　　MSG_OBJ_TYPE_RX);　//配置接收扩展(数据)帧的报文对象(1～24)

2)函数代码

函数代码如程序清单 5.40 所示。

程序清单 5.40　函数代码

```
void canReMsgObjSet(CANNODEINFO * ptCanNode, unsigned long ulMsgObjMask, unsigned
                long ulFrameID,
                unsigned long ulFrameIDMsk, unsigned char ucFramType, unsigned
                char ucMsgType)
{
    CAN_MSG_OBJ tMsgObj;
    LPC_CAN_TypeDef * ptCanBase;
    unsigned char ucDataBuf[8];
    unsigned short usCmdMaskReg;
    unsigned short usMaskReg[2];
    unsigned short usArbReg[2];
    unsigned short usMsgCtrl;
    tBoolean bUseExtendedID = false;
    tBoolean bEob = false;
    int i;
    if (ptCanNode == 0) {                           //检查节点的有效性
        return;
    }
    ptCanBase = (LPC_CAN_TypeDef * )(ptCanNode - >ulBaseAddr);
    if (ulMsgObjMask == 0) {
        return;                                     //没有选定报文对象
    }
    if (ucMsgType == MSG_OBJ_TYPE_RX) {             //数据帧接收报文对象
        ptCanNode - >ulDaReObjMsk | = ulMsgObjMask;  //按位标记接收报文对象
    } else if (ucMsgType == MSG_OBJ_TYPE_RX_REMOTE){ //远程帧报文接收对象
        ptCanNode - >ulRmReObjMsk | = ulMsgObjMask;  //按位标记"发送"报文对象
    } else {
        return;                                     //参数非法,直接退出此函数
    }
    tMsgObj.ulMsgID = ulFrameID;                    //报文滤波 ID
    tMsgObj.ulMsgIDMask = ulFrameIDMsk;             //ID 掩码
    switch (ucFramType) {                           //帧类型处理
        case STD_ID_FILTER: {                       //标准帧
            tMsgObj.ulFlags = (MSG_OBJ_RX_INT_ENABLE |  //允许接收中断
            MSG_OBJ_USE_ID_FILTER |                 //使用报文 ID 滤波
            MSG_OBJ_USE_EXT_FILTER |                // Xtd 参与滤波
            MSG_OBJ_USE_DIR_FILTER);                //Dir 参与滤波
            bUseExtendedID = false;                 //不是扩展帧
```

```
        break;
    }
    case EXT_ID_FILTER: {                              //扩展帧
        tMsgObj.ulFlags = (MSG_OBJ_RX_INT_ENABLE |     //允许接收中断
        MSG_OBJ_EXTENDED_ID |                          //扩展 ID
        MSG_OBJ_USE_ID_FILTER |                        //使用报文 ID 滤波
        MSG_OBJ_USE_EXT_FILTER |                       //Xtd 参与滤波
        MSG_OBJ_USE_DIR_FILTER);                       //Dir 参与滤波
        bUseExtendedID = true;                         //是扩展帧
        break;
    }
    case STD_EXT_FILTER: {                             //只对接收报文对象有意义
        tMsgObj.ulFlags = (MSG_OBJ_RX_INT_ENABLE |     //允许接收中断
        MSG_OBJ_USE_ID_FILTER |                        //使用报文 ID 滤波
        MSG_OBJ_USE_DIR_FILTER);                       //Dir 参与滤波
        ulFrameIDMsk = 0x00000000UL;                   //不对 ID 进行接收滤波
        bUseExtendedID = false;                        //不是扩展帧(这里没影响)
        break;
    }
    default: {
        return;
    }
}

tMsgObj.pucMsgData = ucDataBuf;                        //指向数据存储空间
tMsgObj.ulMsgLen = 8;                                  //设置数据域长度
while (__canRegRead((unsigned long)&ptCanBase -> IF1_CMDREQ) & CAN_IF1CRQ_
BUSY) {;}                                              //等待报文处理器空闲
usCmdMaskReg = CAN_IF1CMSK_WRNRD |                     //写数据到报文对象存储器
CAN_IF1CMSK_DATAA |                                    //传输数据字节 0~3
CAN_IF1CMSK_DATAB |                                    //传输数据字节 4~7
CAN_IF1CMSK_CONTROL |                                  //传输控制位
CAN_IF1CMSK_ARB;                                       //传输 ID + Dir + Xtd + MsgVal
                                                       //到 MsgObj
usArbReg[0] = 0;
usMsgCtrl = 0;
usMaskReg[0] = 0;
usMaskReg[1] = 0;
switch (ucMsgType) {                                   //报文对象类型处理
    case MSG_OBJ_TYPE_RX: {                            //接收数据帧类型
        usArbReg[1] = 0;
        break;
```

```
                }
        case MSG_OBJ_TYPE_RX_REMOTE: {                       //接收远程帧类型
            usArbReg[1] = CAN_IF1ARB2_DIR;                    //置位报文方向位,发送方向
            usMsgCtrl = CAN_IF1MCTL_UMASK;                    //Msk、MXtd、MDir 用于接收滤波
            usMaskReg[0] = 0xffff;
            usMaskReg[1] = 0x1fff;
            usCmdMaskReg| = CAN_IF1CMSK_MASK;
            break;
        }
        default: {
            return;
        }
    }
    if (tMsgObj.ulFlags & MSG_OBJ_USE_ID_FILTER) {            //使用报文 ID 滤波
        if (bUseExtendedID) {                                //扩展帧
            usMaskReg[0] = ulFrameIDMsk & CAN_IF1MSK1_IDMSK_M;
            usMaskReg[1] = (ulFrameIDMsk >> 16) & CAN_IF1MSK2_IDMSK_M;
        } else {                                             //标准帧
            usMaskReg[0] = 0;                                //低 16 位 MSK[15:0]为 0
            usMaskReg[1] = (ulFrameIDMsk << 2) & CAN_IF1MSK2_IDMSK_M;
                                                             //MSK[28:18]为标准帧 ID MSK
        }
    }
    if ((tMsgObj.ulFlags & MSG_OBJ_USE_EXT_FILTER) == MSG_OBJ_USE_EXT_FILTER) {
        usMaskReg[1] | = CAN_IF1MSK2_MXTD;                   //扩展标识符 Xtd 参与验收滤波
    }
    if ((tMsgObj.ulFlags & MSG_OBJ_USE_DIR_FILTER) == MSG_OBJ_USE_DIR_FILTER) {
        usMaskReg[1] | = CAN_IF1MSK2_MDIR;                   //报文方向 Dir 参与验收滤波
    }
    if (tMsgObj.ulFlags & (MSG_OBJ_USE_ID_FILTER | MSG_OBJ_USE_DIR_FILTER | MSG_OBJ_
USE_EXT_FILTER)) {
        usMsgCtrl | = CAN_IF1MCTL_UMASK;                     //Msk、MXtd、MDir 用于接收滤波
        usCmdMaskReg | = CAN_IF1CMSK_MASK;                   //传输 IDMask + Dir + Mxtd 到 MsgObj
    }
    if (bUseExtendedID) {                                    //扩展帧验收 ID
        usArbReg[0] | = ulFrameID & CAN_IF1ARB1_ID_M;
        usArbReg[1] | = (ulFrameID >> 16) & CAN_IF1ARB2_ID_M;
        usArbReg[1] | = CAN_IF1ARB2_MSGVAL | CAN_IF1ARB2_XTD;
    }else {                                                  //标准帧验收 ID
        usArbReg[0] = 0;
        usArbReg[1] | = (ulFrameID << 2) & CAN_IF1ARB2_ID_M;
        usArbReg[1] | = CAN_IF1ARB2_MSGVAL;
```

```
}
        usMsgCtrl |= (tMsgObj.ulMsgLen & CAN_IF1MCTL_DLC_M) | CAN_IF1MCTL_EOB;
                                                                //Eob = 1
        if (tMsgObj.ulFlags & MSG_OBJ_RX_INT_ENABLE) {
            usMsgCtrl |= CAN_IF1MCTL_RXIE;                      //使能接收中断
        }
        __canRegWrite((unsigned long)&ptCanBase->IF1_CMDMSK, usCmdMaskReg);
        __canRegWrite((unsigned long)&ptCanBase->IF1_MSK1, usMaskReg[0]);
        __canRegWrite((unsigned long)&ptCanBase->IF1_MSK2, usMaskReg[1]);
        __canRegWrite((unsigned long)&ptCanBase->IF1_ARB1, usArbReg[0]);
        __canRegWrite((unsigned long)&ptCanBase->IF1_ARB2, usArbReg[1]);
        __canRegWrite((unsigned long)&ptCanBase->IF1_MCTRL, usMsgCtrl);
    bEob = false;
    for (i = 0; i < 32; i++){
        if (ulMsgObjMask & 0x80000000) {
            if (bEob == false) {
                __canRegWrite((unsigned long)&ptCanBase->IF1_MCTRL, (usMsgCtrl |
CAN_IF1MCTL_EOB));
                bEob = true;                                   //FIFO 的末端
            } else {
                __canRegWrite((unsigned long)&ptCanBase->IF1_MCTRL, (usMsgCtrl &
(~CAN_IF1MCTL_EOB)));
            }
            __canRegWrite((unsigned long)&ptCanBase->IF1_CMDREQ, ((32 - i) & CAN
_IF1CRQ_MNUM_M));
                                                               //更新到报文对象
            while (__canRegRead((unsigned long)&ptCanBase->IF1_CMDREQ) & CAN_
IF1CRQ_BUSY) {
                                                               //等待报文处理器空闲
                ;
            }
        }
        ulMsgObjMask = ulMsgObjMask << 1;                      //更新报文对象屏蔽选择
        if (ulMsgObjMask == 0) {
            break;                                             //提前退出循环
        }
    }
    return;
}
```

(22) canAcceptFilterSet( )函数

1) 函数接口描述

调用 canAcceptFilterSet( ) 函数实现对 CAN 模块的接收滤波条件进行设置,

canAcceptFilterSet()函数描述如表 5 − 58 所列。

表 5 − 58　canAcceptFilterSet( )函数描述

功能描述	CAN 通信验收滤波设置	
函数原型	void canAcceptFilterSet(CANNODEINFO * ptCanNode, unsigned long ulFrameID, unsigned long ulFrameIDMsk, unsigned char ucFramType)	
参　　数	ptCanNode	指向节点的指针
	ulFrameID	接收帧 ID
	ulFrameIDMsk	接收帧 ID 屏蔽码
	ucFramType	验收报文的格式及类型
	STD_ID_FILTER	过滤接收标准格式的报文
	EXT_ID_FILTER	过滤接收扩展格式的报文
	STD_EXT_FILTER	过滤接收标准及扩展格式的报文,使用此类型时 ulFrameID 及 ulFrameIDMsk 的切换为无效,即接收所有正确的报文
调　　用	canReMsgObjSet()	根据选定的报文对象等参数配置 CAN 模块的报文对象
返 回 值	无	

2）函数代码

函数代码如程序清单 5.41 所示。

程序清单 5.41　函数代码

```
void canAcceptFilterSet(CANNODEINFO * ptCanNode, unsigned long ulFrameID, unsigned
                        long ulFrameIDMsk,
                        unsigned char ucFramType)
{
    if (ptCanNode == 0) {                          //检查节点的有效性
        return;
    }
    canReMsgObjSet(ptCanNode, ptCanNode->ulDaReObjMsk,
    ulFrameID, ulFrameIDMsk, ucFramType, MSG_OBJ_TYPE_RX);
                                                   //配置数据帧接收报文对象
    canReMsgObjSet(ptCanNode, ptCanNode->ulRmReObjMsk,
    ulFrameID, ulFrameIDMsk, ucFramType, MSG_OBJ_TYPE_RX_REMOTE);
                                                   //配置远程帧接收报文对象
}
```

5.7.2　CAN 应用编程流程

　　这里介绍基于通用驱动库的 CAN 应用编程流程,该流程图是掌握 CAN 控制器编程的基础。流程示意如图 5 − 8 所示。

图 5-8　CAN 应用编程流程

1. CAN 硬件初始化

在使用 CAN 控制器之前,须初始化其硬件参数:
- CAN 接口引脚使能。
- CAN 控制器使能。
- CAN 通信波特率设置。

2. 配置收发报文对象

CAN 控制器一共有 32 个报文对象。一个报文对象包含的主要信息有报文 ID、报文 ID 掩码、报文对象控制参数、报文数据长度、报文数据、报文类型等。

此外,还需要配置 CAN 控制器的发送缓存区和接收缓存区,这两个缓存区由用户程序在内存里开辟。

3. CAN 中断初始化

在收发数据之前,还必须使能 CAN 中断,并设置好 CAN 中断服务函数。例如,当使能了发送中断,数据成功发送后就将产生发送中断。

4. 帧发送

将要发送报文的帧类型、报文 ID、数据长度及数据内容写入报文对象,再将报文对象送入发送缓存区,由 CAN 控制器将报文对象发送至总线上。

如果 CAN 控制器丢失了仲裁或者在发送期间发生错误,则当 CAN 总线再次空闲时,报文重新发送。

5. 帧接收

报文处理器将 CAN 控制器接收移位寄存器内的报文存储到报文 RAM 中相应的报文对象,然后在接收中断服务函数的报文对象中读取接收到的帧。

5.7.3　编程解决方案

通过通用驱动库来进行 CAN 应用编程,虽然无须直接操作寄存器,但也涉及了十几个底层接口函数,不便于移植和维护,因此引入 zlg_can 程序模块(包括 zlg_can. c 和 zlg_can. h 文件,位于"..\CAN_UART\USER_CODE"文件夹)对通用驱动库的函数进行了进一步的封装,使得 CAN 模块的应用编程更加容易,撰写的 CAN 应用程序也更简单,使初学者能更快地掌握 CAN 应用编程的要点和流程。

下面介绍 zlg_can 程序模块中的数据结构与 API 函数。

1. 数据结构

(1) 软节点数据结构——CANNODEINFO 类型

在 zlg_can 程序模块中将每路 CAN 控制器抽象为一个软节点来管理,软节点的结构如程序清单 5.42 所示。

程序清单 5.42 CAN 节点信息结构 CANNODEINFO

```
typedef struct {
    unsigned long ulBaseAddr;                    //CAN 控制器基址
    unsigned char ucNodeState;                   //用于记录 CAN 节点状态
    unsigned char ulBaudIndex;                   //波特率参数索引
    unsigned long ulBofTimer;                    //CAN 节点脱离总线的计时变量
    unsigned long ulDaReObjMsk;                  //用作接收数据帧的报文对象
    unsigned long ulRmReObjMsk;                  //用作接收远程帧的报文对象
    unsigned long ulTxMsgObjNr;                  //发送报文对象的编号
    CANCIRBUF * ptCanReCirBuf;                   //指向本节点的接收循环队列
    CANCIRBUF * ptCanTxCirBuf;                   //指向本节点的发送循环队列
    void ( * pfCanHandlerCallBack )(unsigned long ulMessage, long lParam1, long
lParam2);                                        //提供给中断处理函数 canHandler()的
                                                 //回调函数,在收到数据帧或远程帧时
                                                 //调用,用户自定义
    void ( * pfIsrHandler)(void);                //自定义的 CAN 节点中断服务函数
}CANNODEINFO;
```

对程序清单 5.42 中的部分参数说明如下:

① CAN 控制器基址 ulBaseAddr。LPC11Cxx 系列微控制器的 CAN 控制器寄存器的地址均由基址加上一定的偏移量构成。给出了 CAN 控制器基址,zlg_can 程序模块即可自行计算出其他 CAN 寄存器的基址。

② CAN 节点状态变量 ucNodeState。当发生诸如发生失败、总线脱离等事件时,CAN 中断服务程序会置位该状态变量的相应位,主程序通过查询该状态变量相应位的值,即可得知 CAN 节点的当前状态。

③ "脱离总线"状态的计时变量 ulBofTimer。在发生总线错误而导致 CAN 节点脱离总线后,节点需要延时一段时间后才能重新接入总线。延时的目的是在当前 CAN 节点损坏最糟糕的情况下,仍然能保证总线有一个不受当前损坏 CAN 节点影响的通信时隙,提高总线的通信效率。ulBofTimer 变量用于计时"脱离总线"状态的时间。

④ 回调函数与自定义 CAN 节点中断服务函数。如果自定义 CAN 节点中断服务函数 pfIsrHandler 参数的值为 0,则 zlg_can 程序模块自动将软件包里的 canHandler 函数作为 CAN 节点的中断处理函数。

中断处理函数 canHandler 用作默认的 CAN 节点中断事件处理函数,可以根据中断的相关标志完成数据读取、节点状态记录、数据(发送缓冲区中)发送及中断状态标志清除等工作,如图 5-9 所示。

图 5-9   canHandler 函数代码示意图

canHandler 函数的代码如程序清单 5.43 所示。

程序清单 5.43   canHandler 函数代码

```
/********************************************************************
** Function name:          canHandler
** Descriptions:           实现中断接收一帧或多帧 CAN 报文,以及发送成功的标志设置
** input parameters:       ptCanNode:指向 CAN 软节点的指针
** output parameters:      无
** Returned value:         无
** Descriptions:           CAN 中断处理函数
********************************************************************/
void canHandler(CANNODEINFO * ptCanNode)
{
    CANFRAME        * ptCanFrame;
    CANFRAME        tCanFrame;
    CAN_MSG_OBJ     tMsgObjBuf;
```

```
        unsigned long    ulMsgObjID;
        unsigned long    ulNewData;
        unsigned long    ulTxObjMask = 1UL << (ptCanNode - >ulTxMsgObjNr - 1);
    INT32U ulStatus = 0;
    INT32U ulTxReq = 0;
    INT32U ulBit = 0;
    INT8U i = 0;
    unsigned long ulCallBackMsg = CAN_NO_ERROR;
    ulMsgObjID = CANIntStatus(ptCanNode - >ulBaseAddr,CAN_INT_STS_OBJECT);
                                        //读取中断标志,用于分析状态中断
    ulStatus = CANStatusGet(ptCanNode - >ulBaseAddr, CAN_STS_CONTROL);
    ulNewData = CANStatusGet(ptCanNode - >ulBaseAddr, CAN_STS_NEWDAT);
    ulTxReq = CANStatusGet(ptCanNode - >ulBaseAddr, CAN_STS_TXREQUEST);
ulNewData & = ~ulTxObjMask;                  //忽略发送报文对象的 NewDat
    if (ulStatus & CAN_STATUS_LEC_MSK) {
        ptCanNode - >ucNodeState | = CAN_SEND_FAIL;    //发送失败,传输产生了错误
    } else {
        ptCanNode - >ucNodeState & = ~CAN_SEND_FAIL; //通信成功,清除错误标志
    }
    if (ulStatus & CAN_STATUS_BUS_OFF) {
        CANIntDisable(ptCanNode - >ulBaseAddr, CAN_INT_MASTER | CAN_INT_ERROR);
                                        //关闭 CAN 中断
        ptCanNode - >ucNodeState | = CAN_BUS_OFF;    //脱离总线
        ptCanNode - >ulBofTimer = 0;
        ulCallBackMsg | = CAN_BUS_OFF;              //脱离总线
    }
    ulStatus = ulNewData;
    if (ulMsgObjID ! = 0) {                         //存在挂起中断
        for (i = 0; i < 32; i ++) {
            ulBit = 1UL << i;
            if ((ptCanNode - >ulDaReObjMsk & ulNewData & ulBit) ! = 0){
                                        //收到数据帧
                ptCanFrame = canCirBufMalloc(ptCanNode - >ptCanReCirBuf);
                                        //取得缓存地址
                if (ptCanFrame == (CANFRAME * )0) {
                                        //缓存申请失败,说明缓存区已满
                    ptCanFrame = &tCanFrame;        //用局部变量进行缓存,将被丢弃
                }
                tMsgObjBuf. pucMsgData = ptCanFrame - >ucDatBuf;
                                        //传递帧数据缓存地址
                CANMessageGet(ptCanNode - >ulBaseAddr, (i + 1), &tMsgObjBuf, 0);
                                        //读出接收数据
```

```
        ptCanFrame - >ucDLC = tMsgObjBuf.ulMsgLen;        //记录数据域长度
        if (tMsgObjBuf.ulFlags & MSG_OBJ_EXTENDED_ID) {
                                            //扩展帧 29 位标志字符
            ptCanFrame - >ulID = (tMsgObjBuf.ulMsgID & 0x1FFFFFFF);
                                            //记录 CAN 报文 ID
            ptCanFrame - >ucTtypeFormat = XTD_DATA;
                                            //记录为扩展数据帧
        } else {                            //标准帧 11 位标志字符
            ptCanFrame - >ulID = (tMsgObjBuf.ulMsgID & 0x000007FF);
                                            //记录 CAN 报文 ID
            ptCanFrame - >ucTtypeFormat = STD_DATA;     //记录为标准数据帧
        }
    } else if ((ptCanNode - >ulRmReObjMsk & ulNewData & ulBit) ! = 0) {
                                            //收到远程帧
        ptCanFrame = canCirBufMalloc(ptCanNode - >ptCanReCirBuf);
                                            //取得缓存地址
        if (ptCanFrame == (CANFRAME * )0) { //缓存申请失败,说明缓存区已满
            ptCanFrame = &tCanFrame;          //用局部变量进行缓存,将被丢弃
        }
        tMsgObjBuf.pucMsgData = ptCanFrame - >ucDatBuf;
                                            //传递帧数据缓存地址
        CANMessageGet(ptCanNode - >ulBaseAddr, (i + 1), &tMsgObjBuf, 0);
        ptCanFrame - >ucDLC = tMsgObjBuf.ulMsgLen;        //记录数据域长度

        if (tMsgObjBuf.ulFlags & MSG_OBJ_EXTENDED_ID) {
                                            //扩展帧 29 位标志字符
            ptCanFrame - >ulID = (tMsgObjBuf.ulMsgID & 0x1FFFFFFF);
            ptCanFrame - >ucTtypeFormat = XTD_RMRQS;
                                            //记录为扩展远程帧
        } else {                            //标准帧 11 位标志字符
            ptCanFrame - >ulID = (tMsgObjBuf.ulMsgID & 0x000007FF);
            ptCanFrame - >ucTtypeFormat = STD_RMRQS;
                                            //记录为标准远程帧
        }
    }
    ulStatus & = ~ulBit;
    if (ulStatus == 0) {                    //剩余报文对象已经没有新数据了
        break;
    }
}
ulStatus = ulMsgObjID;
for (i = 0; i < 32; i + + ) {                //清除中断标志
```

```
                    ulBit = 1UL << i;
                    if (ulMsgObjID & ulBit) {
                        CANIntClear(ptCanNode - >ulBaseAddr, i + 1);
                    }
                    ulStatus & = ~ulBit;
                    if (ulStatus == 0) {                          //剩余报文对象已经没有新数据了
                        break;
                    }
                }
                if (ulNewData & ((ptCanNode - >ulRmReObjMsk) | (ptCanNode - >ulDaReObjMsk))) {
                                                                   //收到数据帧或远程帧
                    ptCanNode - >ucNodeState | = CAN_FRAM_RECV; //收到数据
                    ulCallBackMsg | = CAN_FRAM_RECV;
                }
                if ((ulTxObjMask & ulMsgObjID) ! = 0) {           //成功发送数据
                    ptCanNode - >ucNodeState | = CAN_FRAM_SEND; //发送完成
                    ulCallBackMsg | = CAN_FRAM_SEND;
                }
            }
        /*
         *   检查是否有数据等待发送
         */
        ulTxReq = CANStatusGet(ptCanNode - >ulBaseAddr, CAN_STS_TXREQUEST);
        if ((ulTxReq & ulTxObjMask) == 0) {                       //检查 CAN 控制器是否可发送收据
            if (ptCanNode - >ptCanTxCirBuf ! = 0) {               //检查是否有数据等待发送
                if (canCirBufRead(ptCanNode - >ptCanTxCirBuf, &tCanFrame) == CAN_OK) {
                    ptCanNode - >ucNodeState & = ~CAN_FRAM_SEND;
                                                                   //缓存区不为空,继续发送
                    canFrameSend(ptCanNode, &tCanFrame);          //触发下一帧的发送工作
                } else {
                    ptCanNode - >ptCanTxCirBuf = 0;               //发送队列空闲
                }
            }
        }
        if (ulCallBackMsg) {                                      //回调函数消息的类型非 0
            if (ptCanNode - >pfCanHandlerCallBack) {              //存在回调函数
                ptCanNode - >pfCanHandlerCallBack(ulCallBackMsg, ulNewData, ulMsgObjID);
            }
        }
        CANIntClear(ptCanNode - >ulBaseAddr, CAN_INT_INTID_STATUS);//清除状态中断标志
    }
```

(2) 帧缓存区——CANFRAME

帧缓存区的数据结构如程序清单 5.44 所示。

程序清单 5.44　帧数据存储结构 CANFRAME

```
typedef struct {
    unsigned char ucTtypeFormat;            //帧类型
    unsigned char ucDLC;                    //数据区长度
    unsigned long ulID;                     //CAN 报文 ID
    unsigned char ucDatBuf[8];              //报文数据域
}CANFRAME;
```

(3) 循环队列缓存区数据结构——CANCIRBUF

CAN 通信中常常出现接收数据累积来不及处理的情况。为避免这种情形，zlg_can 程序模块采用循环队列缓存区来存储 CAN 通信数据，如图 5 - 10 所示。

- 当缓存区有可用数据时，读/写指针值不同或缓存区满标志置位。
- 缓存区为空（没有可用数据）时，读指针和写指针的值相等。

图 5 - 10　循环队列缓存区

循环队列缓存区的数据结构定义如程序清单 5.45 所示。

程序清单 5.45　循环队列缓存区结构

```
typedef struct {
    INT32U     ulWriteIndex;                //写指针
    INT32U     ulReadIndex;                 //读指针
    INT16U     ulLength;                    //记录缓存深度
    BOOLEAN    bIsFull;                     //缓存区满标志
    CANFRAME   * ptCanFramBuf;              //指向帧缓存区首地址
}CANCIRBUF;
```

2. 宏定义

zlg_can 程序模块里使用了大量的宏，下面就介绍这些宏的定义。

(1) 宏配置

在使用 zlg_can 程序模块编写 CAN 应用程序之前，通常需要先配置和 CAN 应用紧密相关的几个宏，如表 5 - 59 所列。表 5 - 59 中宏的配置示例见程序清单 5.46 所示。

程序清单 5.46　zlg_can 程序模块的宏配置

```
#define FCAN8M                 8000000UL        //CAN 模块工作时钟为 8 MHz
#define FCAN6M                 6000000UL        //CAN 模块工作时钟为 6 MHz
```

```
#define FCAN2M              2000000UL        //CAN 模块工作时钟为 2 MHz
#define FCAN48M             48000000UL       //CAN 模块工作时钟为 48 MHz
#define FCAN               FCAN48M           //当前 CAN 模块工作时钟 48 MHz
#define RE_DATA_SN          0x00FFFFFFUL      //选择用做接收数据帧的报文对象
#define RE_RMRQS_SN         0x7F000000UL      //选择用做接收远程帧的报文对象
#define TX_MSG_SN           32                //选择发送报文对象的编号
#define CAN_BUF_RE_LENGTH   40                //定义接收缓存区长度
#define CAN_BUF_TX_LENGTH   20                //定义发送缓存区长度
#define UNMASK              0x00000000UL      //不使用 ID 滤波
#define MASK                0x1FFFFFFFUL      //所有 ID 均参与验收滤波
```

表 5－59　宏配置

宏　名	说　明
RE_DATA_SN	宏 RE_DATA_SN 用于指定须配置为"接收数据帧"的多个报文对象
RE_RMRQS_SN	宏 RE_RMRQS_SN 用于指定被用作"接收远程帧"的多个报文对象
TX_MSG_SN	宏 TX_MSG_SN 用于指定一个用作"发送报文"的报文对象编号
FCAN	宏 FCAN 用于向程序给出 CAN 控制器当前的工作时钟 注:在 LPC11Cxx 系列微控制器中,CAN 控制器的工作时钟与外设时钟相同
CAN_BUF_RE_LENGTH	宏 CAN_BUF_RE_LENGTH 用于定义接收缓存区的大小
CAN_BUF_TX_LENGTH	宏 CAN_BUF_TX_LENGTH 则用于定义发送缓存区的大小
MASK	用于设置 ID 掩码,最长可设置 29 位

(2) 其他常用宏定义

除了宏配置提到的宏外,还有其他的一些常用宏定义。为便于读者阅读本书里的相关程序,现将其列出,如程序清单 5.47 所示。

程序清单 5.47　其他宏定义

```
/*************************************************************
函数返回值
*************************************************************/
#define CAN_ERROR          0
#define CAN_OK             1
#define BUSY               2                 //表示当前队列正在发送
/*************************************************************
标识 CAN 节点状态的宏
*************************************************************/
#define CAN_FRAM_RECV      0x01              //成功接收到数据帧或远程帧
#define CAN_FRAM_SEND      0x02              //发送完成
#define CAN_BUS_OFF        0x04              //节点脱离总线
#define CAN_SEND_FAIL      0x08              //发送失败
```

```
# define CAN_NO_ERROR          0x00                //没有错误
/ *****************************************************
标识验收过滤验收方式的宏
***************************************************** /
# define EXT_ID_FILTER         1                   //验收扩展帧
# define STD_ID_FILTER         2                   //验收标准帧
# define STD_EXT_FILTER        3                   //验收标准帧和扩展帧
# define UNMASK                0x00000000UL        //不使用 ID 滤波
# define MASK                  0x1FFFFFFFUL        //所有 ID 均参与验收滤波
/ *****************************************************
标识帧类型及格式的宏
***************************************************** /
# define STD_DATA              0xF0                //标准格式数据帧
# define XTD_DATA              0xF2                //扩展格式数据帧
# define STD_RMRQS             0xF1                //标准格式远程帧
# define XTD_RMRQS             0xF3                //扩展格式远程帧
# define XTD_MASK              0x02                //标记扩展帧 ID 掩码的类型
# define RMRQS_MASK            0x01                //标记远程帧掩码的类型
# define BUF_BLANK             0x00                //标记空白帧
```

3. 波特率配置

在 zlg_can 程序模块里,波特率配置工作很简单。当 CAN 模块工作时钟为 48 MHz、8 MHz、6 MHz、2 MHz 时,用户只需要在相关函数内(见应用接口函数中 canApplyInit()的使用说明)填入所需通信波特率对应的宏即可(波特率对应的宏如 程序清单 5.48 所示)。

程序清单 5.48　波特率宏定义

```
/ *****************************************************
波特率宏定义表
***************************************************** /
# define      CANBAUD_1M            0
# define      CANBAUD_500K          1
# define      CANBAUD_250K          2
# define      CANBAUD_125K          3
# define      CANBAUD_100K          4
# define      CANBAUD_50K           5
# define      CANBAUD_25K           6
# define      CANBAUD_20K           7
# define      CANBAUD_10K           8
# define      CANBAUD_5K            9
# define      CANBAUD_2K5           10
```

当 CAN 模块工作时钟不在上述范围时,用户需要重新定义通信波特率参数表,才能继续按照 canApplyInit() 函数内填入所需通信波特率对应宏的方式配置通信波特率,下面对通信波特率参数表进行说明。

(1) 通信波特率参数表

通信波特率参数表位于 zlg_can.c,对其说明如图 5 - 11 所示。其源码的部分内容示意如程序清单 5.49 所示。

```
/tCANBitClkParms CANBitClkSettings[]=
{
  /*
  *波特率参数表Fcan=8 MHz
  /*
  {5,  2,  2,  1},              //CANBAUD_1M
  {11, 4,  2,  1},              //CANBAUD_500K
  {11, 4,  2,  2},              //CANBAUD_250K
  {11, 4,  2,  4},              //CANBAUD_125K
  {11, 4,  2,  5},              //CANBAUD_100K
  {11, 4,  2,  10},             //CANBAUD_50K
  {11, 4,  2,  20},             //CANBAUD_25K
  {11, 4,  2,  25},             //CANBAUD_20K
  {11, 4,  2,  50},             //CANBAUD_10K
  {11, 4,  2,  100},            //CANBAUD_5K
  {11, 4,  2,  200},            //CANBAUD_2K5

    ①   ②   ③   ④
        ...
}
```

①:标注①处是Tseg1,传输段和相位缓冲段的和。

②:标注②处是Tseg2,是采样点后的时间,即相位缓冲段2。

③:标注③处是SJW,是同步跳转宽度的物理值。

④:标注④处是BRP+1,预分频值。

图 5 - 11 波特率参数表的说明

程序清单 5.49 通信波特率参数表

```
/***************************************************************
通信波特率参数表
***************************************************************/
const CAN_BIT_CLK_PARM CANBitClkSettings[ ] =
{
  /*
  *    Fcan = 48MHz
  */
  #if FCAN == FCAN48M
  {15, 8, 4, 2},                        //CANBAUD_1M
  {15, 8, 4, 4},                        //CANBAUD_500K
  {15, 8, 4, 8},                        //CANBAUD_250K
  {15, 8, 4, 16},                       //CANBAUD_125K
  {15, 8, 4, 20},                       //CANBAUD_100k
  {15, 8, 4, 40},                       //CANBAUD_50k
  {15, 8, 4, 80},                       //CANBAUD_25k
  {15, 8, 4, 100},                      //CANBAUD_20k
```

```
    {15, 8, 4, 200},                                    //CANBAUD_10k
    {15, 8, 4, 400},                                    //CANBAUD_5k
    {15, 8, 4, 800},                                    //CANBAUD_2k5
    # elif FCAN == FCAN6M
    /*
    *    Fcan = 6MHz
    */
    ......
    # endif
};
```

(2) 通信波特率参数表计算示例

假定 LPC11C14 的 CAN 控制器的工作时钟频率 f_{CAN} 为 10 MHz,BRP 值为 0,而要求 CAN 的通信速率 f_{baud} 为 1 Mbit/s。这里根据 CAN 通信波特率计算公式来计算通信波特率参数表中的各个参数:

$$f_{baud} = \frac{1}{(1 + T_{seg1} + 1 + T_{seg2} + 1)} \times \frac{f_{can}}{(BRP + 1)} \qquad (5-1)$$

式中,T_{seg1}、T_{seg2}、BRP 均为 LPC11C14 CAN 位时间寄存器里的值。

① 求时间份额(Time Quanta)t_q:

$t_q = (BRP + 1)/f_{CAN}$,所以,$t_q = 1/f_{can} = 1/100000000 = 100$ ns

② 求位时间:

$t_{bit} = 1/f_{baud}$,所以 $t_{bit} = 1/1\,000\,000 = 1\,000$ ns,即 $t_{bit} = 10t_q$,因此有:

$1 + (T_{seg1} + 1) + (T_{seg2} + 1) = 10t_q$。

③ 求 T_{seg1} 和 T_{seg2}。T_{seg1} 和 T_{seg2} 决定了采样点的位置,通常采样点在 85% 左右为佳,所以在本示例里需要寻找满足如下条件的 T_{seg1} 和 T_{seg2} 取值组合:

- $(t_{bit} - (T_{seg2} + 1))/t_{bit} = 85\%$。
- $1 \leqslant T_{seg1} \leqslant 15, 0 \leqslant T_{seg2} \leqslant 7$(注意,对取值范围的要求见 LPC11Cxx 系列微控制器用户手册的 CAN 位时间寄存器中的描述)。
- $1 + (T_{seg1} + 1) + (T_{seg2} + 1) = 10t_q$。

根据式(5-1)和上述条件计算出表 5-61 所列的取值组合。

表 5-61 T_{seg1}、T_{seg2} 取值组合

	T_{seg1}	T_{seg2}	$(t_{bit} - (T_{seg2} + 1))/t_{bit}$
组合 1	6	1	80%
组合 2	5	2	70%
组合 3	4	3	60%

显然,组合 1 最接近对采样点的要求。至此即可求出 T_{seg1} 和 T_{seg2} 的值:

$$T_{seg1} = 6t_q, \quad T_{seg2} = 1t_q$$

④ 求同步跳转宽度 t_{SJW}。t_{SJW} 的值为 4 和相位缓冲段 1 时间中的较小值;所以在本示例里,$t_{SJW} = \min(4, 相位缓冲段 1 时间) = 1t_q$。然后,再将以上计算出的值添加到通信波特率参数表,如程序清单 5.50 所示。

程序清单 5.50　通信波特率参数表的部分内容

```
......
/ *
 *   Fcan = 10MHz
 * /
# elif FCAN == FCAN10M
{6, 1, 1, 1},                                    //CANBAUD_1M
......
```

4. 应用接口函数

通常用户只需要调用 zlg_can 程序模块里的 canNodeCreate()、canApplyInit()、canCirBufRead()、canCirBufWrite()、canCirBufSend() 及 canNodeBusOn() 这 6 个常用函数,即可完成上述的 CAN 硬件初始化、配置收发报文对象、CAN 中断初始化、数据收发等流程。

(1) 创建软节点——canNodeCreate( )

创建软节点须调用 canNodeCreate() 函数。canNodeCreate() 函数把初始化一个 CAN 节点所需要的全部信息都登记到软节点结构体变量里。软节点创建函数如表 5-61 所列。

表 5-61　软节点创建函数

功能描述	创建软节点	
函数原型	void canNodeCreate(CANNODEINFO * ptCanNode, 　　　　　　　　unsigned long ulBaseAddr, 　　　　　　　　unsigned char ulBaudIndex, 　　　　　　　　unsigned long ulDaReObjMsk, 　　　　　　　　unsigned long ulRmReObjMs, 　　　　　　　　unsigned long ulTxMsgObjNr, 　　　　　　　　CANCIRBUF * ptReCirBuf)	
参　　数	ptCanNode	软节点结构体变量的指针
	ulBaseAddr	节点对应的 CAN 控制器模块基址
	ulBaudIndex	CAN 通信波特率宏
	ulDaReObjMsk	用于"数据帧"接收的报文对象选择掩码,按位选通报文对象
	ulRmReObjMsk	用于"远程帧"接收的报文对象选择掩码,按位选通报文对象
	ulTxMsgObjNr	用于发送的报文对象编号
	ptReCirBuf	指向本节点的接收循环队列

返 回 值	无

范 例	CANFRAME GtCanFrameReBuf[CAN_BUF_RE_LENGTH]={0};
	　　　　　　　　　　　　　　　//开辟帧数据的接收缓存区
	CANCIRBUF GtCanReCirBuf={　　　　　//定义接收循环队列
	　　0,　　　　　　　　　　　　　　//写指针的初始值
	　　0,　　　　　　　　　　　　　　//读指针的初始值
	　　false,　　　　　　　　　　　　//标记循环队列未满
	　　CAN_BUF_RE_LENGTH,　　　　　//缓存深度
	　　GtCanFrameReBuf　　　　　　　//帧接收缓存区的指针
	};
	CANNODEINFO tCanNode0;　　　　　　//定义一个软节点结构体变量
	CANNODEINFO * GptCanNode0=&tCanNodeInfo;
	　　　　　　　　　　　　　//定义指向软节点结构体变量的指针
	canNodeCreate(GptCanNode0, CAN0_BASE, CANBAUD_500K,
	　　　　RE_DATA_SN, RE_REMOTE_SN, TX_MSG_SN, &GtCanReCirBuf);

函数代码如程序清单 5.51 所示。

程序清单 5.51　函数代码

```
void canNodeCreate(CANNODEINFO * ptCanNode, unsigned long ulBaseAddr, unsigned char
          ucBaudIndex,
          unsigned long ulDaReObjMsk, unsigned long ulRmReObjMsk,
          unsigned long ulTxMsgObjNr, CANCIRBUF * ptReCirBuf,
          void ( * pfCanHandlerCallBack)(unsigned long ulMessage, long
          lParam1, long lParam2),
          void ( * pfIsrHandler)(void))
{
    if (ptCanNode == 0) {                      //检查节点的有效性
        return;
    }
    /*
    * 软件环境初始化
    */
    ptCanNode - >ulBaseAddr = ulBaseAddr;          //CAN 控制器基地址
    ptCanNode - >ucNodeState = CAN_NO_ERROR;
    ptCanNode - >ucBaudIndex = ucBaudIndex;         //CAN 控制器波特率索引
    ptCanNode - >ulBofTimer = 0;
    ptCanNode - >ulDaReObjMsk = ulDaReObjMsk;        //接收数据帧报文对象
    ptCanNode - >ulRmReObjMsk = ulRmReObjMsk;
    ptCanNode - >ulTxMsgObjNr = ulTxMsgObjNr;        //发送报文对象
    ptCanNode - >ptCanReCirBuf = ptReCirBuf;         //指向接收数据链表
```

```
        ptCanNode->ptCanTxCirBuf = 0;                              //清空发送数据链表
        ptCanNode->pfCanHandlerCallBack = pfCanHandlerCallBack;   //初始化回调函数
        ptCanNode->pfIsrHandler = pfIsrHandler;                    //中断服务函数
}
```

(2) 将软节点信息配置到 CAN 节点——canApplyInit( )

调用 canApplyInit( )函数可将登记到软节点结构体变量的信息配置到实际的 CAN 节点中,配置验收滤波参数,使能 CAN 接收中断、发送中断、总线错误中断,并初始化 CAN 节点的工作环境(例如,对帧数据接收和发送缓存区的初始化);然后启动 CAN 节点,使之与外部 CAN 总线同步。canApplyInit( )函数描述如表 5 - 62 所列。

表 5 - 62　canApplyInit( )函数描述

功能描述	CAN 应用初始化,将软节点信息配置到 CAN 控制器中,使能各个 CAN 中断,并设置本节点对应的中断服务函数
函数原型	INT8U canApplyInit(CANNODEINFO * ptCanNode, 　　　　　　　unsigned long ulFrameID, 　　　　　　　unsigned long ulFrameIDMsk, 　　　　　　　unsigned char ucFramType)
参　数	ptCanNode　　指向软节点结构体变量的指针 ulFrameID　　报文的验收 ID ulFrameIDMsk　报文验收 ID 掩码(对应位为 1 时,表示验收 ID 的对应位参与验收滤波) ucFramType　　验收的帧类型 　　STD_ID_FILTER　　过滤接收标准格式的报文 　　EXT_ID_FILTER　　过滤接收扩展格式的报文 　　STD_EXT_FILTER　过滤接收标准及扩展格式的报文,使用此类型 　　时 ulFrameID 及 ulFrameIDMsk 的配置为无效,即接收所有格式的报文
返 回 值	无
范　例	canApplyInit(GptCanNode0, 0x123, UNMASK, STD_EXT_FILTER, canNode0Handler) 　　　　　　　　　　　　　　　　　//初始化 CAN 控制器,设置波特率等

函数代码如程序清单 5.52 所示。

程序清单 5.52　函数代码

```
INT8U canApplyInit(CANNODEINFO * ptCanNode, unsigned long ulFrameID, unsigned long
                    ulFrameIDMsk, unsigned char ucFramType)
{
    if (ptCanNode == 0) {                              //检查节点的有效性
        return CAN_ERROR;
    }
    /*
```

```
*   硬件初始化
*/
LPC_SYSCON - >PRESETCTRL | = (0x1<<3);          //外设复位控制
LPC_SYSCON - >SYSAHBCLKCTRL | = (1<<17);        //系统 AHB 时钟控制
LPC_CAN - >CLKDIV = 0x00;                       //分频值设为 6
CANInit(ptCanNode - >ulBaseAddr);               //初始化 CAN 控制器
CANBitTimingSet ( ptCanNode - > ulBaseAddr, ( CAN _ BIT _ CLK _ PARM * )
(&CANBitClkSettings[ptCanNode - >ucBaudIndex]));
                                                //设定节点波特率
CANEnable(ptCanNode - >ulBaseAddr);             //退出初始化模式,启动 CAN 节点
canAcceptFilterSet(ptCanNode, ulFrameID, ulFrameIDMsk, ucFramType);
                                                //验收滤波设置              ①
canIntEnable(ptCanNode);                        //注册中断服务函数并使能 CAN 中断
return CAN_OK;
}
```

(3) 从指定的循环队列中读取报文——canCirbufRead()

调用 canCirBufRead() 函数可以从指定的循环队列缓存区中读取报文,若队列不为空,则更新队列的读指针及满标志。canCirBufRead() 函数描述如表 5 - 63 所列。

表 5 - 63　canCirBufRead() 函数描述

功能描述	若循环队列不空,则读取出一帧报文并写入指定空间	
函数原型	INT8U canCirBufRead(CANCIRBUF * ptCanCirBuf, CANFRAME * ptCanFrame)	
参　　数	ptCanCirBuf	循环队列的指针
	ptCanFrame	帧数据的缓存区指针
返 回 值	CAN_OK	CAN 操作成功
	CAN_ERROR	CAN 操作失败

函数代码如程序清单 5.53 所示。

程序清单 5.53　函数代码

```
INT8U canCirBufRead(CANCIRBUF * ptCanCirBuf, CANFRAME    * ptCanFrame)
{
    INT8U ucReturn = CAN_ERROR;
    unsigned long ulIndex;
    unsigned char ucEnable = 0;
    if (ptCanCirBuf == (CANCIRBUF * )0) {
        return CAN_ERROR;                       //队列错误
    }
    ucEnable = __ENTER_CIRTICAL();              //关闭 CPU 总中断
```

```
        if ((ptCanCirBuf->ulReadIndex != ptCanCirBuf->ulWriteIndex) || (ptCanCirBuf
->bIsFull == true)) {
            ulIndex = ptCanCirBuf->ulReadIndex;                //缓存下标
            if (ptCanCirBuf->ptCanFramBuf[ulIndex].ucTtypeFormat != BUF_BLANK) {
                //帧允许读(帧写结束之前 ucTtypeFormat = BUF_BLANK)
                * ptCanFrame = ptCanCirBuf->ptCanFramBuf[ulIndex];
                ptCanCirBuf->ulReadIndex + = 1;                //读指针加 1
                if (ptCanCirBuf->ulReadIndex == ptCanCirBuf->ulLength) {
                    ptCanCirBuf->ulReadIndex = 0;             //形成循环队列缓存区
                }
                ptCanCirBuf->bIsFull = false;                  //清除缓存区满标志
                ucReturn = CAN_OK;
            }
        }
        __EXIT_CIRTICAL(ucEnable);                              //使能 CPU 总线中断
        return ucReturn;
}
```

(4) 向指定的循环队列缓存区写一帧数据——canCirBufWrite( )

调用 canCirBufWrite( )函数可向指定的循环队列缓存区写一帧数据,更新循环队列缓存区的写指针,并判断循环队列缓存区是否已经满了。当满足条件时置位循环队列满标志。canCirBufWrite( )函数描述如表 5-64 所列。

表 5-64　canCirBufWrite( )函数描述

功能描述	向指定的循环队列缓存区写一帧数据	
函数原型	INT8U canCirBufWrite(CANCIRBUF * ptCanCirBuf, CANFRAME * ptCanFrame)	
参　　数	ptCanCirBuf	循环队列缓存区的指针
	ptCanFrame	报文结构体变量的指针
返 回 值	CAN_OK	CAN 操作成功
	CAN_ERROR	CAN 操作失败

函数代码如程序清单 5.54 所示。

程序清单 5.54　函数代码

```
INT8U canCirBufWrite(CANCIRBUF * ptCanCirBuf, CANFRAME * ptCanFrame)
{
    CANFRAME * ptCanFrameObject;
    INT8U i = 0;
    ptCanFrameObject = canCirBufMalloc(ptCanCirBuf);    //从缓存区申请一帧报文的存
                                                         //储空间
    if (ptCanFrameObject == (CANFRAME * )0) {            //缓存区未满,申请成功
```

```
        return CAN_ERROR;
    }
    ptCanFrameObject - >ucDLC = ptCanFrame - >ucDLC;    //报文数据域长度
    ptCanFrameObject - >ulID = ptCanFrame - >ulID;      //报文 ID
    for (i = 0; i < 8; i++) {
        ptCanFrameObject - >ucDatBuf[i] = ptCanFrame - >ucDatBuf[i];
                                                        //读出数据域内容
    }
    ptCanFrameObject - >ucTtypeFormat = ptCanFrame - >ucTtypeFormat;
                                                //写报文类型,使这帧报文有效
    return CAN_OK;                              //返回操作成功
}
```

(5) 将指定缓存区中的有效数据发送至 CAN 总线——canCirBufSend( )

调用 canCirBufSend( )函数可将指定缓存区中的有效数据发送至 CAN 总线,直至缓存区中没有可用数据。canCirBufSend( )函数描述如表 5 – 65 所列。

表 5 – 65　canCirBufSend( )函数描述

功能描述	令指定循环队列中的一帧报文得到发送	
函数原型	INT8U canCirBufSend(CANNODEINFO * ptCanNode, CANCIRBUF * ptCanCirBuf)	
参　　数	ptCanNode	指向 CAN 节点的指针,定义发送 CAN 数据的 CAN 节点
	ptCanCirBuf	指向循环队列的指针
输　　出	无	
返 回 值	BUSY	已有帧数据在发送
	CAN_OK	操作成功
	CAN_ERROR	操作错误

函数代码如程序清单 5.55 所示。

程序清单 5.55　函数代码

```
INT8U canCirBufSend(CANNODEINFO * ptCanNode, CANCIRBUF * ptCanCirBuf)
{
    CANFRAME  tCanFrame;
    unsigned char ucEnable = 0;
    if (ptCanNode == 0) {                                //检查节点的有效性
        return CAN_ERROR;
    }
    if (ptCanNode - >ptCanTxCirBuf ! = (CANCIRBUF * )0) {  //已有帧数据在发送队列
        return BUSY;
    }                                                    //给需要发送的 CAN 节点
    if (canCirBufRead(ptCanCirBuf, &tCanFrame) ! = CAN_OK) {  //缓存区不为空,继续发送
```

```
        return CAN_ERROR;
    }
    ucEnable = __ENTER_CIRTICAL();                        //关闭 CPU 总中断
    ptCanNode - >ptCanTxCirBuf = ptCanCirBuf;            //将要发送的缓存区首地址传递
    ptCanNode - >ucNodeState & = ~CAN_FRAM_SEND;         //状态更新为"发送未完成"
    canFrameSend(ptCanNode, &tCanFrame);                 //发送一帧数据,其余数据将
                                                          //在中断中继续发送
    __EXIT_CIRTICAL(ucEnable);                            //打开 CPU 总中断
    return CAN_OK;                                        //返回操作结果
}
```

(6) 总线重新接入——canNodeBusOn( )

当 CAN 节点遇到通信出错或脱离总线等错误时,对应的错误信息将被记录到 ptCanNode→ucNodeState 中。如果遇到脱离总线错误,则可以通过调用 canNodeBusOn( )函数重新接入总线。canNodeBusOn( )函数描述如表 5 - 66 所列。

表 5 - 66　canNodeBusOn( )函数描述

功能描述	令 CAN 节点重新接入总线
函数原型	void canNodeBusOn(CANNODEINFO * ptCanNode)
参　　数	ptCanNode　　软节点结构体变量的指针
输　　出	无
返 回 值	无

函数代码如程序清单 5.56 所示。

程序清单 5.56　函数代码

```
void canNodeBusOn(CANNODEINFO * ptCanNode)
{
    if (ptCanNode == 0) {                                //检查节点的有效性
        return;
    }
    CANEnable(ptCanNode - >ulBaseAddr);                  //退出初始化模式,启动 CAN 节点
    CANIntClear(ptCanNode - >ulBaseAddr, CAN_INT_INTID_STATUS);      //清除状态中断标志
    CANIntEnable(ptCanNode - >ulBaseAddr, CAN_INT_MASTER设置中断源_ERROR);
};
```

5. 编程流程

使用驱动库编程的好处显而易见,其与面向寄存器编程的对比如图 5 - 12 所示。通过驱动库也使 CAN 通信的编程流程得以大大简化:

① 配置相关的宏参数,并完成微控制器等硬件的初始化。

图 5 – 12 使用驱动库编程对比面向驱动器编程

② 建立软节点。

③ 将软节点信息配置到 CAN 控制器。

④ 如果是发送 CAN 数据,则通过循环队列填充函数和循环队列发送函数将 CAN 帧发送。

⑤ 如果是接收 CAN 数据,则只须通过循环队列读取函数读出接收到的 CAN 帧即可。

⑥ 处理 CAN 总线状态。

6. 函数使用示例

为了更好地说明上述函数的使用,这里给出一个例子。在示例里,LPC11C14 接收到上位机发送的 CAN 数据帧后就马上回发到上位机,相关代码如程序清单 5.57 所示。

程序清单 5.57 使用示例

```
……
CANNODEINFO * GptCanNode0;                    //定义指向 CAN0 的节点指针
/***************************************************************
** Function name: main
** Descriptions: LPC11C14 CAN 控制器接收到上位机发送的 CAN 数据后立即回发。
** input parameters: 无
** output parameters: 无
** Returned value: 无
***************************************************************/
int main (void)
{
```

```
CANFRAME        tCanFrame;                        //定义 CAN 帧结构体变量  ①
/*
 *   定义并初始化一个 CAN 软节点       ②
 */
    CANNODEINFO   tCanNode0;
GptCanNode0 = &tCanNode0;                         //定义 CAN 软节点指针
canNodeCreate(GptCanNode0, LPC_CAN_BASE, CANBAUD_500K, RE_DATA_SN, RE_REMOTE_SN,
              TX_MSG_SN, &GtCanReCirBuf, 0, 0);
SystemInit();                                     //微控制器时钟系统初始化 ③
/*
 *   用软节点信息配置 CAN 控制器,并且配置 CAN 控制器的中断        ④
 */
canApplyInit(GptCanNode0, 0x123, UNMASK, STD_ID_FILTER|EXT_ID_FILTER);
intMasterEnable();                               //使能 CPU 总中断      ⑤
while (1) {
    canRcvSnd(tCanFrame);                        //读取接收的 CAN 帧并回发 ⑥
    canSTATHandle();                             //对 CAN 总线状态的处理   ⑦
}
}
```

(1) CAN 数据帧缓存区定义

如程序清单 5.57 标注①所示,这里定义了一个 CAN 数据帧结构体变量,以存储接收到的数据帧和要发送的帧。在本示例里,将读取到的 CAN 帧存储在 tCanFrame,然后再原样发送到上位机。

(2) 定义并初始化一个软节点

如程序清单 5.57 标注②所示,这里完成了软节点的定义与初始化。首先,定义一个软节点变量 tCanNode0,然后调用 canNodeCreate 函数初始化该软节点,如图 5-13 所示。

图 5-13 中的宏参数可参见宏定义小节。

图 5-13 软节点初始化函数

（3）微控制器时钟初始化

如程序清单 5.57 标注③所示，这里完成了微控制器时钟系统的初始化，否则微控制器无法正常工作。

（4）软节点信息配置到 CAN 控制器

如程序清单 5.57 标注④所示，现在需要将软节点里的各项配置信息，如波特率、CAN 控制器寄存器基址等都写入 CAN 控制器，并要配置 CAN 控制器的验收滤波等功能。这个工作由 canApplyInit 函数完成。

（5）使能 CPU 总中断

如程序清单 5.57 标注⑤所示，使能 CAN 控制器中断后，还需要使能 CPU 总中断，否则 CPU 无法处理 CAN 控制器的中断，CAN 通信也就无法进行了。使能 CPU 总中断的详细源码这里不再赘述，有兴趣的读者可以阅读例程源码。

（6）CAN 数据收发

如程序清单 5.57 标注⑥所示，这里调用 canRcvSnd 函数完成 CAN 数据的接收与发送。该函数是自定义的函数，其源码见程序清单 5.58 所示。

程序清单 5.58 　canRcvSnd 函数

```
/*******************************************************
* * Function name:     canRcvSnd
* * Descriptions:      将接收到的 CAN 数据帧发送回去
* * input parameters: tCanFrame   CAN 帧结构体变量，用于收发 CAN 数据帧
*******************************************************/
void canRcvSnd (CANFRAME tCanFrame)
{
    while (canCirBufRead(GptCanNode0 - >ptCanReCirBuf, &tCanFrame) == CAN_OK) {
                                        //从接收循环队列里读出一帧数据
        canCirBufWrite(&GtCanTxCirBuf, &tCanFrame);//将读取帧数据放入发送循环队列
        canCirBufSend(GptCanNode0, &GtCanTxCirBuf);//将发送循环队列的数据发送
    }
}
```

在通用驱动库里，接收的数据首先被放入循环队列，因此需要调用 canCirBufRead 函数从循环队列里读出帧信息并放入帧缓存区。

如果要发送数据，也需要通过循环队列。需要通过 canCirBufWrite 函数将帧缓存区里的信息放入发送循环队列，然后调用循环队列数据发送函数 canCirBufSend 将帧信息发到 CAN 总线上。

（7）CAN 总线状态处理

当 CAN 总线出现脱离总线、发送错误等状态时，通用驱动库会置位相应的标志供用户查询并处理。

如程序清单 5.57 标注⑦所示，这里调用了自定义的函数 canSTATHandle()完

成 CAN 总线状态的处理。该函数的代码如程序清单 5.59 所示。

程序清单 5.59　canSTATHandle( )代码

```
/*****************************************************************
** Function name: canSTATHandle
** Descriptions: 对不同的 CAN 总线状态进行处理
*****************************************************************/
void canSTATHandle (void)
{
    /*
    *  对脱离总线错误的处理      ①
    */
    if((GptCanNode0 - >ucNodeState & CAN_BUS_OFF) && (GptCanNode0 - >ulBofTimer>125)) {
                                              //出现了脱离总线错误
        canNodeBusOn(GptCanNode0);           //延时一段时间后节点重新上线
        GptCanNode0 - >ucNodeState & = ~CAN_BUS_OFF;//清除离线标志
    }
    SysCtlDelay(20 * (GulSysClock / 3000));       //延时约 20ms
    if (GptCanNode0 - >ulBofTimer < = 125) {
        GptCanNode0 - >ulBofTimer ++ ;
    }
    /*
    *  发送成功      ②
    */
    if (GptCanNode0 - >ucNodeState & CAN_FRAM_SEND) {         //发送完成
        GptCanNode0 - >ucNodeState & = ~CAN_FRAM_SEND;       //清除发送完成标志
    }
    /*
    *  传输失败      ③
    */
    if (GptCanNode0 - >ucNodeState & CAN_SEND_FAIL) {         //发送失败
        GptCanNode0 - >ucNodeState & = ~CAN_SEND_FAIL;       //清除发送失败标志
    }
}
```

1) 脱离总线错误的处理

如程序清单 5.59 的标注①所示,当发生脱离总线错误后,需要用户自行让节点重新上线。通常,重新上线前应该延时一段时间。延时的目的是在当前 CAN 节点损坏最糟糕的情况下,仍然能保证总线有一个不受当前损坏 CAN 节点影响的通信时隙,提高总线的通信效率。图 5 - 14 对这部分代码中做了注释。

2) 发送成功

如程序清单 5.59 的标注②所示,通过查询 CAN 总线状态标志可以得知发送成功状态。此后,用户可以根据应用需求自行进行相关处理,例如,在 LED 显示屏上显

通过读取总线状态标志的值，可得知发生了总线脱离错误

当ulBofTimer的值达到条件，即可进行总线错误处理，否则继续延时

调用总线重新接入函数，令节点重新接入总线

```
if((GptCanNode0->ucNodeState & CAN_BUS_OFF) && (GptCanNode0->ulBofTimer > 125)) {

                                                         //出现了脱离总线错误
    canNodeBusOn(GptCanNode0);                            //延时一段时间后节点重新上线
    GptCanNode0->ucNodeState &= ~CAN_BUS_OFF;            //清除离线标志
}
    SysCtlDelay(20 * (GulSysClock / 3000));              //延时约20ms
    if (GptCanNode0->ulBofTimer < 125) {
        GptCanNode0->ulBofTimer++;
    }
```

用汇编语言实现的延时函数，此处不再详述

为了实现延时，ulBofTimer的值不断增加；增加到延时边界后就停止增加

图 5 - 14　脱离总线错误的处理

示发送成功的相关信息等。在处理完后，用户需要清除发送成功状态标志。

　　3) 传输失败

　　如程序清单 5.59 的标注③所示，通过查询 CAN 总线状态标志可以得知发送失败状态。发送失败后，CAN 控制器会自动重发报文；用户则可根据具体应用加入其他处理代码，例如闪烁 LED 发光二极管报警等。在处理完毕后，用户必须清除发送失败状态标志。

5.8　应用示例——RS - 232C / CAN 总线转换器

5.8.1　示例简介

　　先设计一个简单的 RS - 232C/CAN 总线转换器。用户发送 CAN 数据帧到 RS - 232C/CAN 总线转换器，RS - 232C/CAN 总线转换器将所接收 CAN 数据帧内的数据提取出来并通过 RS - 232C 接口发送给上位机。图 5 - 14 是转换示意图，具体过程如下：

UART数据通过RS-232C电缆传输

USB总线

CAN分析仪

CAN数据帧通过CAN总线传输到转换器

图 5 - 14　RS - 232C/CAN 总线转换器示意图

● 上位机通过 USB 总线将 CAN 数据帧发送到 CAN 分析仪,CAN 分析仪再将该 CAN 数据帧通过 CAN 总线发送至 TinyM0－CAN 开发板。

● TinyM0－CAN 开发板则将 CAN 数据帧里的数据提取并发送到上位机的串口通信软件显示,完成了 RS－232C/CAN 总线转换器的功能。

5.8.2 工具介绍

TinyM0－CAN 的开发工具如表 5－67 所列。

表 5－67 开发工具列表

分　类	名　称	描　述
开发环境软件	TKStudio 集成开发环境	TKStudio 集成开发环境(又称 TKStudio IDE)是广州致远电子有限公司开发的微控制器软件开发平台,是一款具有强大内置编辑器的多内核编译调试环境,支持 8051、ARM、AVR 等多种微控制器;可以完成从工程建立和管理、编译、链接、目标代码的生成,到软件仿真、硬件仿真等完整的开发流程
ARM 仿真器	TKScope CK100 仿真器	TKScope CK100 仿真器是广州致远电子有限公司推出的一款 Cortex－M0 内核仿真器
目标代码烧写工具	K－Flash	K－Flash 是由广州致远电子有限公司开发、集成在 TKStudio 开发环境内的在线烧写工具,主要用于 Flash 烧写,具有文件烧写与校验、数据擦除和数据读取等功能
串口通信调试工具	TKS_COM 串口调试助手	TKS_COM 是由广州致远电子有限公司开发、集成在 TKStudio 开发环境内的串口调试工具
CAN 总线通信分析工具	CANalyst－II 分析仪	CANalsyt－II 分析仪是 CAN 总线网络的专业分析工具,操作通用,功能强大。集成有 2 路符合 ISO/DIS 11898 标准的独立 CAN 总线通道,可以处理 CAN2.0A 或 CAN2.0B 格式的 CAN 报文信息,并提供强大的报文分析功能

1. TKStudio 集成开发环境

TKStudio IDE 是广州致远电子有限公司开发的一个微控制器软件开发平台,是一款具有强大内置编辑器的多内核编译调试环境,支持 Keil C51、SDCC 51、GCC ARM、ADS ARM、IAR ARM、MDK ARM、RVDS ARM、AVR GCC、IAR AVR 等编译工具链,支持 8051、ARM7/ARM9/ARM11、CortexM3/CortexM0、XScale、AVR 等内核调试,可以完成从工程建立和管理、编译、链接、目标代码的生成,到软件仿真、硬件仿真(挂接 TKS 系列仿真器的硬件)等完整的开发流程。

本示例的示例工程是基于 TKStudio 集成开发环境进行调试、运行的。因此,用户需要先安装 TKStudio 集成开发环境软件包,该软件可在 http://www. zlgmcu. com 中搜索得到。

2. TKScope CK100 仿真器

TKScope CK100 仿真器是广州致远电子有限公司推出的一款支持 Cortex - M0 内核的仿真器,支持 Keil、IAR 和 TKStudio 等开发环境,并具备其高级调试功能。TKScope CK100 仿真器采用 USB 高速通信接口下载用户程序代码,同时,USB 接口从 PC 取电,其他功能特点如下所述:

- 支持 Thumb 模式,支持 SWD 仿真模式。
- 支持片内 Flash 在线编程/调试,提供每种芯片对应的 Flash 编程算法文件。
- 支持最多 2 个硬件断点。
- JTAG 时钟最高可达 1 MHz,且 JTAG 时钟在允许范围内可任意调整。
- 基于芯片的设计理念,为每款芯片提供完善的初始化文件。
- 带有硬件自检功能,方便检测排除硬件故障。

3. 目标代码烧写工具——K - Flash

K - Flash 是由广州致远电子有限公司开发、集成在 TKStudio 开发环境内的在线烧写工具,主要用于 Flash 烧写,具有文件烧写与校验、数据擦除和数据读取等功能。K - Flash 具有以下特点:

- 工程化配置,操作简单、方便、快捷。
- 支持 TKScope 全系列通用仿真器。
- 支持 ARM、51、AVR 等多种内核。
- 支持一次烧写多个文件,操作更快捷。
- 支持 BIN 文件、HEX 文件、ELF 文件等多种类型的文件。
- 支持片内 Flash 和片外 Flash 烧写(NOR/NAND/SPI 等)。
- 具备烧写校验功能,验证烧写是否正确,可详细查看每一处差异。
- 多种 Flash 烧写操作,可以进行擦除和读取等操作。
- 具有独立的数据擦除功能,可指定扇区进行擦除,操作更简捷。
- 支持 ISP 擦除操作。
- 具有独立的数据读取功能,可在指定地址范围内进行读取,支持一步到位打开读取出的数据。
- 保存配置到工程文件中,免除繁琐重复的配置操作。
- 支持各大半导体公司的芯片烧写,内置多种芯片的默认配置。
- ARM 内核烧写算法文件公开,用户可自行添加 Flash 算法。

4. 串口调试工具——TKS_COM

TKS_COM 是由广州致远电子有限公司开发、集成在 TKStudio 开发环境内的串口调试工具。TKS_COM 工具路径如图 5 - 16 所示。

TKS_COM 串口调试助手功能特点如下:

图 5-16　TKS_COM 串口调试助手

- 能够自动识别当前 PC 上的所有串口。
- 保存配置信息,方便下次使用。
- 发送接收数据,支持中文、ASCII 和 HEX 这 3 种格式。
- 支持字符串的单次发送和循环发送。
- 支持对接收数据实时保存。
- 支持发送文件。
- 支持终端调试。
- 能够对多串口进行实时监控,并提供任意串口对之间的桥接功能。
- 支持串口广播以及定时广播。
- 支持对接收数据进行过滤操作。

在 TKStudio 集成开发环境下运行 TKS_COM 串口调试助手软件,主界面如图 5-17 所示。

① 打开/关闭串口。单击 TKS_COM 主界面左下角的"打开串口"按钮即可打开已选定的串口,同时"打开串口"字样将变为"关闭串口",再次单击后将关闭相应的串口。

若第一次打开 TKS_COM 软件,则会在 TKS_COM 的同级目录下生成一个名为 TKS_COM.ini 的配置文件,第二次打开 TKS_COM 时将采用默认的配置信息。

② 发送文件。TKS_COM 支持文件发送功能,一定程度上提高了批量数据发送的速度。

单击 TKS_COM 主界面中的"打开文件"按钮,选择要发送的文件,然后分别设置数据包的大小与时间间隔,单击"发送"按钮即可开始发送目标文件,这时将显示文件发送的进度等参数。示例应用如图 5-18 所示。

图 5-17 串口调试助手主界面

图 5-18 发送文件

③ 发送与接收数据。在 TKS_COM 发送窗口编辑完数据后,单击"发送"按钮即可开始数据传输,接收区用于显示串口接收到的数据。

示例为同一台 PC 上的两个串口进行通信,发送与接收数据显示如图 5-19 所示。

对于发送和接收的方式可分别设置,具体如下:

● 可以定时发送或定时接收。

● 可以设置发送或接收的数据格式(以 ASCII 或 Hex 格式发送或接收)。

图 5 - 19　发送与接收数据

- 可以进行多行发送。
- RTS/DTR 选项可以实现发送数据的电平控制。
- "广播"可以将发送区的数据广播到所有打开的串口。
- "扩展发送"可以进行多字符串发送。

5. CANalyst - Ⅱ 分析仪

(1) 简　介

CANalyst - Ⅱ 分析仪是广州致远电子有限公司推出的 CAN 总线专业分析工具,集成有 2 路符合 ISO11898 标准的独立 CAN 总线通道;配合 CANPro 协议分析平台软件(标配),可分析常见的标准 CAN 通信协议和非标准的基于 CAN 总线网络的高层协议。

(2) 功能特点

CANalyst - Ⅱ 分析仪体积很小,上位机可通过 USB 连接并且支持 Win98/Me/2K/XP 等 32 位操作系统,具有即插即用的特点;非常适合现场采集数据,检测网络状态。除此之外,还具有其他功能特点如下所述:

① 可分析协议支持:

- 支持 CAN2.0A/2.0B 底层协议分析。

- 支持 CAN 总线的高层协议 iCAN、DeviceNet、CANopen 以及 SAE J1939 的分析。
- 可通过工具分析其他非标准的基于 CAN 总线网络的高层协议。

② 协议信息显示：

- 可实时显示总线负载、流量、总线错误状态。
- 可检测和显示错误帧。
- 对协议帧中的各个部分可分别设定不同的显示颜色，也可设定当协议帧的某个部分的值为指定值时的显示颜色。
- 具有过滤显示功能，可不显示指定的协议帧。
- 可根据设定的若干列对列表中的数据进行分类显示。

③ 发送功能：

- 可发送协议帧进行模拟操作。
- 可使用 CAN 协议发送普通文件或 CAN 帧数据文件。
- 可工作在监听模式，禁止 ACK 位或错误帧的发送，避免干扰 CAN 总线。
- 具有触发功能。可设定当某一条件满足时，触发发送相应的协议帧、普通文件或 CAN 帧数据文件。

④ 数据导入/导出：

- 可保存数据至文件，也可进行实时保存，边接收数据边保存至文件。
- 可导入数据文件，方便查看保存至文件的数据。
- 可以使用 CANPro 脚本发送 CAN 帧。

⑤ CANPro 脚本功能：

脚本协议工具是 CANPro 协议分析平台的最新功能，是一个非常强大的 CAN 网络分析调试工具：

- 可用于定义基于 CAN 总线的高层协议。
- 可用于设置过滤显示、自定义协议帧颜色、接收触发等功能。
- 可用于发送 CAN 帧。

(3) 典型应用

CANalyst-Ⅱ分析仪有如下典型应用：

- CAN 总线网络调试与测试。
- CAN2.0A/2.0B 报文分析。
- iCAN 协议分析/DeviceNet 协议分析/CANopen 协议分析/SAE J1939 协议分析。

例如，CAN 底层协议分析是 CANalyst-Ⅱ分析仪最基本的功能，可对所有遵循 CAN2.0A/2.0B 协议的数据进行分析，可查看协议帧的帧 ID、帧格式、帧类型、DLC 值以及帧数据等参数，如图 5-20 所示。

CANPro 协议分析平台软件可在 http://www.zlgmcu.com 中搜索得到。

图 5 - 20　CAN 底层协议分析功能

6. TinyM0 - CAN 开发板

(1) 简　介

TinyM0 - CAN 是广州周立功单片机发展有限公司设计的 Cortex - M0 学习/开发平台,如图 5 - 21 所示,核心控制器是基于 NXP 公司最新推出的集成 CAN 通信解决方案的 LPC11Cxx 系列微控制器,应用简单灵活。

图 5 - 21　TinyM0 - CAN 开发板实物图

(2) 功能特点

TinyM0 - CAN 开发板的功能特点如下:

- 标配 MCU：LPC11C14。
- 工作频率：50 MHz。
- 应用灵活：开发板由 TKScope CK100 ICE 和 TinyM0/TinyM0 - CAN 核心板两部分组成。
- 板载 USB 下载仿真器：支持 TKStudio 集成开发环境。
- 板载 CAN 隔离收发器模块。
- 标准核心板接口：核心板是 LPC11Cxx 系列微控制器的最小系统电路，硬件支持2.54 mm 间距的标准排针，用户可以将核心板与自己的底板配套使用来进行产品开发。
- 支持多款芯片：全面支持 NXP LPC1100 系列和 LPC1300 系列 LQFP48 引脚封装芯片，用户可根据自己所设计产品的需求随时更换核心控制器。

5.8.3　实现原理

示例中的演示可分为 CAN 数据帧发送、CAN 数据帧接收处理、通过 RS - 232C 串口发送接收的数据。

1. CAN 数据帧发送

用户通过上位机的 CANPro 协议分析平台软件设定须发送的数据和帧的参数，再通过上位机的 USB 接口发送至 CANalyst - Ⅱ 分析仪。CANalyst - Ⅱ 分析仪再根据用户的设定发送相应 CAN 数据帧到 TinyM0 - CAN 开发板。

2. CAN 数据帧接收处理

TinyM0 - CAN 开发板上的 LPC11C14 通过 CAN 通信接口接收到 CAN 数据帧，然后读出 CAN 数据帧中的数据段并保存到接收缓存。

3. 串口发送

LPC11C14 将接收缓存内的数据段发送至上位机的串口通信调试软件，串口通信调试软件[①]上会显示出收到的数据。此时，对比串口通信调试软件上显示的数据和通过 CANPro 协议分析平台软件发送的数据是否一致。

5.8.4　演示步骤

演示步骤如下：
① 下载并安装本示例所需要用到的工具软件和工具，并掌握其使用方法。
② 将 TinyM0 - CAN 开发板、CANalyst - Ⅱ 分析仪、上位机连接。
③ 在 TinyM0 - CAN 开发板上编写程序实现 CAN 数据帧接收处理、数据的串

---

① 此处使用广州致远电子有限公司的 TKS_COM 串口通信调试软件，软件位于示例例程文件夹中。

口发送。

④ 下载程序到 TinyM0 - CAN 开发板并运行,在上位机运行 TKS_COM 串口通信调试软件,然后在上位机的 CANPro 协议分析平台软件上发送数据到 CANalyst - Ⅱ 分析仪。软件的配置细节详见"示例运行"小节。

⑤ 最后,在 TKS_COM 串口通信调试软件上观察 TinyM0 - CAN 开发板发送的数据,判断是否和用 CAN 总线发送的数据内容一致。

具体实现操作如下:

(1) TinyM0 - CAN 开发板

TinyM0 - CAN 开发板的 CAN 总线接口须连接到 CANalyst - Ⅱ 分析仪,这里将 TinyM0 - CAN 开发板 CON1 插座上的 CANL、CANH 通过杜邦线连接到 CANalyst - Ⅱ 分析仪 CAN 通道 0 的 CANL 和 CANH 引脚上,如图 5 - 22 所示。

图 5 - 22 连接到 CANalyst - Ⅱ 分析仪

通过 USB 接口线将 TinyM0 - CAN 开发板的 USB 接口连接到上位机,上位机即可对开发板供电,并可调试 TinyM0 - CAN 开发板,如图 5 - 23 所示。

TinyM0 - CAN 开发板还需要和上位机建立串口连接,但是 TinyM0 - CAN 开发板没有 RS - 232C 电平转换芯片和 RS - 232C 串口插座,所以需要通过转接板连接到上位机的串口。如图 5 - 24 所示,使用了 EasyARM2131 作为转接板,通过杜邦线将 TinyM0 - CAN 开发板的 TXD0 引脚、RXD0 引脚、GND 引脚连接到了 EasyARM2131 开发板的对应引脚,这样就可以通过 EasyARM2131 开发板的 RS - 232C 串口连接到上位机的串口。

(2) TKStudio 集成开发环境、CK100 仿真器的安装

安装 TKStudio 集成开发环境和 CK100 仿真器,方可对 TinyM0 - CAN 开发板

图 5 - 23　连接到上位机

图 5 - 24　连接 RS - 232C 串口

的程序进行编辑、编译、调试、目标程序下载。

1）安装 TKStudio 集成开发环境

直接在周立功公司主页下载最新版本的 TKStudio 集成开发环境安装包并运行即可。

2）安装编译工具

LPC11Cxx 系列微控制器开发需要用到的编译工具链是 Realview MDK 4. x，如果用户在安装 TKStudio 前已经安装了该编译器，安装程序会自动将编译器的路径设置到 TKStudio 中；但如果用户之前没有安装 Realview MDK 编译器，则需在 TK-Studio 安装过程中根据提示到相关网站下载安装。

3)安装 CK100 仿真器驱动

TKStudio 集成开发环境安装好后即可安装 CK100 仿真器驱动,否则没办法正常使用 CK100 仿真器。

4)配置 CK100 仿真器

安装成功 CK100 仿真器后,用户还需要对其完成配置,否则无法调试程序、下载程序。

(3)目标代码下载工具 K‑Flash

K‑Flash 是 TKStudio 自带的工具软件,无须单独安装。

如果用户需要脱机运行程序,则需要使用 TKStudio 集成开发环境提供的目标代码下载工具 K‑Flash,此外在执行芯片的 ISP 操作时,也需要借助 K‑Flash。

(4)串口调试工具

串口调试工具是 TKStudio 自带的工具软件,无须单独安装。在本示例里使用该工具软件来进行串口通信。

(5)CANalyst‑Ⅱ分析仪和 CANPro 协议平台分析软件

CANalyst‑Ⅱ分析仪通过 USB 连接线连接到上位机,其 CAN 通道接口则须连接到 TinyM0‑CAN 开发板上,如图 5‑25 所示。

图 5‑25　CANalyst‑Ⅱ的连接

5.9　程序编写

5.9.1　宏配置

编写程序之前,首先需要完成对 zlg_can 程序模块的宏配置,确定和 CAN 应用紧密相关的几个参数,详情见"编程解决方案"的"宏配置"小节。

5.9.2　变量定义

示例中用到的重要的全局变量的定义如程序清单 5.60 所示,内容如下:

- 软节点的指针。
- 定义接收数据和发送数据的缓存区。
- 定义发送循环队列、接收循环队列的数据结构。

程序清单 5.60　全局变量定义

```
/********************************************************
   示例相关的全局变量定义
   ********************************************************/
CANNODEINFO * GptCanNode0;                          //定义软节点 0 的指针
/*
 *  定义接收数据和发送数据的缓存区
 */
CANFRAME GtCanFrameReBuf[CAN_BUF_RE_LENGTH] = {0};   //定义接收数据缓存区
CANFRAME GtCanFrameTxBuf[CAN_BUF_TX_LENGTH] = {0};   //定义发送数据缓存区
/*
 *  定义接收循环队列的数据结构
 */
CANCIRBUF GtCanReCirBuf = {                          //定义接收循环队列
    0,                                               //缓存写指针
    0,                                               //缓存读指针
    false,                                           //缓存区满标志
    CAN_BUF_RE_LENGTH,                               //记录缓存区深度
    GtCanFrameReBuf                                  //数据接收缓存区的指针
};
/*
 *  定义发送循环队列的数据结构
 */
CANCIRBUF GtCanTxCirBuf = {                          //定义发送循环队列
    0,                                               //缓存写指针
    0,                                               //缓存读指针
    false,                                           //标记队列未满
    CAN_BUF_TX_LENGTH,                               //记录缓存深度
    GtCanFrameTxBuf                                  //指向数据场缓存区
};
```

5.9.3　主程序

首先给出示例主程序的流程图,如图 5-26 所示。从中可以看到,启动 CAN 节

点通信的步骤很简单,只需要完成软节点、CAN 帧缓存区的初始化,再将软节点的信息配置到 CAN 节点并启动节点;然后,用户即可读取接收循环队列,获取接收的 CAN 数据帧并通过 UART 发送;最后,用户需要及时处理总线状态。主程序的代码如程序清单 5.61 所示。

图 5-26 主程序流程图

程序清单 5.61 主程序

```
/*************************************************************
** 函数名称:main
** 函数描述:该范例程序演示了通过 UART0 将收到的 CAN 数据转发至上位机的功能。
**          此处 CAN 通信波特率为 500 kbit/s,串口波特率 115.2 kbit/s
**          注意:上位机的串口调试软件需要选择按十六进制显示。
** 输入函数:无
** 返 回 值:无
*************************************************************/
int main(void)
{
    /*
     *    定义并初始化一个软节点        ①
     */
    CANNODEINFO  tCanNode0 = CANNODE(LPC_CAN_BASE,
                    CANBAUD_500K,//波特率索引值,此处设波特率为 500 kbit/s
                    RE_DATA_SN,       //接收数据帧报文对象的掩码
                    RE_REMOTE_SN,     //接收远程帧报文对象的掩码
                    TX_MSG_SN,        //发送报文对象的编号
                    &GtCanReCirBuf,   //本节点使用的接收循环队列
                    0,
                    0);
    GptCanNode0 = &tCanNode0;                  //获取软节点结构体变量的指针
```

```
CANFRAME      tCanFrame;                      //定义并初始化 CAN 帧缓存区    ②
SysInit();                                    //系统初始化    ③
/ *
*    根据软节点的信息配置 CAN 控制器    ④
* /
canApplyInit(GptCanNode0, 0x123, UNMASK, STD_ID_FILTER|EXT_ID_FILTER);
             //按照 GptCanNode0 指向的软节点信息初始化 CAN 控制器，并配置其他参数
intMasterEnable();                            //总中断开关使能
while (1) {
    / *
    *    读出收到的数据并通过 UART 转发    ⑤
    * /
    while (canCirBufRead(GptCanNode0 - > ptCanReCirBuf, &tCanFrame) = =
CAN_OK) {                      //从循环队列读出一帧数据并存到 CAN 帧缓存区
        canToUartSend(&tCanFrame);         //通过 UART 转发读出的 can 数据帧
    }
    / *
    *    当发送脱离总线错误后，需要延时一段时间再重新接入总线
    * /
    if ((GptCanNode0 - >ucNodeState & CAN_BUS_OFF) && (GptCanNode0 - >ul-
BofTimer>125)) {                      //检测 CAN 控制器脱离总线的时间
        canNodeBusOn(GptCanNode0); //CAN 节点重新上线
        GptCanNode0 - >ucNodeState & = ~CAN_BUS_OFF;  //清除离线标志
    }
    SysCtlDelay(20 * (GulSysClock / 3000));      //延时约 20 ms
    if (GptCanNode0 - >ulBofTimer < 65535) {    //约定最大计数到 65535
        GptCanNode0 - >ulBofTimer ++ ;
    }
    / *
    *    发送成功后，清除发送完成标志    ⑦
    * /
    if (GptCanNode0 - >ucNodeState & CAN_FRAM_SEND) { //判断是否发送成功
        GptCanNode0 - >ucNodeState & = ~CAN_FRAM_SEND; //清除发送完成标志
    }
    / *
    *    传输失败后，清除传输失败标志    ⑧
    * /
    if (GptCanNode0 - >ucNodeState & CAN_SEND_FAIL) { //判断是否传输失败
        GptCanNode0 - >ucNodeState & = ~CAN_SEND_FAIL; //清除发送失败标志
    }
}
}
```

5.9.4　程序分解

1. 初始化

初始化包括了软节点、LPC11Cxx 系列微控制器及缓存区等的初始化;最后,将 CAN 通信参数配置到 CAN 控制器里。

(1) 软节点初始化宏

软节点初始化部分的程序如程序清单 5.61 的标注①处所示,这里使用了一个用于定义并软节点结构体变量的宏,其实现如程序清单 5.62 所示。

程序清单 5.62　定义和初始化软节点的宏

```
/********************************************************************
用于定义并初始化 CAN 节点结构体变量的宏
********************************************************************/
#define    CANNODE(ulBaseAddr, ucBaudIndex, ulDaReObjMsk, ulRmReObjMsk, \
              ulTxMsgObjNr,ptReCirBuf, pfCanHandlerCallBack,          \
              pfIsrHandler)                                           \
          {                                                          \
           ulBaseAddr,                                               \
           0,                                                        \
           ucBaudIndex,                                              \
           0,                                                        \
           ulDaReObjMsk,                                             \
           ulRmReObjMsk,                                             \
           ulTxMsgObjNr,                                             \
           (CANCIRBUF * )ptReCirBuf,                                 \
           (CANCIRBUF * )0,                                          \
           pfCanHandlerCallBack,                                     \
           pfIsrHandler,                                             \
          }
```

(2) 波特率设置

在本示例里,CAN 控制器工作时钟为 48 MHz,使用的 CAN 通信波特率为 500 kbit/s,zlg_can 程序模块中已有现成的通信波特率参数表。因此,在此处可使用 zlg_can 程序模块,非常方便地设置 CAN 节点的通信波特率,如程序清单 5.61 的标注①处所示。

(3) 初始化报文对象

如程序清单 5.61 的标注①处所示,在本示例里对用作接收数据帧和远程帧的报文对象进行定义,如程序清单 5.63 所示。

程序清单 5.63　掩码的定义

```
#define    RE_DATA_SN         0x00FFFFFFUL        //用做接收数据帧的报文对象
#define    RE_REMOTE_SN       0x7F000000UL        //用做接收远程帧的报文对象
```

LPC11C14 的 CAN 控制器内包含了 32 个可以分别配置的报文对象,报文对象的编号越高,其硬件优先级越低。

当有数据正在接收时,CAN 节点是无法发送数据的。在本示例里,LPC11C14 的 CAN 控制器主要用于接收,因此这里配置 CAN 节点用最低优先级的报文对象来发送数据帧,以提高 CAN 控制器的效率。因此,如程序清单 5.61 的标注①处所示,设置发送报文对象编号 TX_MSG_SN 的值为 32,其硬件优先级最低。

(4) 初始化发送循环队列和接收循环队列

如程序清单 5.61 的标注①处所示,由于本示例没用到报文发送功能,因此程序里只初始化了接收循环队列缓存区。

(5) 初始化中断服务函数和回调函数

本示例使用 zlg_can 程序模块提供的 canhandler 函数作为 CAN 节点中断处理函数,因此程序清单 5.61 的标注①处的用户中断服务函数与回调函数值为空。

(6) 初始化帧缓存区

如程序清单 5.61 的标注②处所示,程序里定义了一个 CAN 帧缓存区结构体变量 tCanFrame,用于临时储存从 CAN 总线上接收的数据帧。

(7) UART 和系统时钟初始化

如程序清单 5.61 的标注③处所示,这里完成了对微控制器的工作时钟与 UART 的初始化。UART 设置为 8 位数据位,一位停止位,无奇偶校验,波特率为 115 200。

(8) 配置 CAN 控制器

如程序清单 5.61 的标注④处所示,这里调用 canApplyInit 函数将软节点信息配置到 CAN 控制器里。此外,用户也需要通过 canApplyInit 函数将验收滤波信息(验收 ID、验收 ID 掩码、参加验收滤波的帧类型)配置到 CAN 控制器里。在本示例里,配置 CAN 控制器不使用验收滤波功能。

当执行完 canApplyInit 函数后,CAN 控制器被使能、自动接入总线并开始处理报文,如发送应答信号、从总线上接收报文等。此外,用户还需要打开 LPC11Cxx 系列微控制器的总中断,以便 CAN 控制器的中断请求信号能得到处理。这时,LPC11Cxx 系列微控制器的 CAN 控制器就开始运行。

2. 接收 CAN 数据帧并转发到 UART

相关程序如程序清单 5.61 的标注⑤处所示。CAN 中断会自动接收 CAN 帧并存储到接收循环队列,用户要做的只是调用 canCirBufRead 函数,接收循环队列里的 CAN 数据帧并存储到帧缓存区,然后提取 CAN 数据帧中的数据信息并通过 UART 转发。相关原理如图 5 - 27 所示。

相关实现代码如程序清单 5.64 所示。

图 5-27 报文数据转发原理示意

程序清单 5.64 UART 转发 CAN 数据

```
/*************************************************************
** 函数名称:canToUartSend
** 函数描述:通过 UART 发送一帧 CAN 数据
** 输入函数:ptCanFrame      CAN 帧缓存区的指针
** 返 回 值:无
*************************************************************/
void canToUartSend (CANFRAME * ptCanFrame)
{
    unsigned char ucCount = 0;

    for (ucCount = 0; ucCount < ptCanFrame - >ucDLC; ucCount ++ ) {
        uartSendByte(ptCanFrame - >ucDatBuf[ucCount]);
    }
}
```

3. CAN 节点状态处理

在出现总线错误、发送成功、传输失败之类的事件后,中断处理函数会置位状态标志(即软节点数据结构中的 CAN 节点状态变量 ucNodeState)以触发事件的处理,事件处理完毕后就需要清除 CAN 节点状态变量 ucNodeState 的相应位。

(1) 脱离总线状态处理

如程序清单 5.61 的标注⑥处所示,一旦检测到脱离总线状态标志置位,就先执行延时操作。延时操作结束后,就调用 canNodeBusOn 函数令 CAN 节点重新上线,然后清除脱离总线状态标志。

（2）发送成功和传输失败状态处理

如程序清单 5.61 的标注⑦和⑧处所示，这里是对发送成功和传输失败状态的处理。当发送成功和传输失败事件发生后，软节点数据结构中的 CAN 节点状态变量 ucNodeState 里的相应位也就被清除了。

5.10　示例运行

5.10.1　配置上位机软件

1. 配置 TKS_COM 串口调试助手

TKS_COM 串口调试助手的配置如图 5-28 所示：

- 如图 5-28 的标注①处所示，用户需要选择上位机连接到 TinyM0-CAN 开发板的串口的编号。
- 如图 5-28 的标注②处所示，在本示例里，约定了串口通信参数为波特率 115.2 kbit/s、8 个数据位、一个停止位、无校验位，TKS_COM 串口条数助手也需要照着该参数来配置。

图 5-28　串口调试助手软件的配置

- 如图 5-28 的标注③处所示,用户通过接收框来查看上位机串口所收到的数据。
- 如图 5-28 的标注④处所示,必须选择以十六进制显示上位机串口所收到的数据。

2. 配置 CANPro 协议分析平台软件

首先需要在 CANPro 协议分析平台软件界面里启动 CAN 通信,如图 5-29 所示。在本示例里,CAN 通信波特率设置为 500 kbit/s,其他参数可参考图 5-29 的标注来设置。

图 5-29 启动 CAN 通信

5.10.2 运行示例程序

在 TKSTudio 里启动示例程序的调试界面,并全速运行,如图 5-30 所示。

1. 发送 CAN 数据帧

TinyM0-CAN 开发板里的示例程序运行后即可发送 CAN 数据帧到 TinyM0-CAN 开发板,相关操作如图 5-31 所示。

用户务必注意选择使用 CAN 协议来发送数据,如图 5-31 中"-CAN-"处的标注所示。这里选择发送到 TinyM0-CAN 开发板的数据是 11 22 33 44 55 66 77 88,图 5-31 界面里的其他参数用户可根据具体情况参考图 5-31 来配置。

图 5 – 30　示例程序运行

图 5 – 31　CAN 数据帧发送

2. 观察 TKS_COM 串口调试软件

如果设备间连接正确、软件配置无错、示例程序也下载到 TinyM0 – CAN 开发板运行后,即可在 TKS_COM 串口调试软件的接收框里看到如图 5 – 32 所示的显示结果。可以看到,程序成功地提取出了 CAN 数据帧中的数据并且通过 UART 转发到了上位机。用户还可以尝试发送其他长度、其他内容的数据继续观察。

图 5-32 示例运行结果

3. 使用 zlg_can 程序模块

下面对如何使用 zlg_can 程序模块在 LPC11Cxx 系列微控制器上进行 CAN 应用编程做了一个小结,如图 5-33 所示。

(1) 配置 CAN 控制器

如图 5-33 的标注②处所示,用户将被软节点数据结构封装的各种参数、验收滤波设置参数通过 canApplyInit() 函数配置到了 CAN 控制器中,完成了对 CAN 控制器的初始化。

(2) 节点状态处理

如图 5-33 的标注⑥处所示,当 CAN 控制器遇到发送失败、发送完成、总线错误等事件时,会产生中断信号触发 CAN 中断执行 canHandler 函数。canHandler 函数会根据当前事件的类型在节点状态标志 ucNodeState 里置位相应的标志位。

(3) 总线错误处理

如图 5-33 的标注③处所示,这里描述了处理总线错误的流程:

① 当 CAN 控制器检测到总线错误时即产生错误中断,canHandler 函数置位节点状态标志相应位。

② 主程序里查询到节点状态标志相应位置位后,延时一段时间即可执行 canNodeBusOn 函数,令 CAN 控制器重新连接到 CAN 总线上。

(4) 读取接收报文

如图 5-33 的标注①处所示,这里描述了读取接收报文的流程:

图 5 - 33　基于 zlg_can 程序模块的 CAN 应用编程小结

① 当 CAN 控制器接收到报文并通过验收滤波后产生接收中断,进入 canHandler( )函数。

② canHandler( )函数判断接收到了报文,然后将该报文放入接收循环队列。

③ 主程序端则调用 canCirBufRead( )函数以查询方式从接收循环队列里读取到该报文。

(5) 发送报文

如图 5 - 33 的标注④处所示,这里展示了通过中断发送报文的流程:

① 先调用 canCirBufWrite 函数将欲发送的报文填充到发送循环队列里。

② 再调用 canCirBufSend 函数令 CAN 控制器将发送循环队列里的一帧报文发送出去。

③ 此时,若使能了 CAN 发送中断,则当报文被成功发送后即产生发送中断。

④ 在发送中断里,canHandler 调用 canCirBufRead 函数读取发送循环队列里的其他数据,然后再逐个通过 CAN 控制器发送出去。

第6章
CAN 总线在酒店客房智能化系统中的应用

6.1　功能要求及方案论证

随着社会的进步和人们生活品质的提高,酒店、客房逐步实现智能化控制。房间的灯光控制(诸如台灯、地灯、廊灯、夜灯、顶灯、吧灯)、家电控制(诸如空调、电视、排风扇)、服务控制(诸如呼叫、请勿打扰、清理卫生等)都实现了在客人的床头位置自动控制(如图 6-1 所示),也可以通过遥控器控制,并实时把房间里面的状态通过总线

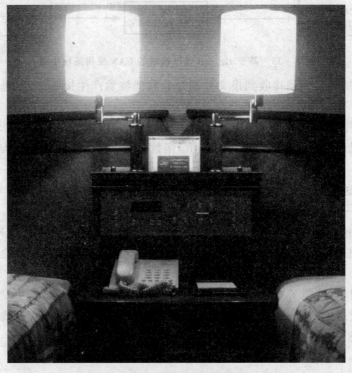

图 6-1　酒店客房智能控制系统

上传到酒店的服务台。如果酒店或家庭配有艺术化色调的灯具,就可以达到更人性化的灯光效果,例如:读书时,一键选择"阅读灯光背景模式";用餐时,一键选择"餐厅灯光背景模式";睡觉前半小时,一键选择"暖色调灯光背景模式"等。

　　酒店的服务台也可以在计算机中的"酒店客房管理系统软件"上实时掌握客房内状态,操作控制客房内的家电、灯光、应答客人服务。如果计算机连接互联网,还可以实现远程控制,实现智能家居。

　　从安全角度讲,酒店客房智能化系统中均可实现弱电控制强电:控制按键处为 5 V 弱电,通过控制板上的继电器控制 220～380 V 的强电。

　　从节能减排角度讲,酒店客房智能化系统中有房卡管理功能,进入房间后客房才供电;出房间时取走房卡,客房停止供电。

　　相对于 485 总线,CAN 总线具有传输距离远、通信速率高、抗干扰能力强以及寻址方便等优点,逐步在酒店客房智能化系统中得到广泛应用。

6.1.1　控制说明

　　下面简单介绍酒店客房智能化系统实现的功能。图 6－2 为酒店客房智能化系

图 6－2　酒店客房智能化系统客房终端示意图

统客房终端,图中 K1~K16 对应 16 个控制继电器,用以控制灯具、家电等;中间的 D31~D37 是 7 个功能指示灯;下面的 R0~R15、R41~R43 代表不同的按键(电路原理图中代表按键去抖动电路的电阻),每个按键下方说明了按键所代表的具体含义,例如 R0 代表控制电视按键;右侧的"右调光"和"左调光"是两路可调亮度的台灯。

1. 门磁模式

功能要求:客人开门进房间时,自动点亮廊灯,照亮该客房的走道以便客人插卡和搬运行李。门不关闭不插卡的情况,该受控灯常亮,当门关闭(门磁状态位为 0)后,延时 1 min 关闭该灯。

技术实现:当 R41 为"1"时(开门),驱动 K13 继电器(廊灯亮),此时主副开关均为"0"(无卡插入),门磁开关又恢复为"0"时(关门),延时 1 分钟关闭 K13 继电器输出。

2. 夜灯模式

功能要求:D35 定义为夜灯指示灯,该指示灯与继电器状态相反,因为按下睡眠模式的时候,将关闭房内所有灯光(空调、接触器、呼叫状态除外);如果客人半夜起床,没有指示灯指示很难找到按键的位置,为此设置该指示灯起到夜间指示作用。

技术实现:当 R43 或 R42 有状态"1"时(插入卡),D35 指示灯点亮(特殊模式)、驱动 K14、K15 继电器,已驱动的 K13 继电器(廊灯)不关闭,按键 R8、R7 所有开关均可使用,可以控制各路继电器输出及特殊模式。

3. 勿扰、清理和呼叫模式

功能要求:客房中的客人可以按下"勿扰"按键通知服务台不要打扰,按下"清理"按键通知服务台到客房清理卫生。勿扰与清理具有互斥的关系,就是当有"勿扰"功能的时候,按"清理"功能时将自动清除"勿扰"功能;反之,当有"清理"功能的时候,按下"勿扰"功能将自动清除"清理"功能。图 6-2 中的"呼叫"功能与该两键没有关系,其表示客人呼叫服务员。

技术实现:按下 R14 时(勿扰),驱动 K10 继电器的同时点亮 D37 指示灯(勿扰),再次按下 R14 时释放 K10 继电器,同时关闭 D34 指示灯。

按下 R15 时(清理),驱动 K9 继电器,同时点亮 D36 指示灯(频闪);再按下 R15 按键 5 s 后释放 K9 继电器,同时关闭 D36 指示灯。

按下 R6 时(呼叫),D34 指示灯点亮(频闪),再按下 R6 键 5 s,D34 指示灯灭;按下 R4 时(夜灯),驱动 K4 继电器的同时使 D35 指示灯灭,再按下 R4 时,释放 K4 继电器的同时 D35 指示灯亮。

4. 睡眠模式

功能要求:当客人按下"睡眠"按键时,关闭客房内除空调外的所有灯具、家电;点亮控制面板上的小夜灯,开启"勿扰"指示灯,告知服务员不要打扰客人休息;如果此状况下客人再按下任意控制灯具的按键,或者家电的按键,或者"呼叫"按键,则取消"勿扰"指示灯,关闭控制面板上的小夜灯,开启床头的调光台灯,调光亮度为 30%。

技术实现:当按下 R7 时(睡眠),关闭所有继电器(空调除外),点亮 D35、D37 指示灯,驱动 K10 继电器(勿扰),再按下除 R14(勿扰)和 R7(睡眠)外的任一键时,释放 K10 继电器,关闭 D37 指示灯,驱动 K4 继电器,同时关闭 D35 指示灯,开启两调光,亮度为 30%。

5. 远程空调模式

功能要求:由服务台按照客人要求控制客房内的温度。

技术实现:当 R43 或 R42 无状态"0"时(无房卡插入时),下位机没有收到空调状态位,空调不运行;反之,接收到冬季模式 25℃时,若室温为 24℃时,驱动 K16 继电器(启动升温模式),达到设置温度时释放 K16 继电器;接收到夏季模式 22℃时,室温为 24℃时,驱动 K16 继电器(启动降温模式),温度相同时释放 K16 继电器。

6. 调光模式

功能要求:客人可以在床头调控两个床头灯的亮度,且任何情况下调光开启及关闭的时候都需要具备渐变的效果。

技术实现:当按下 R9 或 R10 打开调光的时候,灯光从最暗至最亮有一个渐变过渡的效果,再次按下该键,将按照客人要求调到需要的亮度。调光按键为多功能键,点动为开关,长按为调光,长按住"调光"按键的效果是:从最亮调至最暗,再由最暗调至最亮(高>>>低>>>高>>>低)。

7. 离房模式

功能要求:当客人离开房间,取下房卡后,启动"清理"功能,其余的灯具、电器均关闭,服务员在服务台看到清理需求后到房间清理卫生,卫生清理完毕后,在客房主副开关的作用下,服务员按下"清理"按键 5 s 后关闭所有继电器,客房停止供电。

技术实现:当 R43 或 R42 状态由"1"改变为"0"时(拔卡),将所有打开的继电器都释放("清理"功能有效)。服务员接到请求清扫完房后,在 R43、R42 没有"1"状态的时候,按"清理"键 5 秒可以关闭继电器和指示灯,但是不可以开启清理状态。

6.1.2　网络结构

图 6-3 是酒店客房智能化系统网络连接结构示意图,系统主要包括客房终端、CAN 转以太网、酒店服务台。

客房终端把房间内的各种灯具、家电、服务需求按键综合到一块控制板,客人通过操作面板进行控制。各种灯具、家电、服务需求的控制信息通过 CAN 总线发送至CAN 转以太网转换器 CANET-200。

图 6-3　酒店客房智能化系统示意图

　　如果酒店一个楼层内房间较多(例如多于 80 个,小于 110 个),每一个楼层内的所有房间通过 CAN 总线连接组网,然后连接一台 CAN 转以太网转换器。如果一个楼层内房间较少,相邻楼层内的房间可以通过 CAN 总线组网,再连接到 CAN 转以太网转换器。但是房间总数不要超过 110 个,因为一条 CAN 总线上最多接 110 个节点。

　　不同楼层之间通过以太网和酒店服务台的计算机连接组网,服务台处的计算机直接控制客房终端,并实时读取客房终端状态。

　　CAN 总线在较低的通信波特率下,例如 5 kbit/s,通信距离可以达到 10 km。图 6-3 中可以用 CAN 中继器代替 CAN 转以太网转换器,以实现组网连接。之所以选择使用 CAN 转以太网转换器,是考虑到通过网络远程控制客房终端,或者将来适用于网络控制家庭用户内的设备,实现远程智能化家居控制。

6.1.3　硬件成本

　　项目的开发一般分为需求分析、解决方案、项目的实现、项目的总结和改进。其中,在解决方案阶段中的开发成本分析是影响企业利润的关键。经过项目组的分析讨论,酒店客房智能化系统主要涉及六大部分:多按键控制、多继电器驱动、总线传输、灯具调光、多电源电路、ADC 采集设计。

　　16 路按键、16 路继电器、CAN 总线芯片 SJA1000 数据/地址和控制总线占用 13 个 I/O,另外还有主副开关、ADC0832 芯片等占用多个 I/O。如果选用引脚 I/O 丰富的 MCU,诸如 LPC2100、LPC2292 等,则可以使硬件设计变得简单。但是考虑到芯片的价格,以及与之对应的利润、售后换件维修成本因素等,这里决定选用 STC89C58 单片机,其价格只有 6～8 元人民币。

STC89C58 单片机只有 40 个引脚,怎样解决 I/O 不够用的问题呢?

16 路按键设计时,采用 74LS148 和 74HC08 搭建"16 转 4"带有中断的按键设计,配合中断只须读出 4 个 I/O 的编码即可识别出按键状态。

16 路继电器和 LED 指示灯设计时,采用 8 位串行输入-移位输出寄存器 74HC595 和驱动芯片 UN2003 设计,只须占用 3 个 I/O 即可实现要求的控制功能。选用 74HC595 的弊端是串行驱动继电器速度相对较慢,但是足以满足酒店客房智能化系统的需求。

STC89C58 单片机的其他 I/O 资源供芯片 SJA1000、主副开关、ADC0832 芯片等使用。

此种设计大幅降低了产品的硬件成本,提高了产品的市场竞争力。

表 6-1 是一块酒店客房智能化控制板预计采用的除电阻、电容外的主要元器件清单。

表 6-1　元器件清单

芯片名称	封　装	数　量	功能描述
STC89C58	DIP40	1	主控 MCU
SJA1000T	SOL-28	1	CAN 控制器
TJA1040T	SO-8	1	CAN 收发器
6N137	SO-8	2	电源隔离
B0505_25W	B0505S-1W	1	
UN2003	SO-16	2	继电器驱动
74HC595	SO-16	3	
74HC08	SOJ-14	1	多按键设计
74HC245	SOJ-20	2	
74LS148	SOJ-16	2	
max813L	SO-8	1	看门狗
78L05	TO-92	1	
MOC3020	DIP6	2	调光
ADC0832	TSSOP-8	1	ADC 采集温度
BAT06	TO-92	2	多输出电源
IN4007	DIODE0.4	10	
IN4148	1206	2	

续表 6-1

芯片名称	封　装	数　量	功能描述
LED	3216	23	指示灯
16M	XTAL3	1	晶振
11.0592M	XTAL3	1	

6.1.4　通信协议及 CAN 地址分配

　　BasicCAN 和 PeliCAN 都是 CAN 总线通信协议,CAN 控制器 SJA1000 支持两种协议的通信。BasicCAN 具有 11 位标识符,占有 2 字节,支持标准帧格式;PeliCAN 具有 29 位标识符,占有 4 字节,支持标准帧和扩展帧。

　　考虑到 PeliCAN 通信协议在组网的灵活方便和可扩充性方面的优势,酒店客房智能化系统客户终端的 CAN 总线通信协议选用 PeliCAN。但是 PeliCAN 通信协议也有其弊端:其标识符相对于标准帧格式下多占用两个字节,在通信时间上相对较长。酒店客房智能化系统客户终端的 CAN 总线通信波特率为 400 kbit/s。多占用的 2 字节是 16 位,通信占用的时间仅有 16 位/(400 kbit/s×1 024 bit/K)=39 μs。因此,这对通信速率的影响微不足道。

　　CAN 地址分配在寄存器方面涉及 ACR 和 AMR,在地址识别方面涉及 PeliCAN 模式下 29 位标识符的分配使用问题。如表 6-2 所列,使用 ID28~ID21 高 8 位作为楼层 ID 识别,共可以识别 256 个楼层;使用 ID20~ID0 作为楼层内的客房终端 ID 识别;CAN 转以太网转换器 CANET-200 也可以设置不同的 TCP/IP 地址,用于一台 CAN 转以太网转换器连接的多个客户终端群的地址识别。分层式的 CAN 地址配置,以及 CAN 转以太网转换器的 TCP/IP 地址,可以实现故障终端的快速定位,方便售后的维护使用。

表 6-2　29 位标识符的分配

TCP/IP 地址	ID28~ID21	ID20~ID0
不同 CAN 转以太网转换器地址(可连接多个楼层)	不同楼层地址	不同客房终端地址

6.2　客房终端

　　如图 6-4 所示,酒店客房智能化系统客房终端采用市电 220 V 供电,具有 16 路按键控制,驱动 16 路继电器(继电器输出 10 A,250VAC)控制灯具、家电、酒店服务需求指示,两路调光功能;控制状态通过 CAN 总线传输,CAN 总线波特率可调为 20 kbit/s、40 kbit/s、50 kbit/s、80 kbit/s、100 kbit/s、125 kbit/s、200 kbit/s、

250 kbit/s、400 kbit/s、500 kbit/s、666 kbit/s、800 kbit/s、1 000 kbit/s,总线采用了 DC/DC 电源模块和高速光耦抗干扰设计;客户终端主控 MCU 为 STC89C58;CAN 控制器采用 SJA1000,CAN 通信协议采用 PeliCAN 模式。

图 6 - 4　酒店客房智能化系统客房终端实物图

6.3　客房终端硬件电路设计

6.3.1　电源部分电路设计

电源部分电路设计如图 6 - 5 所示。客户终端需要 3 种电源:直流 5 V、直流 9 V、CAN 电路隔离直流 5 V。为此,选用市电交流 220 V 输入,两路交流输出 8 V、9 V 的电源模块。8 V 交流输出经过整流、滤波、稳压后,调理输出 5 V 直流电源,用于单片机等芯片的供电;经过 DC/DC 隔离模块 B0505_25W 后,输出的隔离 5 V 电源用于 CAN 总线部分电路的供电;9 V 交流输出经过调理后,用于驱动控制 16 路继电器。

整流二极管 D5、D6,三极管 Q1、Q2 构成的电路,用于捕捉 220 V、50 Hz 市电的 "零点",即:周期 $T=1/50$ Hz$=20$ ms,因此半个周期 10 ms 就会过一次"零点"。经过调理电路后,每隔 10 ms 产生一次中断。单片机响应中断程序,控制双向晶闸管的导通角,以实现控制灯光亮度的功能。

图 6 - 5　电源部分电路设计

6.3.2　多按键中断资源设计

多按键中断资源设计如图 6 - 6 所示。

图 6 - 6　多按键中断电路设计

多按键中断设计采用两片 74LS48 和一片 74HC08 搭建编码电路,实现 16 路按键(SW0~SW15)输入,4 位 BCD 编码(74HC08_A0~74HC08_A3)输出和一个中断(74HC08_INT)输出,在中断程序中识别具体按键状态。74HC245 用于按键电路隔离,确保酒店客房智能化系统客房终端面板上的按键出现故障的时候不影响到控制板电路。

16 路输入,4 路输出的真值表如表 6 - 3 所列。真值表中的 0~15 表示 16 路按键,A0~A3 对应 4 位 BCD 编码输出,G̅s̅ 引脚为中断输出引脚,连接单片机的中断引脚。从真值表中可以看出,只要 16 路按键中的任意一个按下,$\overline{Gs}$ 变为低电平,引发单片机中断。

表 6 - 3　16 转 4 编码真值表

16 路按键输入																	4 路输出					
E_1	0	1	2	3	4	5	6	7	8	9	10	11	12	13	14	15	A0	A1	A2	A3	E_0	$\overline{Gs}$
E_1	H	X	X	X	X	X	X	X	X	X	X	X	X	X	X	X	H	H	H	H	H	H
0	L	L	H	H	H	H	H	H	H	H	H	H	H	H	H	H	H	H	H	H	H	L
1	L	H	L	H	H	H	H	H	H	H	H	H	H	H	H	H	L	H	H	H	H	L
2	L	H	H	L	H	H	H	H	H	H	H	H	H	H	H	H	H	L	H	H	H	L
3	L	H	H	H	L	H	H	H	H	H	H	H	H	H	H	H	L	L	H	H	H	L
4	L	H	H	H	H	L	H	H	H	H	H	H	H	H	H	H	H	H	L	H	H	L
5	L	H	H	H	H	H	L	H	H	H	H	H	H	H	H	H	L	H	L	H	H	L
6	L	H	H	H	H	H	H	L	H	H	H	H	H	H	H	H	H	L	L	H	H	L
7	L	H	H	H	H	H	H	H	L	H	H	H	H	H	H	H	L	L	L	H	H	L
8	L	H	H	H	H	H	H	H	H	L	H	H	H	H	H	H	H	H	H	L	H	L
9	L	H	H	H	H	H	H	H	H	H	L	H	H	H	H	H	L	H	H	L	H	L
10	L	H	H	H	H	H	H	H	H	H	H	L	H	H	H	H	H	L	H	L	H	L
11	L	H	H	H	H	H	H	H	H	H	H	H	L	H	H	H	L	L	H	L	H	L
12	L	H	H	H	H	H	H	H	H	H	H	H	H	L	H	H	H	H	L	L	H	L
13	L	H	H	H	H	H	H	H	H	H	H	H	H	H	L	H	L	H	L	L	H	L
14	L	H	H	H	H	H	H	H	H	H	H	H	H	H	H	L	H	L	L	L	H	L
15	L	H	H	H	H	H	H	H	H	H	H	H	H	H	H	H	L	L	L	L	H	L
16	L	H	H	H	H	H	H	H	H	H	H	H	H	H	H	H	H	H	H	H	L	H

6.3.3　多继电器驱动电路设计

多继电器驱动电路设计如图 6 - 7 所示。74HC595 是美国国家半导体公司生产的通用移位寄存器芯片,其具有一个 8 位串行输入并行输出的移位寄存器和一个 8 位输出锁存器。并行输出端具有输出锁存功能。与单片机连接简单方便,只需 3 个 I/O 口即可。而且可以级联,价格低廉,每片单价为 1.5 元左右。

多继电器驱动电路设计通过串联 3 片 74HC595 实现 24 路输出,其中的 14 路输出通过驱动芯片 UN2003 来驱动 14 个继电器;7 路输出用于控制服务状态指示灯。为了节约芯片,降低成本,其余的 2 路继电器控制采用 NPN 三极管搭建电路。

图 6-7 多继电器驱动电路设计

6.3.4 灯具调光电路设计

灯具调光电路设计如图 6-8 所示。

图 6-8 灯具调光电路设计

灯具调光电路设计由 MOC3020 芯片和双向可控硅电路构成,市电 10 ms 过零点一次,经过过零捕捉电路产生中断,单片机引脚 CHANEL1、CHANEL2 控制两路调光电路的导通时间,进而控制双向晶闸管的导通角实现调控灯具亮度的控制。全导通 10 ms,对应灯具的亮度为 100%,导通 1 ms,则对应灯具的亮度为 10%。

6.3.5 CAN 总线通信电路设计

如图 6-9 所示,CAN 总线通信的电路设计采用 SJA1000 芯片、TJA1040 芯片、6N137 高速光耦、DC/DC 隔离模块。SJA1000 的 RESET 引脚直接和 5 V 电压相连,其片选 CS 引脚和单片机的 P2.1 相连,因此其单片机识别地址为 0XFC00,即:要求 P2.1 为低电平,选中 SJA1000。其他的电路说明和第 2 章中的 CAN 总线部分电路说明相同,不再赘述。

图 6-9　CAN总线通信部分电路

6.4　软件设计

6.4.1　程序流程图

酒店客房智能化系统软件流程图如图 6 - 10 所示。

图 6 - 10　酒店客房智能化系统软件流程图

6.4.2　SJA1000 控制器 CAN 字节协议

CAN 传输的一组数据帧,8 字节 send_74HC595_data[0]～ send_74HC595_data[7],字节定义如下:

8个字节 send_74HC595_data[0]～ send_74HC595_data[7]各字节含义如下：

注：所有字节左边为高位,右边为低位 b7 b6 b5 b4 b3 b2 b1 b0

Data4	bit7	bit6	bit5	bit4	bit3	bit2	bit1	bit0

Data4 字节为采集的温度数值。

Data5	bit7	bit6	bit5	bit4	bit3	bit2	bit1	bit0

Data5 字节用于控制温度定时采集命令。

Data6	bit7	bit6	bit5	bit4	bit3	bit2	bit1	bit0

Data6 字节为 CAN 地址字节的低位字节。

Data7	bit7	bit6	bit5	bit4	bit3	bit2	bit1	bit0

Data7 字节为 CAN 地址字节的高位字节。

6.4.3 客房终端源程序

客户终端程序中的灯具调光程序、ADC 采集温度程序和本书内容关系不大,且占用篇幅较大,因此下面的源程序中将这两部分的程序删了。

```c
# include<REG52.H>
# include<intrins.h>
# include "pelican.h"                //包含 PeliCAN 模式下 SJA1000 头文件
/****************** 函数声明 *******************/
void    watch_dogs(void);           //喂看门狗程序
void    init_sja1000(void);         //SJA1000 初始化
void    out_74hc595();              //74hc595 串行输出程序
void    init_cpu();                 //初始化 CPU
void    read_sw_driver();           //读取按键状态,并执行驱动继电器动作
void    MAIN_VICE_judge();          //主副开关状态判断
void    magnetic_judge();           //门磁状态判断
void    can_service(void);          //CAN 总线服务程序
void    led_light(void);            //LED 指示灯闪烁控制
void    can_date_change(void);      //CAN 第 4 字节变化函数
void    canid_change(void);         //CAN 数据帧的高 2 位字节代表的 CAN 的地址变换
void    Delay(unsigned int x);      //延时程序
//****************************************************
unsigned char code CAN_id1_at_ 0x1FEE;
unsigned char code CAN_id0_at_ 0x1FEF; //此两个地址用于向单片机中烧写程序时,改变
                                        //CAN 的地址
unsigned char data   rcv_data[8];       //接收 8 字节的 CAN 总线数据
unsigned char bdata send_74HC595_data[8]; //可位寻址,74HC595 输出的 3 字节的数据
                                        //初始默认为 0x00,即所有继电器断开
unsigned char        begin_data[8]={0xff,0xff,0xff,0xff,0xff,0xff,0x00,0x00};
                                        //这 8 字节用于开机后向总线上传组网请求
```

```
unsigned char bdata send_LED_date[1];      //LED 灯状态控制字节
unsigned char interruptT0_status;          //按键中断状态
bit sw_flag;                               //按键按下,t0 产生中断标志
bit can_send_flag;                         //CAN 发送标志
bit magnetic_door_change = 0;              //用于门磁状态变化
bit LED34_flag,LED36_flag;                 //LED34,36 闪烁标志
bit MAIN_KEY_flag;
bit can_change_flag;                       //CAN 的第 4 字节变化标志
bit flag = 0,flag_sleep = 0,begin_flag,stop_can_flag;
bit magnetic_open,magnetic_close;          //门磁断开及闭合标志
unsigned char temp;                        //温度变量
unsigned char can_data_fourth;             //CAN 的第三四个字节变量
unsigned char oder;                        //CAN 协议命令
unsigned int   can_num,temp_num;           //CAN 握手信号发送延时计数和变化延时计数
unsigned long Delay_num;                   //延时参数
unsigned int magnetic_delay_num1;          //门磁延时参数 1
unsigned char magnetic_delay_num2;         //门磁延时参数 2
unsigned int LED_delay_num;                //LED 闪烁计时
unsigned char bdata sja_int;               //CAN 的接收,错误,溢出中断定义
sbit rcv_flag = sja_int^0;                 //接收中断
sbit err_flag = sja_int^2;                 //错误中断
sbit over_flag = sja_int^3;                //CAN 溢出中断标志
sbit SJA_CS    = P2^1;                     //SJA1000 片选引脚,低电平有效
sbit WDI = P1^1;                           //喂狗
sbit LED31 = send_LED_date[0]^7;           //LED 控制位定义
sbit LED32 = send_LED_date[0]^6;
sbit LED33 = send_LED_date[0]^5;
sbit LED34 = send_LED_date[0]^4;
sbit LED35 = send_LED_date[0]^3;
sbit LED36 = send_LED_date[0]^2;
sbit LED37 = send_LED_date[0]^1;
sbit LED38 = send_LED_date[0]^0;           //此位没有用到
sbit J7 = send_74HC595_data[0]^7;          //继电器控制位定义
sbit J1 = send_74HC595_data[0]^6;
sbit J2 = send_74HC595_data[0]^5;
sbit J3 = send_74HC595_data[0]^4;
sbit J4 = send_74HC595_data[0]^3;
sbit J5 = send_74HC595_data[0]^2;
sbit J6 = send_74HC595_data[0]^1;
sbit J15 = send_74HC595_data[0]^0;
sbit J14 = send_74HC595_data[1]^7;
sbit J8 = send_74HC595_data[1]^6;
sbit J9 = send_74HC595_data[1]^5;          //继电器控制位定义
sbit J10 = send_74HC595_data[1]^4;
sbit J11 = send_74HC595_data[1]^3;
```

```
sbit J12 = send_74HC595_data[1]^2;
sbit J13 = send_74HC595_data[1]^1;
sbit J16 = send_74HC595_data[1]^0;
sbit air_condition_summer = send_74HC595_data[2]^7;   //空调夏季模式
sbit air_condition_winter = send_74HC595_data[2]^6;   //空调冬季模式
sbit J_false            = send_74HC595_data[2]^5;     //失效控制键
sbit control_light2     = send_74HC595_data[2]^1;     //调光灯 2
sbit control_light1     = send_74HC595_data[2]^0;     //调光灯 1
sbit waiting_status     = send_74HC595_data[3]^7;     //继电器控制位定义
sbit infra_red_status   = send_74HC595_data[3]^6;
sbit no_disturb         = send_74HC595_data[3]^5;
sbit sos_status         = send_74HC595_data[3]^4;
sbit magnetic_status    = send_74HC595_data[3]^3;
sbit service_status     = send_74HC595_data[3]^2;
sbit guest_status       = send_74HC595_data[3]^1;
sbit cleaning           = send_74HC595_data[3]^0;
sbit CAN_LED = P2^2;                                  //CAN 指示灯
sbit RCK_595 = P1^0;                                  //74hc595 的 RCK 引脚
sbit MAIN_KEY = P1^5;                                 //主开关
sbit VICE_KEY = P1^6;                                 //副开关
sbit magnetic_door = P1^7;                            //门磁
/************************************************************
 * 函数原型：void watch_dogs(void)                            *
    函数功能：选用外部看门狗芯片 MAX813L,定义 P1^1 是喂狗引脚,
              看门狗喂狗程序,防止程序"跑飞",小于 1.6 s 内喂狗一次
 ************************************************************/
void watch_dogs(void)
{
unsigned char watchdog_num;
WDI = 1;                                              //引脚置位,高电平
for(watchdog_num = 0;watchdog_num<10;watchdog_num++)
    {;}
WDI = 0;                                              //引脚低电平
for(watchdog_num = 0;watchdog_num<10;watchdog_num++)
    {;}
WDI = 1;
for(watchdog_num = 0;watchdog_num<10;watchdog_num++)
    {;}
WDI = 0;
}
/************************************************************
 * 函数原型：void out_74hc595()                              *
    函数功能：从 74HC595 串行输出数据,控制继电器的吸合和 LED 灯的闪烁
 ************************************************************/
void out_74hc595()
```

```
{
    SBUF = send_LED_date[0];                //写入控制字节到串口
    while(TI == 0);
    TI = 0;
    SBUF = send_74HC595_data[1];
    while(TI == 0);
    TI = 0;
    SBUF = send_74HC595_data[0];
    while(TI == 0);
    TI = 0;
    RCK_595 = 0;                            //上升沿打入数据
    _nop_();_nop_();
    RCK_595 = 1;
}
```

```
/*****************************************************
 * 函数原型：void Delay(unsigned int x)              *
 * 函数功能：该函数用于程序中的延时
 * 参数说明：unsigned int x 是设置的延时时间变量，数值越大，延时越长    *
 *****************************************************/
void Delay(unsigned int x)
{
    unsigned int j;
    while(x--)
    {
        for(j = 0;j<125;j++)
        {;}
    }
}
```

```
/*****************************************************
 * 函数原型：void ex0_int() interrupt 0
 * 函数功能：外中断 0 用于检测按键，读入 16 转 4 的 BCD 编码
 *****************************************************/
void ex0_int() interrupt 0
{
    sw_flag = 1;                            //按键中断标志
    interruptT0_status = P2;                //读入按键状态
    interruptT0_status>> = 4;               //读入的 p2 口数据右移 4 位到低字节
    Delay(1);
}
```

```
/*****************************************************
 * 函数原型：void can_int_to(void) interrupt 1
 * 函数功能：t0 中断用于检测 CAN 中断
 * 说明：在 51 单片机中断资源不够用的时候，可以使用定时器资源，以本程序
         为例，让 T0 处于工作方式 2 模式，8 位自动重载，计数模式。T0 初值写入
         最大计数数值 TL0 = 0XFF，TH0 = 0XFF；T0 的外部计数引脚 P3.4 只要有计数
```

脉冲,则 T0 产生中断

```
*************************************************************/
void can_int_to(void) interrupt 1
{   TR0 = 0;
    ET0 = 0;                             //定时器 0 禁止
    sja_int = IR;                        //IR 为 SJA1000 的中断寄存器
    ET0 = 1;                             //定时器 0 允许
    TR0 = 1;
}

/*************************************************************
 * 函数原型: void init_sja1000(void)                        *
    函数功能:SJA1000 初始化,用于建立通信、设置通信波特率、设置己方的 CAN 总线地址、
             设置时钟输出方式、设置 SJA1000 的中断控制
 *       说明:注意"建立通信、设置通信波特率、设置己方的 CAN 总线地址、
             设置时钟输出方式"之前,需要进入复位模式,设置完毕后,退出复位
//;寄存器:                    波特率(kbit/s)      BTR0      BTR1
//; *         0               20               053H,     02FH
//; *         1               40               087H,     0FFH
//; *         2               50               047H,     02FH
//; *         3               80               083H,     0FFH
//; *         4               100              043H,     02fH
//; *         5               125              03H,      01cH
//; *         6               200              081H,     0faH
//; *         7               250              01H,      01cH
//; *         8               400              080H,     0faH
//; *         9               500              00H,      01cH
//; *         10              666              080H,     0b6H
//; *         11              800              00H,      016H
//; *         12              1000             00H,      014H
                以上设置的 CAN 控制器 SJA1000 通信波特率.SJA1000 的晶振为必须为 16 MHz
//; *         其他晶体的频率的值的波特率,需自己计算
*************************************************************/
void init_sja1000(void)
{
    unsigned char state;
    do
    {
        MODR   = 0x01;
        state = MODR;
    }
while(!(state & 0x01));   //设置 MOD.0 = 1 -- sja1000 进入复位模式,以便设置相应的
                          //寄存器
///////////对 SJA1000 部分寄存器进行初始化设置////////////////////////////
    CDR = 0xc8;           //CDR 为时钟分频器
    MODR = 0x09;
```

```
    ACR0 = 0x00;
    ACR1 = 0x00;
    ACR2 = 0x2a;
    ACR3 = 0x00;              //设置接收代码寄存器
    AMR0 = 0x00;
    AMR1 = 0X00;
    AMR2 = 0x00;
    AMR3 = 0x00;              //设置接收屏蔽寄存器,设置自己的地址 ID:00000540
    BTR0 = 0x80;              //总线定时寄存器 0;总线波特率设定
    BTR1 = 0xfa;              //总线定时寄存器 1;总线波特率设定,400 kbit/s
    OCR = 0x1a;               //配置输出控制寄存器
    do
    {
        MODR = 0x08;
        state = MODR;
    }
    while(state & 0x01); //MOD.3 = 1 -- 单滤波器模式,sja1000 退出复位模式
    IER = 0x07;               //IER.0 = 1 -- 接收中断使能;IER.1 = 0 -- 关闭发送中断使能
                              //打开错误中断
}
/* * * * * * * * * * * * * * * * * * * * * * * * * * * * * * * * * * * * * * * * *
 * 函数原型：void init_cpu()
   函数功能：初始化 CPU
   说明：初始化 t0,设置成加 1 计数器溢出,产生 CAN 中断;初始化串口,控制 74HC595 发送
       串行数据 *
 * * * * * * * * * * * * * * * * * * * * * * * * * * * * * * * * * * * * * * * * */
void init_cpu()
{
    TMOD = 0X16;        //t0 工作方式 2,8 位自动重载,计数模式;t1 工作方式 1,16 位定时模式
    TL0 = 0XFF;
    TH0 = 0XFF;               //初始化 t0 初值
    SCON = 0X00;             //串口工作模式 0,同步移位寄存器方式,发送的 8 位数据,低位在前
    magnetic_open = 1;  //门磁断开标志为 1,目的:上电引脚为高电平,不执行门磁断开动作
    IT1 = 1;                 //市电中断 INT1 为下降沿中断
    IT0 = 1;                 //中断 INT0 为下降沿中断
    ET0 = 1;
    TR0 = 1;                 //允许定时器 0,CAN 中断
    IP = 0X2C;               //市电中断和占空比中断优先
    EA = 1;                  //总中断开
}
/* * * * * * * * * * * * * * * * * * * * * * * * * * * * * * * * * * * * * * * * *
 * 函数原型：void read_sw_driver()
   函数功能：根据读取的按键 BCD 码,辨别按键状态,并驱动继电器动作,控制 LED 灯闪烁
 * * * * * * * * * * * * * * * * * * * * * * * * * * * * * * * * * * * * * * * * */
```

```
void read_sw_driver()
{
if(sw_flag)                                    //如果外部中断 0 中断,按键状态改变
  {
    sw_flag = 0;                               //按键中断标志清零
    switch(interruptT0_status)                 //根据按键的 16 转 4 产生的 BCD 码建立分支程序
      {
        case 0:
            if(flag_sleep == 0)                //如果 SW_7 按下,睡眠模式
              {
                send_74HC595_data[0] = send_74HC595_data[0]&0x01;
                send_74HC595_data[1] = send_74HC595_data[1]&0x81;
                LED36_flag = 0;
                LED34_flag = 0;
                LED35 = 0;                      //小夜灯点亮,方便客人夜间识别按键
                LED37 = 0;                      //点亮勿扰灯
                J10 = 1;                        //勿扰模式使能
                no_disturb = 1;                 //勿扰标志置位
                cleaning = 0;                   //清理标志清零
                flag_sleep = 1;                 //睡眠标志位置位
              }
            else{J10 = 0;no_disturb = 0;LED37 = 1;J4 = 1;LED35 = 1;flag_sleep = 0;}
                                                //否则 SW_7 没有按下,不进入睡眠模式
            break;
        case 1:
          if(J_false == 0)                      //SW_6 按下,呼叫模式
            {
            if(flag_sleep == 0)                 //如果没有在睡眠模式,则呼叫指示灯闪烁
              {
                LED34 = ~LED34;
                LED34_flag = ~LED34_flag;       //呼叫指示灯标志取反
                sos_status = ~sos_status;       //呼叫状态取反
              }
            if(flag_sleep == 1)                 //如果处于睡眠模式,则取消勿扰,关闭
                                                //勿扰指示灯,关闭小夜灯
              {J10 = 0;no_disturb = 0;LED37 = 1;J4 = 1;LED35 = 1;flag_sleep = 0;}
            }
            break;
        case 2:
            if(J_false == 0)                    //SW_5 按下,驱动 J3 继电器吸合,顶灯
            {
            J3 = ~J3;
            if(flag_sleep == 1)
              {J3 = ~J3;J10 = 0;no_disturb = 0;LED37 = 1;J4 = 1;LED35 = 1;flag_sleep = 0;}
            }
```

```
            break;
        case 3:
            if(J_false == 0)        //SW_4 按下,驱动 J4 继电器吸合,夜灯模式
            {
            J4 = ~J4;
            if(flag_sleep == 1)
                {J4 = ~J4;J10 = 0;no_disturb = 0;LED37 = 1;J4 = 1;LED35 = 1;flag_
                sleep = 0;}
            if(J4 == 1)
                {LED35 = 1;}
            else{LED35 = 0;}
            }
            break;
        case 4:
            if(J_false == 0)        //SW_3 按下,驱动 J5 继电器吸合,排风扇
            {
            J5 = ~J5;
            if(flag_sleep == 1)
                {J5 = ~J5;J10 = 0;no_disturb = 0;LED37 = 1;J4 = 1;LED35 = 1;flag_sleep = 0;}
            }
            break;
        case 5:
            if(J_false == 0)        //SW_2 按下,驱动 J6 继电器吸合,落地灯
            {
            J6 = ~J6;
            if(flag_sleep == 1)
                {J6 = ~J6;J10 = 0;no_disturb = 0;LED37 = 1;J4 = 1;LED35 = 1;flag_sleep = 0;}
            }
            break;
        case 6:
            if(J_false == 0)        //SW_1 按下,驱动 J7 继电器吸合,窗灯
            {
            J7 = ~J7;
            if(flag_sleep == 1)
                {J7 = ~J7;J10 = 0;no_disturb = 0;LED37 = 1;J4 = 1;LED35 = 1;flag_sleep = 0;}
            }
            break;
        case 7:
            J8 = ~J8;                //SW_0 按下,驱动 J8 继电器吸合,电视
            if(flag_sleep == 1)
                {J8 = ~J8;J10 = 0;no_disturb = 0;LED37 = 1;J4 = 1;LED35 = 1;flag_sleep = 0;}
            break;
        case 8:
            if(flag_sleep == 0)      //SW_15 按下,驱动 J9 继电器吸合,清理
                {
```

```
              if(J10 == 1)
                {J10 = 0;no_disturb = 0;LED37 = 1;}
                J9 = ~J9;
                LED36 = ~LED36;
                LED36_flag = ~LED36_flag;
                cleaning = ~cleaning;
                }
          if(flag_sleep == 1)
            {J10 = 0;no_disturb = 0;LED37 = 1;J4 = 1;LED35 = 1;flag_sleep = 0;}
          break;
      case 9:
          if(flag_sleep == 0)     //SW_14 按下,驱动 J10 继电器吸合,勿扰
            {
              if(J9 == 1)
                {J9 = 0;cleaning = 0;LED36_flag = 0;}
              J10 = ~J10;
              LED37 = ~LED37;
              no_disturb = ~no_disturb;
            }
          if(flag_sleep == 1)
            {J10 = 0;no_disturb = 0;LED37 = 1;J4 = 1;LED35 = 1;flag_sleep = 0;}
          break;
      case 10:
          J11 = ~J11;            //SW_13 按下,驱动 J11 继电器吸合,台灯
          if(flag_sleep == 1)
            {J11 = ~J11;J10 = 0;no_disturb = 0;LED37 = 1;J4 = 1;LED35 = 1;flag_
            sleep = 0;}
          break;
      case 11:
          J12 = ~J12;            //SW_12 按下,驱动 J12 继电器吸合,吧灯
          if(flag_sleep == 1)
            {J12 = ~J12;J10 = 0;no_disturb = 0;LED37 = 1;J4 = 1;LED35 = 1;flag_
            sleep = 0;}
          break;
      case 12:
          J13 = ~J13;            //SW_11 按下,驱动 J13 继电器吸合,廊灯
          if(flag_sleep == 1)
            {J13 = ~J13;J10 = 0;no_disturb = 0;LED37 = 1;J4 = 1;LED35 = 1;flag_
            sleep = 0;}
          break;
      case 13:
          if(flag_sleep == 1)    //SW_10 按下,调节 CHANNEL0 引脚控制的灯亮度增加
            {J10 = 0;no_disturb = 0;LED37 = 1;J4 = 1;LED35 = 1;flag_sleep = 0;}
          break;
      case 14:
```

```
        if(flag_sleep == 1)       //SW_9 按下,调节 CHANNEL1 引脚控制的灯亮度增加
            {J10 = 0;no_disturb = 0;LED37 = 1;J4 = 1;LED35 = 1;flag_sleep = 0;}
          break;
        default:break;
      }
    out_74hc595();                //74HC595 输出串行数据
  }
}
/******************************************************
 * 函数原型：void MAIN_VICE_judge()
   函数功能：判定主副开关状态
 ******************************************************/
void MAIN_VICE_judge()
  {
  if((flag == 1)&&(MAIN_KEY_flag == 1))
      {Delay(3000);}
  if(MAIN_KEY == 1)                   //总开关有效,按键,继电器,调光按键有效
    {
        if(VICE_KEY == 1)
        {service_status = 1;guest_status = 0;}       //副开关有效,服务员状态
      else{service_status = 0;guest_status = 1;}      //如果副开关无效,客人状态
      if(flag == 0)
        {
             J14 = 1;               //驱动继电器 14 和 15,点亮 LED35
           J15 = 1;
             J5 = 0;                //排风扇关闭
           J16 = 0;                 //空调高关闭
           LED35 = 0;
           out_74hc595();
           EX0 = 1;                 //使能 INT0 中断,按键中断
           flag = 1;
           MAIN_KEY_flag = 0;
        }
    }
    if(MAIN_KEY == 0)                   //总开关断开,按键,继电器,调光按键无效
      {
      if(MAIN_KEY_flag == 0)
        {
        EX0 = 0;                     //关闭 INT0 中断,按键中断
        service_status = 0;          //总开关无效状态
        guest_status = 0;
        if(J9 == 1)
          {
          LED34_flag = 0;
          LED36_flag = 0;
```

```
                        send_LED_date[0] = 0xfb;        //关闭除清理指示灯外的所有 LED 和除清理
                                                        //外的继电器
                        send_74HC595_data[1] = 0x20;
                        send_74HC595_data[0] = 0x00;
                        out_74hc595();
                        sos_status = 0;
                        no_disturb = 0;
                    }
                else
                    {
                        LED34_flag = 0;
                        LED36_flag = 0;
                        send_LED_date[0] = 0xff;        //关闭所有 LED 和继电器
                        send_74HC595_data[1] = 0x00;
                        send_74HC595_data[0] = 0x00;
                        out_74hc595();
                        sos_status = 0;
                        no_disturb = 0;
                    }
                MAIN_KEY_flag = 1;
                flag = 0;
            }
        }
}
/********************************************************************
 * 函数原型: void magnetic_judge()
   函数功能: 门磁状态判断以及动作
 ********************************************************************/
void magnetic_judge()
{
if(MAIN_KEY == 0)
    {
    if(magnetic_door == 1)
        {
            J13 = 1;
            out_74hc595();                      //门磁开关按下,驱动继电器 13 打开廊灯
                                                //其他继电器状态不变
            magnetic_delay_num2 = 0;
        }
    if(magnetic_door == 0)
        {
            magnetic_delay_num1 ++ ;
            if(magnetic_delay_num1 == 20000)
                {
                    magnetic_delay_num1 = 0;
```

```
                    magnetic_delay_num2 ++ ;
                    if(magnetic_delay_num2 == 30)
                        {
                        magnetic_delay_num2 = 0;
                        J13 = 0;
                        out_74hc595(); //门磁断开,驱动继电器 13 断开,其他继电器
                                       //状态不变
                        }
                    }
                }
        }
if(magnetic_door_change! = magnetic_door) //如果临近两次的门磁状态有变化
{
  if(magnetic_door == 1)
    {magnetic_status = 1;}              //上传门磁状态:门磁开关按下
  else
    {magnetic_status = 0;}             //上传门磁状态:门磁开关断开
  magnetic_door_change = magnetic_door;
}
}
/ * * * * * * * * * * * * * * * * * * * * * * * * * * * * * * * * * * * * * * * * * * * * * * * * * * * *
 * 函数原型: void can_service(void)
   函数功能:CAN 总线服务程序,用于处理接收、溢出、错误、发送中断子程序
 * * * * * * * * * * * * * * * * * * * * * * * * * * * * * * * * * * * * * * * * * * * * * * * * * * * */
void can_service(void)
{
  if(over_flag)                       //如果是溢出中断
  {
  over_flag = 0;
  EA = 0;                             //总中断关闭
  CMR    = 0x0c;                      //清楚数据溢出状态位,释放接收缓冲区
  EA = 1;                             //总中断开
  }
if(rcv_flag)                          //如果是接收中断
  {
  rcv_flag = 0;
  EA = 0;
  rcv_data[5] = RBSR5;
  rcv_data[6] = RBSR6;
  rcv_data[7] = RBSR7;
  rcv_data[8] = RBSR8;
  rcv_data[9] = RBSR9;
  rcv_data[10] = RBSR10;
  rcv_data[11] = RBSR11;
  rcv_data[12] = RBSR12;              //接收数据帧
```

```
        CMR = 0x04;                    //CMR.2 = 1 -- 接收完毕,释放接收缓冲器,
        EA = 1;
        oder = rcv_data[5];            //接收的 rcv_data[5]字节为命令字节
        if(oder == 0xaa)               //如果是 0xaa,停止 CAN 发送标志位清零
           {stop_can_flag = 0;}
        if(oder == 0xee)               //如果是 0xee,停止 CAN 发送标志位置位,开始位清零
           {begin_flag = 0;stop_can_flag = 1;}
        if(oder == 0xff)               //如果是 0xff,CAN 发送标志位置位
           {can_send_flag = 1;}
        if(oder == 0xdd)               //如果是 0xdd,输出控制继电器命令,以及传输温度控制
           {
           send_74HC595_data[0] = rcv_data[0];
           send_74HC595_data[1] = rcv_data[1];    //输入控制继电器命令
           send_74HC595_data[2] = rcv_data[2];
           temp = rcv_data[4];         //上位机发送的温度
           }.
        }

        if(begin_flag == 1)            //如果开始标志置位
        {   Delay_num ++ ;
            if(Delay_num == 280000)    //客户终端 13s 发送一次申请入网
                {
            Delay_num = 0;
            EA = 0;
            TBSR0 = 0x88;
            TBSR1 = 0x00;
            TBSR2 = 0x00;
            TBSR3 = 0x2a;
            TBSR4 = 0x80;              //扩展帧,8 字节数据,发送数据到 ID 为 00000550 的节点
            TBSR5 = begin_data[0];
            TBSR6 = begin_data[1];
            TBSR7 = begin_data[2];
            TBSR8 = begin_data[3];
            TBSR9 = begin_data[4];
            TBSR10 = begin_data[5];
            TBSR11 = begin_data[6];
            TBSR12 = begin_data[7];
            CMR = 0x01;                //置位发送请求,发送入网申请数组
            EA = 1;
            CAN_LED = ~CAN_LED;        //CAN 总线指示灯状态取反
                }
        }
        if(can_send_flag)              //如果是发送标志
            {   can_send_flag = 0;
            EA = 0;
            ////////将待发送的一帧数据信息存入 SJA1000 的相应寄存器中////////
```

```
            TBSR0 = 0x88;
            TBSR1 = 0x00;
            TBSR2 = 0x00;
            TBSR3 = 0x2a;
            TBSR4 = 0x80;          //扩展帧,8 字节数据,发送数据到 ID 为 00000550 的节点
            TBSR5 = send_74HC595_data[0];
            TBSR6 = send_74HC595_data[1];
            TBSR7 = send_74HC595_data[2];
            TBSR8 = send_74HC595_data[3];
            TBSR9 = send_74HC595_data[4];
            TBSR10 = send_74HC595_data[5];
            TBSR11 = send_74HC595_data[6];
            TBSR12 = send_74HC595_data[7];
            CMR = 0x01;                   //置位发送请求,上传发送继电器的吸合状态
            EA = 1;
            CAN_LED = ～CAN_LED;        //CAN 总线指示灯状态取反
            send_74HC595_data[5] = 0x00;  //如果不是温度定时采集,那么第 5 字节
                                          //为 0x00,作为标记

        }
    if(err_flag)                    //如果是错误标志
        {   err_flag = 0;
            init_sja1000();          //重新初始化 SJA1000
        }
}
/* * * * * * * * * * * * * * * * * * * * * * * * * * * * * * * * * * * * * * * * *
 * 函数原型: void led_light(void)
   函数功能: 定时喂看门狗、控制 LED 灯闪烁频率
 * * * * * * * * * * * * * * * * * * * * * * * * * * * * * * * * * * * * * * * */
void led_light(void)
{
LED_delay_num ++ ;                    //控制 LED 灯闪烁时间变量
if(LED_delay_num == 4000)
    {watch_dogs();}                   //喂狗
if(LED_delay_num == 8000)
    {
    LED_delay_num = 0;
    watch_dogs();
    if(LED34_flag == 1)
        {LED34 = ～LED34;}            //呼叫指示灯闪烁
    else{LED34 = 1;}
    if(LED36_flag == 1)
        {LED36 = ～LED36;}            //清理指示灯闪烁
    else{LED36 = 1;}
    out_74hc595();                    //输出控制 LED 闪烁命令
    }
```

```
}
/*****************************************************************
 * 函数原型：void can_date_change(void)
   函数功能：CAN 第 4 字节 send_74HC595_data[3]位对应是清理状态、客人状态、服务员状
            态、门磁状态、报警状态、勿扰状态、红外状态、请稍后状态。
            只要任一个状态位变化，就及时通过 CAN 总线上报到酒店服务台
 *****************************************************************/
void can_date_change(void)
{
if(begin_flag == 0)        //如果开始位为 0,即没有处于开机入网状态,处于正常工作状态
 {
  if(send_74HC595_data[3]! = can_data_fourth) //如果 CAN 第 4 字节 send_74HC595_data[3]
                                              //位发生变化
    {
      can_change_flag = 1;                    //置位发生变化位置位
      can_data_fourth = send_74HC595_data[3]; //保留变化后的数值
    }
  if(can_change_flag == 1)                    //如果发生变化位置位
    {
    can_num ++ ;
    if(can_num == 18000)
      {
      if(stop_can_flag == 0)                  //如果停止发送标志位是 0
        {can_send_flag = 1;}                  //置位发送标志
      can_num = 0;
      can_change_flag = 0;}
    }
 }
}
/*****************************************************************
 * 函数原型：void canid_change(void)
   函数功能：CAN 数据帧的高两位字节代表 CAN 的地址;CAN_id1、CAN_id0 两个地址用于向
            单片机中烧写程序时,改变 CAN 的地址,这样做的目的是方便使用者在烧写十
            六进制代码时候就可以定义客户终端的 CAN 地址。
                本函数的功能就是把 CAN_id1、CAN_id0 两个地址字节转化为符合
            SJA1000 内部寄存器设置的字节
                同时,CAN_id1、CAN_id0 两个地址字节写入发送 CAN 数据帧的高 2 字节,
            通过这个方式可以告诉酒店服务台自己的地址,以便服务台辨别客房终端
 *****************************************************************/
void canid_change(void)
{unsigned char address_h = 0,address_l = 0;
 unsigned long change_data = 0;
change_data = change_data|CAN_id1;
change_data << = 8;
change_data = change_data|CAN_id0;
```

```
change_data<< = 3;
ACR3 = change_data&0xFF;
change_data>> = 8;
ACR2 = change_data&0xFF;
change_data>> = 8;
ACR1 = change_data&0xFF;
change_data>> = 8;
ACR0 = change_data&0xFF;                           //设置 CAN 地址
begin_data[6] = CAN_id1;
begin_data[7] = CAN_id0;
send_74HC595_data[6] = CAN_id1;
send_74HC595_data[7] = CAN_id0;                    //CAN 数据帧的高两位字节代表 CAN 的地址
}
//************************************************
void main(void)
{
  canid_change();                                  //CAN 的地址变换
  init_cpu();                                       //初始化 MCU
  init_sja1000();                                   //初始化 SJA1000
  send_LED_date[0] = 0xff;                          //LED 灯全部熄灭
  begin_flag = 1;                                   //入网申请置位
  out_74hc595();                                    //输出数据到 74hc595
  EX1 = 1;                                          //允许外中断 1,市电 10 ms 中断
  can_data_fourth = send_74HC595_data[3];           //第 4 字节状态变量赋初值
  while(1)
      {
      MAIN_VICE_judge();                            //主副开关状态判断
      read_sw_driver();                             //读取按键状态,并执行驱动继电器动作
      led_light();                                  //LED 指示灯闪烁控制
      magnetic_judge();                             //门磁状态判断
      can_service();                                //CAN 总线服务程序
      can_date_change();                            //CAN 第 4 字节变化函数
      }
}
```

6.4.4　CAN 总线控制模块

为了便于学习,对酒店客房智能化系统的客房终端进行简化,设计制作了 CAN 总线控制模块,实物图如图 6 - 11 所示,具体特点如下:

① 控制模块采用 DC +5 V 供电。

② 控制模块上面采用的主要芯片有:

ⓐ 51 系列的单片机,可以选用 89C51、89C52、89S52,如果选用 STC51 系列的单片机,如 STC89C51、STC89C52、STC89C58,可以实现串口下载程序,不需要编程器

图 6-11　CAN 总线控制模块

下载程序。

　　ⓑ CAN 总线控制器 SJA1000。

　　ⓒ CAN 总线收发器,可以选用 TJA1040、TJA1050、P82C250。其中,TJA1040、TJA1050 引脚兼容。如果选用 P82C250,则需要在其第 8 引脚加 47 kΩ 的斜率电阻。

　　③ 控制模块实现功能:

　　ⓐ 通过 CAN 总线控制模块可控制 8 路继电器(10 A,250 V AC),用于灯控、家电等的控制,即远端 CAN 节点发送 CAN 数据帧到控制模块,控制模块根据接收到的 CAN 数据帧驱动 8 路继电器的开关动作。

　　ⓑ 控制模块的单片机定时读取继电器吸合状态,并可以将此状态发送到远方 CAN 接收端,用于检测继电器实时状态。

　　ⓒ 可通过模块按键直接控制 8 路继电器的吸合动作。

　　④ CAN 总线波特率可调为 20、40、50、80、100、125、200、250、400、500、666、800、1 000 kbit/s。

　　⑤ 采用 DC-DC 电源隔离模块 B0505D-1W 实现电源隔离。

　　⑥ 程序支持 BasicCAN 和 PeliCAN 模式(CAN2.0A 和 CAN2.0B),提供 C 语言程序。

6.4.5　CAN 总线控制模块原理

　　CAN 总线控制模块原理如图 6-12 所示。

6.4.6　CAN 总线控制模块源程序

```
/*********************************************
**                    main.c
**            CAN 总线控制模块程序
**描述:实时读取 P1 口按键状态,只要有任一按键状态发生变化,就把变化字通过 CAN 总
        线发送出去;
        接收 CAN 总线数据,依据接收的 rcv_data[2]字节的 8 位状态控制 8 路继电器的
        吸合
**********************************************/
#include<intrins.h>
#include<REG52.H>
#include<SJA1000.h>              //包含 SJA1000 头文件
#include<SJA1000.c>              //包含 SJA1000 函数库
/******************* 函数声明 *******************/
void    out_74hc595();           //输出串行数据
bit     Sja_1000_Init(void);     //SJA1000 初始化
void    Delay(unsigned int x);   //延时程序
void    read_p1(void);           //读 P1 口低 4 位的按键状态
void    Can_DATA_Rcv(void);      //CAN 总线数据接收后处理
void    Can_DATA_Send(void);     //CAN 发送数据
void    Can_error(void);         //发现错误后处理
void    Can_DATA_OVER(void);     //数据溢出处理
//*********************************************
unsigned char bdata Can_INT_DATA;        //本变量用于存储 SJA1000 的中断寄存器数据
sbit rcv_flag = Can_INT_DATA^0;          //接收中断标志
sbit err_flag = Can_INT_DATA^2;          //错误中断标志
sbit Over_Flag = Can_INT_DATA^3;         //CAN 总线超载标志
unsigned char        CHANGE_P1,CHANGE_P3;
unsigned char data   send_data[10],rcv_data[10];   //发送和接收数组
sbit                 RCK_595 = P3^5;     //74hc595 的 RCK 引脚
bit                  send_flag;          //发送标志
//*************** 输出数据到 74hc595 ***************
void out_74hc595()
{
  rcv_data[2] = ~rcv_data[2];
  SBUF = rcv_data[2];
  while(TI == 0);
  TI = 0;
  RCK_595 = 0;                           //上升沿打入数据
  _nop_();_nop_();
```

```
    RCK_595 = 1;
  }
//*******************************************************
void ex0_int(void) interrupt 0 using 1
{
    SJA1000_Address = INTERRUPT;         //指向 SJA1000 的中断寄存器地址
    Can_INT_DATA = * SJA1000_Address;
}
/*******************************************************
 * 函数原型：bit   Sja_1000_Init(void)                                *
    函数功能：SJA1000 初始化,用于建立通信、设置通信波特率、设置己方的 CAN 总线地址、
             设置时钟输出方式、设置 SJA1000 的中断控制。
 * 返回值说明:                                                        *
 *              0:表示 SJA1000 初始化成功                              *
 *              1:表示 SJA1000 初始化失败                              *
 *     说明:注意"建立通信、设置通信波特率、设置己方的 CAN 总线地址、
             设置时钟输出方式"之前,需要进入复位,设置完毕后,退出复位
    *******************************************************/
bit   Sja_1000_Init(void)
{
    if(enter_RST())                      //进入复位
     { return     1;}
    if(create_communication())           //检测 CAN 控制器的接口是否正常
     { return     1;}
    if(set_rate(0x06))                   //设置波特率 200 kbit/s
     { return     1;}
    if(set_ACR_AMR(0xac,0x00))           //设置地址 ID:560
     { return     1;}
    if(set_CLK(0xaa,0x48))               //设置输出方式,禁止 COLOCKOUT 输出
     { return     1;}
    if(quit_RST())                       //退出复位模式
     { return     1;}
    SJA1000_Address = CONTROL;           //地址指针指向控制寄存器
     * SJA1000_Address| = 0x1e;          //开放错误\接收\发送中断
    return      0;
}
/*******************************************************
 * 函数原型: void Delay(unsigned int x)                              *
    函数功能:该函数用于程序中的延时。
 * 参数说明:unsigned int x 是设置的延时时间变量,数值越大,延时越长
    *******************************************************/
void Delay(unsigned int x)
```

```
{
    unsigned int j;
    while(x--)
      {
       for(j = 0;j<125;j++)
         {;}
      }
}
/*************************************************************
 * 函数原型: void read_p1(void)                              *
   函数功能: 读 P1 口低 4 位的按键状态,如果按键状态变化就置位 CAN 总线发送标志,把
           按键状态信息通过 CAN 总线发送出去
 *************************************************************/
void read_p1(void)
{
CHANGE_P3 = P1;                        //读取 P1 口状态
if(CHANGE_P1! = CHANGE_P3)
  {
    Delay(10);
    CHANGE_P3 = P1;
    if(CHANGE_P1! = CHANGE_P3)        //如果 P1 口状态变化
      {
      send_flag = 1;                  //置位发送标志
      CHANGE_P1 = CHANGE_P3;          //保存变化后的参数
      }
  }
}
/*************************************************************
 * 函数原型: void   Can_DATA_OVER(void)                     *
   函数功能: 该函数用于 CAN 总线溢出中断处理
 *************************************************************/
void   Can_DATA_OVER(void)
{
  SJA_command_control(CDO_order);      //清除数据溢出状态
  SJA_command_control(RRB_order);      //释放接收缓冲区
}
/*************************************************************
 * 函数原型: void Can_error()                               *
   函数功能: 该函数用于 CAN 总线错误中断处理
 *************************************************************/
void Can_error()
{ bit sja_status1;
```

```
do{
    Delay(6);                           //小延时
    sja_status1 = Sja_1000_Init();      //读取 SJA1000 初始化结果
  }while(sja_status1);                  //初始化 Sja1000,直到初始化成功
}
/*******************************************************
 * 函数原型:void   Can_DATA_Rcv(void)                  *
   函数功能:该函数用于接收 CAN 总线数据到 rcv_data 数组
 *******************************************************/
void Can_DATA_Rcv()
{
SJA_rcv_data(rcv_data);                 //接收 CAN 总线数据到 rcv_data 数组
SJA_command_control(0x04);              //释放接收缓冲区
}
/*******************************************************
 * 函数原型:void   Can_DATA_Send(void)                 *
   函数功能:该函数用于通过 CAN 总线发送 send_data 数组中的数据
 *******************************************************/
void Can_DATA_Send()
{
send_data[0] = 0xAA;
send_data[1] = 0x08;                    //填写发送 CAN 数据帧的描述符
send_data[2] = CHANGE_P1;               //CAN 数据帧的第一个字节数值固定为 0x05
SJA_send_data(send_data);               //把 send_data 数组中的数据写入到发送
                                        //缓冲区
SJA_command_control(0x01);              //调用发送请求
}
//*****************************************************
void main(void)
{
    Sja_1000_Init();                    //初始化 Sja1000
    PX0 = 1;
    EX0 = 1;                            //外部中断 0 允许
    EA = 1;
    CHANGE_P1 = P1;                     //读取 P1 口状态
    while(1)
    {   read_p1();                      //读取判断 P1 口状态
        if(_testbit_(Over_Flag))        //是超载中断标志,判断并清零标志位
            { Can_DATA_OVER();}         //数据溢出处理
        if(_testbit_(send_flag))        //是发送中断标志,判断并清零标志位
            {Can_DATA_Send(); }         //发送 CAN 总线数据
        if(_testbit_(rcv_flag))         //是接收中断标志,判断并清零标志位
```

```
        {
        Can_DATA_Rcv();                    //接收 CAN 总线数据
        out_74hc595();                     //输出控制继电器命令
        Delay(160);
        }
    if(_testbit_(err_flag))                //是错误中断标志,判断并清零标志位
        { Can_error();}                    //错误中断处理
    }
}
```

参考文献

[1] NXP Semiconductors. CAN Specification Version 2.0，Parts A and B. 1992.

[2] NXP Semiconductors. Data Sheet SJA1000，Stand-alone CAN Controller. 2000.

[3] NXP Semiconductors. Data Sheet TJA1050，High Speed CAN transceiver. 2000.

[4] NXP Semiconductors. Data Sheet PCA82C250，CAN Controller Interface. 2000.

[5] NXP Semiconductors. Preliminary Data Sheet TJA1040. High speed CAN transceiver. 2001.

[6] Microchip Technology Inc. Data Sheet MCP2515. 2005.

[7] Analog Devices Inc. ADμC812 User's Manual. 2000.

[8] 刘书明，冯小平. 数据采集系统芯片 ADμC812 原理与应用[M]. 西安：西安电子科技大学出版社，2000.

[9] 宏晶科技. STC89C51RC/RD+系列单片机器件手册. 2007.

[10] NXP 半导体. User's Manual LPC11xx. 2011.

[11] 广州致远电子有限公司. 群星系列 CAN 接口应用. 2009.